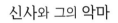

신사와 그의 악마

질리언, 리베카, 첼시에게

감사의 글

책 출판을 함께한 아이콘 북스의 멋진 팀에게,
특히 덩컨 히스에게 감사한다.
제임스 클러크 맥스웰에 관해 글을 썼던
여러 전문가들에게 감사하며,
도와주신 제임스 클러크 맥스웰 협회의
데이비드 포파와 존 아서에게도 감사드린다.

〈일러두기〉

1. 인명, 지명, 기관명 등은 국립국어원의 외래어 표기법에 따랐습니다.
   단, 관례로 굳어진 경우 관례를 따랐습니다.
2. 책 제목은 『 』, 논문 제목은 「 」, 잡지명은 《 》, 강연 및 예술 작품 제목은
   〈 〉로 표기하였습니다.
3. '옮긴이' 표시가 없는 주석은 모두 저자의 글입니다.
4. 본문에 등장하는 인용문의 출처는 미주에서 찾아볼 수 있습니다.

신사와 그의 악마

1판 1쇄 인쇄 2024년 11월 2일 **1판 1쇄 펴냄** 2024년 11월 14일

지은이 브라이언 클레그 **옮긴이** 배지은
펴낸이 이희주 **편집** 이희주 **교정** 김란영 **디자인** 전수련
펴낸곳 세로북스 **출판등록** 제2019-000108호(2019. 8. 28.)
주소 서울시 송파구 백제고분로 7길 7-9, 1204호
https://serobooks.tistory.com/ **전자우편** serobooks95@gmail.com
전화 02-6339-5260 **팩스** 0504-133-6503

ISBN 979-11-979094-9-8 03420

제임스 클러크 맥스웰의 삶과
현대 물리학의 시작

신사와 그의 악마

브라이언 클레그 지음
배지은 옮김

Professor Maxwell's Duplicitous Demon

세로
SEROBOOKS

맥스웰 평전 출간을 축하하며

제임스 클러크 맥스웰(James Clerk Maxwell, 1831-1879)은 참 놀랍고 매력적인 사람입니다. 복부 암으로 48년이라는 짧은 생을 살고 떠났지만, 빛나는 정신과 위대한 유산을 세상에 남겼습니다. 21세기가 시작될 무렵, 100명의 저명한 물리학자들에게 역사상 가장 중요한 업적을 남긴 물리학자가 누구인지를 물었습니다. 1위 아인슈타인과 2위 뉴턴에 이은 확연한 3위가 바로 맥스웰이었습니다.

아인슈타인이 1922년 영국 케임브리지 대학을 방문했을 때 초청자가 아인슈타인이 위대한 업적을 이룬 것은 뉴턴이라는 거인의 어깨 위에 있었기 때문이라고 말하자, 아인슈타인이 "아닙니다. 저는 맥스웰이라는 거인의 어깨 위에 있습니다"라고 대답했다는 일화는 유명합니다. 이것은 그냥 한 말이 아니었습니다. 아인슈타인의 상대성이론이 담긴 논문은 1905년에 「움직이는 물체의 전기동역학」이라는 제목으로 발표되었고, "맥스웰의 전기동역학을 움직이는 물체에 적용하면"이라는 구절로 시작됩니다.

'전기동역학'은 전기와 관련된 동역학(dynamics)이라는 뜻이지만, 실은 전기와 자기의 동역학을 줄인 이름입니다. 전기를 만드는 것은 전하이고, 자기를 만드는 것은 움직이는 전하인 전류입니다. 그런데 전기가 변하면 자기가 만들어지고, 자기가 변하면 전기가 만들어집니다. 이처럼 전기동역학에는 전기와 자기가 아주 아름다운 대칭성을 가지고 함께 들어 있습니다. 그뿐 아니라 전기동역학은 전기와 자기가 어우러져 만들어 내는 전자기파에 관해서도 알려 줍니다.

1862년 맥스웰은 전기와 자기가 파동을 이루어 공간 속으로 퍼져 나가야 함을 계산으로 증명한 뒤, 그 퍼져 나가는 속력까지 계산했습니다. 전기와 자기의 파동이 물결처럼 퍼져 나간다고 해서 전자기파라는 이름이 붙었지요. 그런데 그 전자기파의 속력이 당시에 알려진 빛의 속도와 같았습니다. 그래서 맥스웰은 "빛이 전기 및 자기 현상을 일으키는 매질과 같은 매질의 진동이라는 결론을 거의 피할 수 없다"고 말했습니다. 즉 빛이 전자기파라는 말입니다. 이렇게 해서 전기와 자기와 빛의 통일 이론이 확립되었습니다. 1888년에 독일의 하인리히 헤르츠는 마침내 실험을 통해 전자기파의 존재를 실증해 냈습니다. 안타깝게도 맥스웰은 세상을 떠난 뒤였지만 말입니다.

하지만 맥스웰은 전기와 자기와 빛에 관한 모든 것을 정리한 『전기자기론』을 남겼습니다. 42세이던 1873년에 두 권으로 출간된 이 책은 1000쪽이 넘는 방대한 분량입니다. 현대 물리학의 두 기둥이 되는 상대성이론과 양자이론이 모두 맥스웰의 전자기론에서 출발합니다. 게다가 현대 물리학의 세 번째 기둥인 통계역학도 다름 아닌 맥스웰이 시작했습니다. 맥스웰은 19세기에 막 논의되기 시작하던 확률과 통계의 방법을 물리학에 거의 맨 처음 적용한 사람입니다. 그는 열에 관한 이론을 확률과 통계로 설명하여 통계역학이라 부르는 것의 한 형태를 처음으로 만들었고, 루트비히 볼츠만과 조사이아 기브스는 맥스웰의 아이디어를 체계적으로 발전시켜 통계역학을 창시했습니다. 현대 물리학이 모두 맥스웰에서 시작된 셈입니다.

우리가 살아가는 현대 문명은 근본적으로 전기와 자기의 문명입니다. 18세기 말의 산업혁명이 증기기관에서 시작된 기술 발전으로 세상을 뒤바꿨다면, 19세기 말에 세상을 바꾼 것은 전기(와 자기)라고 할 수 있습니다(물론 기술결정론이라는 위험한 함정이 있긴 하지만요). 전기, 전신, 전화뿐 아니라 오늘날 소위 4차산업혁명이라는 다소 과장된 담론의 중심을 차지하는 인공지능, 유전자 편집, 로보틱스의 바탕에도 전기와 자기가 있습니다. 이렇게 보면, 맥스웰은 현대 문명의 실질적인 기반이 되는 과학 이론을 정립하고 밝혀낸 사람이라 해도 과언이 아닙니다.

이렇게 더 이상의 설명이 필요 없는 중요한 인물이 잘 알려지지 않은 까닭은 무엇일까요? 어쩌면 맥스웰의 업적이 사실상 거의 모든 영역에 걸쳐 있어서 굳이 이름을 거론할 필요가 없어서였는지도 모릅니다. 아니면 맥스웰을 제대로 소개한 책이 부재한 탓일 수도 있습니다. 실상 맥스웰의 이론은 천하의 아인슈타인조차 대학 시절 제대로 따라가기가 어려워서 쩔쩔맸을 만큼 복잡하다 보니 맥스웰의 평전도 일반 독자들에게는 어렵다는 느낌을 줍니다. 그래서였는지 15년쯤 전에 번역 출간되었던 맥스웰 평전은 이내 절판되고 말았습니다.

『신사와 그의 악마』는 그 이후 국내에서 처음 출간되는 맥스웰 단독 평전입니다. 이 책은 브라이언 클레그의 『Professor Maxwell's Duplicitous Demon(맥스웰 교수의 이중적인 악마: 제임스 클러크 맥스웰의 생애와 과학)』(2019)을 저본으로 하고 있습니다. '악마'는 열역학 제

2법칙이 오직 통계적 법칙임을 보이기 위해 맥스웰이 고안한 사고실험의 주인공입니다. 뛰어난 과학 저술가인 브라이언 클레그는 악마를 화자로 내세운 '악마의 막간'을 통해 기본적인 과학 내용과 다양한 뒷이야기를 제공함으로써 배경지식이 많지 않은 일반 독자들도 맥스웰의 연구를 얼마간 이해하며 재미있게 읽을 수 있게 도와줍니다. 섀넌의 정보 이론과 노버트 위너의 사이버네틱스, 그리고 2016년 옥스퍼드 대학에서 빛 펄스를 이용해 맥스웰의 악마 사고실험을 구현한 시도에 이르기까지, 맥스웰의 유산이 어떻게 현재까지 이어지고 있는지를 따라가는 것도 흥미롭습니다.

아이작 뉴턴의 마그눔 오푸스인 『프린키피아』의 가장 권위 있는 영문 판본(휘트먼과 코헨 해설본)을 우리말로 옮긴 배지은 선생님의 번역이라 더욱 반갑습니다. 역자의 솜씨 덕분에 재치 있게 쓰인 이 책의 강점이 더 빛을 발하는 것 같습니다.

물리학의 역사와 철학을 공부한 사람으로서, 맥스웰의 『전기자기론』과 맥스웰의 업적을 계승한 노버트 위너의 『사이버네틱스』를 우리말로 번역한 사람으로서, 가장 존경하고 좋아하는 과학자인 맥스웰 평전이 출간되어 매우 기쁩니다. 더구나 그 책에 이렇게 이름을 얹을 수 있어서 영광입니다.

이 평전을 통해 위대한 물리학자일 뿐 아니라 매력적인 인간이기도 했던 맥스웰을 알아 가는 즐거움을 누리시길 바랍니다.

김재영 물리철학자

차례

추천의 글 ——— 6

악마의 막간 I 악마, 소환되다 — 15

1장. 태도는 조금 투박할지 몰라도 · · · · · · · 19

에든버러와 글렌레어 • 아카데미 • 젊은 수학자 • 성직자와 시골 지주 •
대학 생활 • 특별한 빛 • 케임브리지로 가는 길

악마의 막간 II 전기가 자기를 만날 때 — 51

2장. 가장 독창적인 젊은이 · · · · · · · · · 75

트리니티에 다가가다 • 사도가 되다 • 고양이와 운율 • 랭글러 •
색각 • 진짜 원색 • 특이한 무능력 • 패러데이의 장을 수량화하다 •
노동자들의 권익을 위해 • 새로운 목적지

악마의 막간 III 원자는 실재하고 열은 움직인다 — 115

3장. 젊은 교수 · · · · · · · · · · · · · 125

분열된 도시 • 그분 강의는 끔찍했어요 • 고리의 제왕 • 애버딘에서의 생활 •
에 푸르 시 무오베 • 통계가 우리를 구원하리라 • 새로운 가족 •
'영국 당나귀'를 들이다 • 애버딘을 떠나며

악마의 막간 IV 악마, 도전장을 던지다 — 167

4장. 런던 대모험 · · · · · · · · · · · · · · 179

킹스의 과학 • 연구소에 색을 입히다 • 전자기가 역학으로 • 맥스웰의
전자기 공 • 소용돌이와 유동바퀴 • 비유의 힘

악마의 막간 V 악마, 스타가 되다 — 205

5장. 빛을 바라보며 · · · · · · · · · · · 213

유연한 셀의 힘 • 에테르 안의 파동 • 빛을 바라보며 • 한 사람이 짊어지기엔 너무 무거워 • 런던 대박람회

6장. 수에 의한 과학 · · · · · · · · · · · 231

점성 엔진 • 입체경과 관 • 저항의 표준 • 전기 저항의 속도 • 시각적 지원 없는 전자기의 홀로서기 • 수학적 종탑 안에서 • 새로운 물리학 • 아름다운 방정식 • 모든 것에서 벗어나

악마의 막간 VI 악마, 좌절하다 —— 267

7장. 영지에서 · · · · · · · · · · · · · 273

글렌레어에서의 삶 • 점성으로 돌아가다 • 와인 상인의 배터리 • 조절기를 만나다 • 4차원을 생각하다 • 학자의 삶

8장. 케임브리지가 부른다 · · · · · · · · 293

캐번디시 커넥션 • 좀 다른 교수 • 마지막 집 • 새로운 실험실과 현대 물리학 • 느린 출발 • 실험실의 여성들

악마의 막간 VII 악마의 기억이 도전을 받다 —— 319

9장. 마지막 연구 · · · · · · · · · · · · 325

책 그리고 빛의 힘 • 캐번디시의 논문들 • 지나가는 공상 • 갑작스러운 종말

악마의 막간 VIII 악마, 또 다른 날의 싸움을 위해 살아가다 —— 337

10장. 맥스웰의 유산 · · · · · · · · · · · 343

옮긴이의 글 —— 351
미주 —— 355
연표 —— 372
찾아보기 —— 374

"맥스웰, 그와 더불어 과학의 한 시대가 끝나고
또 한 시대가 시작되었다."

_ 아인슈타인

신사와 그의 악마

악마, 소환되다

대중 과학책에 악마가 등장하는 경우는 거의 없는 것 같다. 심지어 그 낯가림 심하던 신의 입자*에 관한 책에도 악마는 나오지 않는다. 하지만 여기 있는 나는, 악마다. 신을 경외하며 만인의 존경을 한 몸에 받았던 스코틀랜드의 물리학 교수 제임스 클러크 맥스웰이 나를 소환했고, 동료 물리학자 윌리엄 톰슨이 나를 악마라고 선언했다. 나는 (당신네 우주 안에 있는 수많은 것들과 마찬가지로) 열역학 제2법칙에서 태어났다.

'열역학 법칙'이라고 하면 증기 기관 시대에나 통할 만한 따분한 얘기로 들릴 수도 있겠다. 하긴, 이 개념은 실제로 그 시대에 태어나긴 했다. 그러나 열역학 제2법칙은 우주의 작동 원리를 결정

---

* 이게 뭔지 잘 모르시는 분들을 위해 설명하자면, 신의 입자는 힉스 보손(Higgs boson)의 별명이다. 이 입자는 2012년 유럽입자물리연구소(CERN)의 거대 강입자 충돌기에서 발견되면서 대중의 관심을 끌었다. 물리학자 리언 레더먼은 힉스 보손을 탐색하는 과정을 소개하는 책을 쓰면서 책 제목을 '망할 놈의 입자(The Goddamn Particle)'로 하려 했다. 이 정도면 우리 같은 악마들도 화들짝 놀랄 만한 파격적인 제목이다. 하긴 뭐, 힉스 입자를 찾겠다고 그렇게 개고생을 했으니 이해는 간다. 그러나 출판사는 독자들에게 이 제목이 너무 불경스럽게 여겨질 거라며 반대했고, 그 대안으로 오해의 소지가 다분히 있는 '신의 입자(God's Particle)'를 밀어붙였다. 이 제목을 달고 책이 출간되자 수많은 물리학자들이 당혹스러워했다.

하는 법칙이다. 엄밀히 따지면 이 제2법칙은 사실 세 번째 법칙인데, 처음에 두 법칙이 선언되고 난 후 뒤늦게 나온 하나가 목록의 맨 위로 끼어들면서 서열 정리가 좀 복잡해졌다. 그래서 혼란을 피하기 위해 제일 나중에 나온 법칙을 0번째 법칙이라고 불렀는데 사람들은 오히려 더 혼란스러워하는 것 같다. 제2법칙을 서술하는 방법은 두 가지가 있으며 둘 다 내용만 보면 대단히 평이하다. 그럼에도 이 단순한 명제 안에 실제 세계의 기본 바탕과 모든 것의 운명이 담겨 있다.

열역학 제2법칙은 모든 원인의 결과를 필연적으로 결정한다. 영구 운동 기관에 관한 책을 도서관 소설 코너로 보내 버린 것도 바로 이 제2법칙이다. 당신들 인간들이 사는 세상의 시간 흐름도 이 법칙이 결정한다(참고로, 내가 사는 세상의 시간은 좀 다르게 흐른다). 누구든 제2법칙이 깨지는 것을 증명할 수만 있다면 이 세상은 혼란으로 가득 찰 것이다. 악마인 나에게는 무척이나 솔깃한 얘기다. 게다가 대단히 적절하기도 하다. 내가 바로 이 법칙을 깨기 위해 창조된 존재니까.

나의 사건 기록부에는 뭐라고 적혀 있을까? 인간들은 아마 이 법칙의 내용을 열이 뜨거운 물체에서 차가운 물체로 흐른다거나, 엔트로피(계의 무질서 척도)는 항상 같거나 증가한다는 식으로 가볍게 이해하고 있을 것이다. 하지만 나는 이 법칙에 도전장을 내밀기 위해 태어났다. 혹시 물리학의 하찮은 법칙 하나쯤 깨져도 상관없다고 생각하는지? 이 법칙은 떨어진 유리컵은 산산조각 나고 유리 조각이 다시 모여 원래 상태로 붙는 일은 절대 없다고 설명하고 있다. 이 법칙은 지구 위에 생명이 존재하게 하고 우주의 종말을 예언한다. 그리고 이 법칙이 아니었다면 자동차부터 컴퓨터까지 당신들 인간들이 살아가는 데 필요한 수많은 기계는 아예 작동조차 못했을 것이다. 그러니 이 제2법칙을 얕잡아 볼 일이 아니다.

20세기 초 영국의 물리학자 겸 과학 저술가 아서 에딩턴Arthur Eddington은 이렇게 말했다. "당신이 우주에 대해 어떤 지론을 가지고 있다고 하자. 만일 누가 그 지론이 맥스웰의 방정식[전자기의 작용 원리를 서술하는 제임스 클러크 맥스웰의 걸작 방정식]과 일치하지 않는다고 지적한다면 어쩌면 맥스웰 방정식 쪽이 틀렸을 수도 있다. 새로운 관측 결과가 맥스웰 이론과 모순되는 것으로 밝혀진다면ㅡ뭐, 실험하는 사람들이야 가끔 엉터리 짓거리를 하곤 하니까ㅡ반박할 여지가 있을 수도 있다. 그러나 당신의 이론이 열역학 제2법칙을 거스른다면, 나는 당신에게 아무런 희망도 줄 수 없다. 그런 이론이라면 그냥 가장 깊은 수치심에 잠겨 무너지는 것 말고는 방법이 없다."

이 말이 나를 무대로 불러냈다. 내 삶의 유일한 목적은 열역학 제2법칙이 실제로 깨질 수 있음을 밝히는 것이다. 나는 열이 차가운 쪽에서 뜨거운 쪽으로 이동하게 할 수 있다. 악마로서는 좀 불편한 말이지만 이 세상의 무질서도를 '낮출' 수도 있다. 그리고 내가 정말로 이런 일을 할 수 있다면, 가장 깊은 수치심에 잠겨 무너지는 쪽은 내가 아니라 빅토리아 시대 이후 이 세상을 거쳐간 모든 물리학자들이 될 것이다.

영국의 수상이었던 윈스턴 처칠은 러시아를 두고 '수수께끼이자 미스터리 안에 포장된 불가사의'라는 유명한 말을 남겼는데, 어쩐지 꼭 나를 두고 한 말 같다. 그동안 나를 물리칠 열쇠를 찾아낸 사람이 과연 있었을까? 이건 앞으로 나올 이야기에서 확인할 수 있을 것이다. 그러나 그전에 먼저, 우리는 젊은 제임스 클러크 맥스웰을 만나 보아야 한다.

프랑켄슈타인의 괴물이 할 법한 말 같겠지만, 그럼 이제부터 나의 창조자를 만나 보기로 하자.

1장

태도는 조금 투박할지 몰라도

제임스 클러크 맥스웰의 어린 시절은 악마의 등장을 암시할 만한 것이 전혀 없었다. 이야기를 시작하기 전에 잠깐 먼저 그의 복잡한 이름부터 정리해 보자. 지난 몇 년간 그에 대해 쓴 글들을 보면 그의 성을 대체 뭐라고 해야 좋을지 전혀 갈피를 못 잡았던 것 같다. 누구는 '클러크 맥스웰'이라고 하고 또 누구는 줄표로 연결해 '클러크-맥스웰'이라 썼는데, 특히 '클러크-맥스웰' 같은 표기는 아마 당사자가 결코 용납하지 않았을 것이다(두 개의 성을 쓰는 건 주로 상류층의 관행이었다. 중상층에 속해 있었고 평소 소박한 성정으로 유명했던 맥스웰이라면 이런 표기를 달가워하지 않았을 것 같다−옮긴이). 그의 성은 이렇게 이중으로 쓸 일이 아니고, 그냥 '맥스웰'이 가장 타당한 표기라 할 수 있다.

맥스웰의 아버지는 원래는 존 클러크라고 불렸다. 중산 계층과 귀족 사이의 경계에 아슬아슬하게 끼인 이 가족은 역사가 꽤나 복잡하다. 맥스웰의 먼 조상 중에 존 클러크가 한 명 더 있었는데, 이 사람은 스코틀랜드 페니퀵 지역의 광활한 저지대를 사들여 1646년에 이 땅으로 준남작[1] 지위를 되찾았다. 그리고 그의 둘째 손자와 결혼한 애그니스 맥스웰이 이와 비슷한 규모의 미들비 영토를 가지고 왔다. 이후 수십 년에 걸쳐 수많은 사촌간 혼인을 통해 페니퀵 쪽의 '클러크'와 미들비 쪽의 '맥스웰'이 두루 뒤섞이게 되었고, 그러다 보니 가끔 클러크 맥스웰이라는 이름이 조합되기도 했다.

미들비 소유지는 많이 축소되어 맥스웰의 아버지 대에 이르러서는 1500에이커(600헥타르)에 불과한 '작은' 영지였다. 그래서 맥스웰 저택도 미들비 마을로부터 30마일이나 떨어진 곳에 자리 잡게 되었다. 나머지 땅은 맥스웰의 증조부가 광산과 제조업 쪽으로 벌인 위태로운 투기를 수습하느라 매각되었다. 주요 상속자는 존 클러크의 형인 조지 클러크였지만, 매각하고 남은 미들비 영지는 존 클러크가 상속했다. 조지 클러크가 관대해서 동생과 유산을 나눈 것은 아니고, 애초에 미들비와 페니퀵을 동시에 상속할 수 없다는 조건이 붙어 있었기 때문이다. 그런 조건이 없었다면 아마 조지 클러크가 모조리 다 움켜쥐었을 것이다. 그렇다고 영지를 나누는 것은 어쨌든 모양새가 좋지 않았다. 존 클러크는 미들비의 영주라

---

1 자, 여기에서 악마 등장이다. 이 책에 나오는 각주는 모두 악마인 내가 쓴다. 각주란 모름지기 악마 같은 구석이 좀 있지 않은가. 아무튼. 영국의 작위 제도를 잘 모르는 이들을 위해 설명하자면, 준남작은 영주가 되지는 않으면서 세습은 되는 유일한 작위로, 결국은 기사(knight)와 동급이다. 돈으로 작위를 사는 것이 좀 천박하게 여겨진다면 이건 전쟁 자금을 끌어모으기 위한 제임스 1세의 아이디어였다는 점을 기억하자.

는 새로운 지위를 받아들이면서 클러크 뒤에 '맥스웰'을 붙인, 전통적인 지주 가문의 이름을 쓰게 되었다.

에든버러와 글렌레어

제임스 클러크 맥스웰은 1831년 6월 13일 부모님이 살던 에든버러 인디아 스트리트 14번지에서 태어났다. 현재 제임스 클러크 맥스웰 재단이 상주하고 있는 이 건물은, 에든버러 중심가를 가로지르는 퀸 스트리트에서 조금 떨어진 자갈길에 세워진 3층짜리 타운 하우스다. 맥스웰은 늦둥이였고 아마도 십중팔구는 버릇없는 아이였을 것이다. 결혼 전 프랜시스 케이로 불렸던 맥스웰의 어머니는 첫아이 엘리자베스를 아기일 때 잃었다. 프랜시스가 맥스웰을 낳은 것은 거의 40세가 다 되었을 때였다.

맥스웰의 아버지 존은 스코틀랜드의 성공한 변호사였지만(영국의 법정 변호사와 같은 지위였다), 맥스웰이 두 살쯤 되었을 때 시골 지주라는 새로운 역할을 받아들이기로 했다. 가족은 에든버러의 집을 뒤로하고 미들비로 떠났다. 에든버러의 집은 맥스웰이 살아 있는 동안에는 계속 소유권을 유지한 채 세를 주었다. 미들비에는 조지 클러크가 소유한 인상적인 팔라디언 스타일의 페니퀵 저택 같은 대저택이 없었다.[2] 존과 프랜시스는 네더 코속이라는 농지에 비교적 소박한 집인 글렌레어를 지었다.

생기 넘치는 도시 에든버러와 고즈넉한 시골 마을 미들비는 물리적으로는 80마일이 떨어져 있었지만, 사회적 거리는 그보다 훨씬 더 멀었다. 에든버러는 빅토리아 시대의 현대적인 도시였고, 과학과 문학적 사고를 장려하는 분위기였다. 그에 비하면 미들비는 족히 200년은 뒤처져 있었을 것이다. 게다가 스코틀랜드의 시골길 80마일을 여행하기란 쉽지 않아서 훨씬 더 멀게 느껴졌다. 비톡을 거쳐 가면 꼬박 이틀이 걸리는 길이라 가다가 중간에 쉬어 가야 했다. 탈 수 있는 교통수단도 최신식이 아니었다. 맥스웰의 평생 친구였던 고전 문학 교수 루이스 캠벨Lewis Campbell과 전기 엔지니어인 윌리엄 가넷William Garnett이 맥스웰 사후 3년 만에 펴낸 맥스웰 전기(이후 따옴표로 묶인 '전기'는 모두 캠벨과 가넷이 쓴 맥스웰 전기를 의미한다—옮긴이)를 보면 이런 대목이 나온다.

아직 우르강 계곡에 현대적인 의미의 마차는 알려지지 않았다. 여행용 마차로는 덮개를 씌운 이중 경륜마차 정도가 많이 쓰였고, 가장 널리 이용되는 교통수단은 개썰매였다. 이 개썰매를 가족들끼리는 '헐리hurly'라고 부르곤 했다.

1841년 주택에 딸린 별채를 지을 때, 존은 필요한 세부 계획을

---

2 페니퀵 저택은 1899년 화재로 무너진 이후 뼈대만 남았다가 2014년 일부 복구되었고 현재는 방문객에게 개방되고 있다.

세우고 작업자들이 실제로 사용할 작업 계획서까지 모두 작성했다. 이를 통해 존의 성격을 미루어 짐작할 수 있는데, 아들도 이 성격을 물려받은 것 같다. 존은 변호사였지만, 맥스웰의 '전기'를 보면 사건이 없는 여가 시간에는 "과학 실험에 조금씩 손을 대곤 했다."《에든버러 왕립학회 회보Edinburgh New Philosophical Journal》에 '기계식 인쇄 프레스와 기계장치의 결합 설계도 개요'라는 제목의 자동 인쇄 장치에 관한 논문을 게재하기도 했다. 존은 아들에게 자연에 대한 흥미를 북돋우는 유형의 아버지였다.

여덟 살이 될 때까지 맥스웰은 유복한 가정의 아이치고는 목가적인 분위기에서 자유롭게 성장했던 것 같다. 부모는 맥스웰이 동네의 농장 아이들과 어울리는 것을 말리지 않았고, 친구들에게 심한 갤러웨이 사투리 억양을 배워 와도 애써 금하지 않았다. 그런 말투는 분명 계급 사회의 감성으로는 용납하기 어려운 것이었다. 맥스웰 가족은 빅토리아 시대 사람들치고는 특이할 정도로 유연한 사고방식을 지녔던 것 같다.[3] 이 가족은 형식과 격식을 따지지 않았고, 집안에 늘 유머가 넘쳤다. 삶에 대한 이런 태도는 나중에 맥스웰에게 큰 도움이 된다.

영지는 늪지와 농지가 대비를 이루며 조화롭게 결합해 있고, 완만하게 흐르는 우르강의 휘어진 둑을 따라 펼쳐져 있었다. 집 뒤쪽

---

3   엄밀히 말해서 빅토리아 시대는 맥스웰이 여섯 살 되던 해에 시작되지만, 작가에게 이 정도 여유는 허용해 주자.

목초지 가장자리로 작은 개울이 흘러 우르강으로 이어졌다. 맥스웰 가족은 개울가에 우묵한 웅덩이를 파서 물놀이를 즐겼다. 개울물은 한여름에도 살을 에일듯 차가웠지만, 어린 맥스웰에게는 아주 좋은 놀이터였을 것이다.

비교적 부유한 집안이었으니만큼, 아들에게 가정교사를 붙여줄 경제적 여유도 있었을 것이다. 전해지는 이야기로는 『프랑켄슈타인』의 작가 메리 고드윈(이후 메리 셸리가 된다)은 어렸을 때, 가정의 수입이 '아주 제한적'이었지만 오빠와 남동생들은 기숙 학교에 보내고 그녀를 위해서는 '입주 여자 가정교사와 음악과 그림을 가르치는 가정교사'를 두었다고 한다. 맥스웰 가족의 수입은 고드윈 가족보다 훨씬 나았지만, 당시 부유한 가정으로서는 드물게 맥스웰의 어머니 프랜시스는 아들에게 지대한 관심을 갖고 맥스웰을 직접 가르쳤다. 그러나 곧 상황이 바뀌었다. 1839년 프랜시스는 불과 47세에 복부 암으로 세상을 떠났다. 여덟 살이던 제임스에게 엄마의 죽음은 세상이 무너지는 것 같은 경험이었을 것이다.

아버지 존은 프랜시스가 자신의 시간을 할애해 헌신적으로 아들을 키우고자 했던 것에는 분명 동의했지만, 본인은 그럴 수 없었거나 그럴 마음이 없었다. 교육을 위해 학교에 보낼 수 있다면 좋았겠지만, 당시 마을 학교에서 제공하는 교육 내용은 존이 생각하는 표준에 한참 못 미쳤다. 어린 맥스웰이 동네 친구들과 어울려 노는 것은 상관없었다. 그러나 함량 미달의 학교에 아들을 보내는 것은 용납할 수 없었다. 그래서 한동안은 젊은 청년 하나를 가정교사로 들였는데, 청년의 나이는 겨우 16세였다. 이 경험 없는 십대 청년은 총명하고 호기심 많은 어린 맥스웰을 지도할 능력이 없었다. 그의 노력은 모두 처참히 실패했다. 맥스웰은 교사의 지도를 거부했고 점점 다루기 까다로운 아이가 되었다.

그 가정교사는(맥스웰은 훗날 그의 이름을 공개하지 않는 게 좋겠다고 생각했) 당시의 기준에 비추어 보더라도 상당히 거칠었다. 맥스웰은 "자로 머리를 얻어맞거나 귀에서 피가 나도록 잡아당겨지곤" 했다. 어릴 때부터 맥스웰을 잘 알았던 루이스 캠벨은 맥스웰의 '전기'에서, 이런 거친 훈육의 결과로 "제임스에게는 머뭇거리는 태도와 모호하게 대답하는 버릇이 오래도록 남았다. (아마도 가정교사 때문에 생겼을) 이런 버릇은 쉽게 극복되지 않았고, 행여 극복되었다 하더라도 꽤 오랜 시간이 걸렸다"고 기록하고 있다.

이 힘든 시기에, 맥스웰이 유일하게 숨 돌릴 수 있는 시간은 영지 안을 자유롭게 돌아다니며 자연을 관찰할 때였다. 이것은 아버지가 언제나 장려하던 활동이기도 했다. 맥스웰은 자연에서 찾을 수 있는 여러 가지 색에 관심을 보였다. 어린 맥스웰을 특히 매료시켰던 것은 수정 결정이었는데, 수정에 압력을 가하면 색깔이 바뀌는 현상을 무척 신기해했다. 아버지 친구인 글래스고 대학교 교수 블랙번을 도와 글렌레어 영지에서 열기구를 띄우기도 했는데, 맥스웰에겐 아주 즐거운 경험이었다.

그 또래 아이들이 으레 그렇듯 맥스웰은 주변의 모든 것에 흥미와 관심을 보였다. '전기'에 기록된 내용에 따르면, 어린 시절 그는 "어떻게 하는 건지 보여 줘"와 "이건 어떻게 이렇게 되는 거예요?"라는 말을 입버릇처럼 했다고 한다. 사실 이 세상 모든 아이들은 자연에 대한 열정적인 호기심을 지니고 있다. 초등학교에 다니는 아이들과 얘기해 보면 아이들이 얼마나 과학에 열광하는지 한눈에 알아볼 수 있다. 그러나 중등학교만 진학해도 많은 이들이 자연의 경이를 잊고 산다. 맥스웰은 어린 시절에 품었던 자연에 대한 경외심을 평생 간직했다.

아카데미

맥스웰의 교육을 위해 함량 미달의 가정교사를 계속 둘 수는 없는 일이었다. 이때 에든버러에 살던 프랜시스의 여동생 제인 케이가 조카를 위해 발 벗고 나섰다. 케이는 존에게, 에든버러에 살고 있는 존의 여동생 이사벨라에게 맥스웰을 보내라고 제안했다. 마침 이사벨라의 집에서 걸어갈 수 있는 거리에, 에든버러의 명망 있는 학교인 에든버러 아카데미가 있었다. 따라서 맥스웰은 학기 중에는 고모의 보살핌을 받으며 좋은 교육을 받고, 방학 때는 글렌레어 영지로 돌아와 자유를 누릴 수 있었다. 그렇다고 존이 맥스웰을 고모 손에만 맡겨 둔 건 아니었다. 존 클러크 맥스웰은 자주 에든버러에 들렀고 특히 겨울에는 아들과 함께 저녁 시간을 보내곤 했다.

글렌레어는 귀족이 사는 웅장한 시골 저택이 아니었다(이 건물은 그저 큰 농장 주택이었고,[4] 1860년대에 맥스웰이 상당 부분 확장했다). 어려서 놀거나 소년 시절 과학적 모험을 벌이기에는 충분히 넓은 공간이었겠지만, 그래도 여전히 소박한 느낌을 주는 곳이었다. 하지만 글렌레어는 맥스웰의 전 생애에 걸쳐 중요한 구심점으로 자리잡았다.[5]

가정교사의 학대로 인해 머뭇거리는 버릇이 생겼다고는 하지만, 맥스웰은 주위 시선에 민감한 아이는 아니었던 것 같다. 열 살 때 에든버러 아카데미에 등교한 첫날을 봐도 그렇다. 자기와 조금이라도 다르면 절대 그냥 넘기는 법이 없는 아이들에게 맥스웰은 완벽한 조롱거리였다. 특히 1학년 정원이 꽉 차서 곧바로 고학년 반으로 편입한 터라 상황은 더욱 심각했다.

맥스웰이 놀림감이 된 이유가 단순히 시골뜨기의 말투 때문만은 아니었다. 학교에 나가는 첫날 그는 트위드 재킷 안에 프릴 장식 칼라가 달린 셔츠를 입고 황동 버클이 달린 구두를 신었다. 그렇게

---

4 물리적 규모는 커도 분위기는 소박한 가정에서 성장한 위대한 물리학자가 맥스웰이 처음은 아니다. 뉴턴이 어린 시절을 보냈던 울즈소프의 저택도 커다란 농장 주택 수준이었다. 농장에서 살려면 모든 걸 손수 해야만 했을 텐데, 이런 생활이 세상을 향한 지대한 관심으로 이어진 것이었을까?

5 맥스웰이 성인이 된 후 살았던 집들은 대체로 상태가 좋은 편인데, 이에 비해 글렌레어는 1920년대에 발생한 화재로 대부분 소실되었다. 그래도 가장 오래된 일부는 거주가 가능한 상태로 남았고, 1990년대에 전체적으로 복원되었다.

유행에 한참 뒤처진 차림새 탓에 아이들의 눈에는 맥스웰이 패션을 거스르는 괴짜 같아 보였을 것이다. 맥스웰은 등교 첫날 누더기가 된 겉옷 차림으로 집에 돌아왔지만, 겁에 질리기보다는 재미있어하는 기색이었다.

아카데미는 상대적으로 신설 학교였고, 맥스웰이 처음 등교했을 때는 개교 18년 차였다. 이 학교는 고전 교육 위주의 영국 공립 학교들과 겨루기 위해 설립되었다. 그래서 엄격한 규율 안에서도 학생들의 독립심을 길러 주는 교육에 초점을 맞추었다. 커리큘럼은 주로 고전 교육 위주였지만 수학도 약간 가르쳤다. 과학은 거의 다루지 않았다. 스카우트 운동의 창립자인 로버트 베이든파월의 아버지 베이든파월은 1832년에 이런 말을 남겼다. "과학 지식이 상류층을 제외한 모든 계층에 급속도로 퍼지고 있으니, 이제 머지않아 상류층은 더 이상 상류층으로 남지 못하게 될 것이다."

공립 학교들에게 이런 한정적인 커리큘럼은 자부심의 표상 같은 것이었다. 런던의 명망 있는 학교인 세인트폴 학교의 교장 존 슬리스는 19세기 초 학부모들에게 이런 편지를 보냈다. "우리 세인트폴 학교에서는 오로지 라틴어와 그리스어 고전만 가르칩니다. 자제분에게 다른 것을 가르치고 싶으시다면 학부모님들께서 직접 집에서 가르쳐야 합니다. 이를 위해 우리는 학생들에게 일주일에 세 번 합법적인 반나절 조퇴를 허용합니다."

이 시기의 공립 학교들은 우수한 교육의 중심지는 아니었다. 예를 들어 영국에서 가장 오래된 공립 학교인 럭비 학교 학생들은 교장을 칼로 위협해 인질로 삼았다가 군대가 출동해 진압된 후 폭동법을 낭독하는 벌을 받은 일도 있었다. 부모의 감독이 제대로 미치지 못하는 학교들 대부분은, 심지어 유명한 학교에서도, 교육 내용이 수업료에 비해 조악한 수준이었다. 이튼 학교는 교사 비용을 낮추기 위해 한 반에 족히 200명은 되는 학생들을 모아 놓고 가르쳤다. 에든버러의 학교들은 그 정도로 극단적인 상황은 아니었지만, 맥스웰이 처음 등교할 무렵 한 반의 정원이 거의 60명 이상이었다.

그러나 공립 학교 체계의 개혁이 진행 중이었고, 고전의 대안으로서 '현대적 측면'을 경험할 기회를 더 많이 제공하려는 움직임이 일고 있었다. 게다가 에든버러 아카데미의 교육관은 당대의 유서 깊은 잉글랜드의 학교들보다 훨씬 더 현대적이었다. 그렇다 해도 틀에 짜인 학교 생활에 익숙하지 않고, 언제나 자신만의 속도로 여유롭게 생각하기를 즐기던 맥스웰은 남들이 보기에 학습 속도가 느린 아이였다. 여기에 시골 사투리가 섞인 억양까지 더해져, 맥스웰은 '대프티Dafty'(스코틀랜드어로 '바보 같은 사람'—옮긴이)라는 별명을 얻게 되었다. 이 별명은 맥스웰이 학문에 엄청난 재능이 있는 학생임이 드러난 뒤에도 꼬리표처럼 붙어 다녔다. 아무래도 편안한 집과 영지에서 멀리 떠나왔으니, 새로운 환경에 적응하기까지는 시간이 좀 걸렸다. 그런 맥스웰을 보고 같은 반 친구는 "증기는 가득 채워져 있지만 아직 철로 위에 바퀴를 올리지 못한 기관차 같다"[6]고 말했다.

　맥스웰은 학교에서 완전히 외톨이는 아니었지만, 예전처럼 혼자도 잘 지냈던 것 같다. 다시 말해 다른 사람들이 함께하기를 원하면 같이 어울렸지만 모임에 끼려고 억지로 나서지는 않았다. 고맙게도 고모와 이모는 그의 복장이 특이한 수준을 넘어섰다는 것을 깨닫자마자 곧바로 평범한 옷을 마련해 주었다. 맥스웰은 고모 이사벨라의 집에서 편안히 잘 지냈다. 헤리엇 로우 31번지는 근사한 4층짜리 회색 석조 타운하우스였고, 집 앞에 작은 공원도 있었다. 맥스웰은 집에 있는 멋진 도서실을 탐험하고 밖에서는 에든버러의 자연환경을 관찰하며 즐겁게 지냈다. 학교에는 기숙사가 있었지만 집에서 통학하는 학생들도 많았다. 맥스웰도 그중 하나였다.

　시간이 흐르면서 처음에는 몇 안 되던 맥스웰의 친구가 점점 많아졌다. 그 무렵 헤리엇 로우 근처로 동급생 루이스 캠벨이 이사를 왔고, 둘은 서로의 학구열을 자연스럽게 이해하고 받아들였다. 곧 두 소년은 등하굣길을 함께하면서 평생에 걸쳐 이어질 끈끈한 우정을 쌓았다. 두 친구는 함께 진급해 고전 수업 외에 수학을 배우게 되었다(2학년 때까지는 수학을 배우지 않았다). 맥스웰은 자신이 수학에 뛰어나다는 것을 깨달았고, 친구 캠벨도 수학을 좋아한다는 사

6　이런 표현은 당시 에든버러 아카데미 학생들 사이에서는 완전 최신식 비유였다. 맥스웰이 학교에 입학한 1842년은 세계 최초의 철도 회사인 리버풀-맨체스터 사가 두 도시 사이에 선로를 깐 지 12년밖에 지나지 않았을 때였으니까. 당시의 아이들에게 기차는 오늘날의 우주여행만큼이나 환상적인 이벤트였을 것이다.

실을 알게 되었다(둘 사이에는 수학 문제를 누가 더 잘 푸는지를 두고 약간의 경쟁도 있었다).

　한번 장벽이 무너지자, 과학과 자연에 흥미를 가진 친구들을 더 쉽게 만날 수 있었다. 그렇게 만난 친구 중에 특히 피터 테이트Peter Tait가 있다. 맥스웰의 또 다른 평생 친구인 테이트는 스코틀랜드의 선도적인 물리학 교수로 성장하게 되는데, 심지어 젊은 시절에는 맥스웰을 제치고 교수직을 따내기도 했다. 함께 학교에 다니던 1846년에 맥스웰은 수학 시험에서 테이트에게 밀려 2등을 했고(당시 맥스웰이 잘했던 과목은 성경, 생물학, 영문학이었다) 1847년에야 비로소 1등을 차지했다. 테이트 그리고 캠벨과 함께 어울리며, 맥스웰은 수학 퍼즐과 운동을 좋아하는 건강한 소년으로 자라났다. 그리고 그런 도전들에 영감을 얻은 14세의 맥스웰은 최초의 학술 논문을 써 보기로 마음먹게 된다. 특이하게도 그의 연구는 과학만큼이나 예술에서도 많은 영향을 받았다.

젊은 수학자

맥스웰의 아버지는 아들을 데리고 에든버러 왕립학회와 스코틀랜드 왕립예술학회(RSSA)에 꾸준히 참석했다. 이곳에서 맥스웰은 지역 예술가인 데이비드 램지 헤이의 작품을 알게 되었다. 헤이의 철학은 맥스웰의 생각과 여러 면에서 비슷했다. 헤이는 자연의 아름다움에서 기쁨을 얻었고, 그것을 과학적으로 측정하고 싶어 했다. 맥스웰은 훗날 색의 본질과 색 지각의 원리를 이해하기 위해 많은 노력을 쏟았다. 헤이는 색의 아름다움을 수학적으로 표현하는 데 관심이 있었고, 동시에 도형의 수학에도 매료되었다. 맥스웰은 바로 이 부분에서 논문의 영감을 얻은 것 같다. 나중에 헤이는 스코틀랜드 왕립예술학회에 논문 한 편을 제출하는데, 그 제목이 '완벽한 알모양곡선 제도 기계에 관한 설명'이었다. 맥스웰이 어릴 때 쓴 논문 역시 연필과 끈, 핀으로 다양한 알모양곡선을 그리는 내용이었다.

맥스웰의 실험 도구들은 1960년대 인기 있던 장난감 스피로그래프Spirograph의 원시적 버전이라고도 할 수 있다. 핀을 빳빳한 판지 위에 꽂고 그 위로 종이를 뚫어 끼운 후 핀에 적당한 길이의 끈을 감는다. 그런 다음 조심스럽게 연필로 선을 그리면 단순한 기하학적 도형을 그릴 수 있다. 핀이 한 개면 원이 그려진다. 핀이 두 개면 초점이 두 개인 타원이 나온다. 이런 내용은 표준 교육 과정에 나오는 것이지만, 맥스웰은 이 내용을 더욱 발전시켰다. 그는 여러 개의 핀과 연필을 사용해, 핀 주위에 여러 개의 고리를 감으면 어떤 도형이 그려지는지를 살펴보고, 고리의 수, 핀과 핀 사이의 거리, 끈의 길이를 변수로 하는 방정식을 세웠다.

맥스웰은 이런 연구 내용을 아버지와 공유했고, 아버지는 친구인 에든버러 대학교 자연철학과[7] 교수 제임스 포브스에게 아들의 논문을 보여 주었다. 나이답지 않은 완숙한 연구 내용에 매료된 포브스는 수학자인 필립 켈런드에게 이런 연구의 선례가 있는지 찾아보게 했다.[8] 켈런드는 프랑스의 과학자이자 철학자인 르네 데카르트가 비슷한 연구를 하긴 했지만, 맥스웰의 접근법이 데카르트보다 더 단순하고 이해하기 쉬울 뿐 아니라 훨씬 더 일반적이라고 평가했다.

어린 맥스웰이 보여 준 독창성에 대해 포브스는 단순히 머리를 쓰다듬어 주는 것 이상의 보상을 생각했다. 맥스웰의 논문은 이제 '여러 개의 초점과 다양한 비율의 반지름을 갖는 외접 도형에 대한 관찰'이라는 거창한 제목을 달게 되었는데, 포브스는 이 논문을 1846년 4월에 에든버러 왕립학회에서 발표하도록 추진했다. 맥스웰은 14세라 너무 어리기도 했고 학회의 정식 회원도 아니어서 직접 논문을 발표할 수는 없었지만, 아버지와 함께 학회에 참석해 자신의 연구 결과가 낭독되는 것을 들었다. 논문은 호평을 받았고 맥스웰은 앞으로 자신이 과학과 수학의 길을 걸을 것 같다는 예감을

---

7   자연철학은 19세기까지 과학을 포괄적으로 일컫는 이름이었다. 원래 '과학'이라는 말 자체가 '지식의 주제'라는 뜻이었다. 그래서 우리 악마들이 특히 좋아하는 학문인 '신학'은 흔히 '과학의 여왕'으로 불리기도 했다. 오늘날 당신들이 과학이라고 알고 있는 내용을 연구하는 사람은 당시에는 '자연철학자'였다. 그러다 철학이 점점 구체적으로 분야가 좁아지면서 '자연과학'이라는 이름으로 바뀌게 되었다. 아직도 오래된 대학에서는 '자연철학'이라는 명칭을 사용한다.

8   물론 그 당시에는 당신들이 하는 식의 게으른 인터넷 검색 같은 건 없었다. 그때는 사람들이 일일이 책과 학술지를 뒤져야 했다. 맥스웰이 아니었으면 오늘날 인터넷은 아예 존재하지도 않았을 것이다.

강하게 느꼈다. 논문을 다 싣기에는 너무 길어서(그리고 사실 지루하기도 하다), 여기에서는 초록을 통해 어린 맥스웰의 조숙한 (그리고 다소 장황한) 연구 결과물의 분위기만 슬쩍 엿보기로 하자.

> 얼마 전 원과 타원의 유사성, 그리고 임의로 주어진 길이의 끈을 초점 끝에 고정하여 타원 도형을 그리는 일반적 방법을 고려하였다. 그리고 원리에 기초하여 볼 때 초점으로부터 이어진 두 선의 합은 항상 상수임을 발견하였다. 초점이 임의의 개수만큼 있고 반지름의 비율 역시 다양할 때, 반지름의 합이 상수라는 조건은 모든 외접 도형의 필수 조건이라는 생각이 들었다.

맥스웰은 에든버러 왕립학회 같은 위엄 있는 단체에서 자신의 연구가 다음처럼 소개되는 것을 듣고 무척이나 기뻐했을 것이다. "클러크 맥스웰 씨는 원뿔곡선의 초점에 대한 일반 이론을 확장하여 더 높은 차수의 복잡한 곡선을 다음과 같은 독창적인 방식으로 설명하였습니다." 맥스웰은 학교 수업을 계속 들으면서 위대한 과학자들의 책과 논문을 탐독하기 시작했다. 그 무렵 런던의 왕립연구소는 독학으로 과학자가 된 마이클 패러데이Michael Faraday가 주도하고 있었는데, 맥스웰은 패러데이의 현실적인 접근법을 특히 좋아했다.

성직자와 시골 지주

오늘날에는 과학 연구와 종교적 신앙을 분명하게 구분한다. 그러나 맥스웰은 과학과 종교가 크게 충돌하지 않았던 마지막 시대를 산 사람이다. 이전에 살았던 수많은 위대한 과학자들처럼(패러데이와 뉴턴까지 포함해서) 맥스웰도 신앙심이 깊었다. 방학이 되어 글렌레어의 집으로 돌아가면 가족, 하인들과 매일 모여 기도를 드렸고, 일요일에는 5마일을 걸어 스코틀랜드 파튼 장로교회에 나갔다(이 오래된 교회 묘지에 맥스웰의 어머니가 묻혀 있었고, 훗날 맥스웰의 아버지 그리고 맥스웰 부부도 이곳에 묻힌다). 에든버러에 있는 동안에는 제인 이모가 맥스웰을 영국 성공회와 스코틀랜드 장로교회에 모두 보내면서 종교 생활을 계속 이어 갈 수 있게 도와주었다. 맥스웰은 그렇게 키운 종교적 신앙을 일생 동안 유지했다.

글렌레어에서 보내는 휴가는 학생일 때도 교수일 때도 맥스웰에게 무척이나 중요한 시간이었다. 이 순간만큼은 번잡한 도시와 엄격한 학교에서 완전히 벗어날 수 있었다. 훗날 맥스웰의 추도문을 쓰면서, 친구인 피터 테이트는 맥스웰의 학창 시절을 이렇게 묘사했다.

가끔 찾아오는 휴일에는 옛 시를 읽고, 흥미로운 도형을 그리고, 조잡한9 기계 모형을 만들며 보냈습니다. 학교 친구들은 그런 것에 몰두하는 맥스웰을 도무지 이해할 수가 없었고(당시 아이들은 수학에 전혀 관심이 없었습니다), 그 덕에 맥스웰은 아주 호의적이지는 않은 별명을 얻게 되었습니다.

맥스웰은 나중에 애버딘, 런던, 케임브리지에서 일하게 되는데, 그럴 때도 여름만큼은 항상 글렌레어 영지에서 보냈다. 고향에 와 있을 때 맥스웰은 어느 모로 봐도 전형적인 시골 신사였다. 다만 자연에 대한 열정과 기쁨만큼은 여느 신사들과 달랐다. 그 시대 사람들은 사냥철이 되면 대량 학살과 다를 것 없는 잔혹한 행위를 즐겼지만, 맥스웰은 사격이나 사냥 행사에 절대 참여하지 않았다.

헤리엇 로우 31번지에서 계속 이사벨라 고모의 보살핌을 받으며 살았던 맥스웰은 16세가 되어 아카데미를 졸업하고 에든버러 대학교로 진학하면서 가족의 영향으로부터 서서히 벗어났다. 이 무렵 맥스웰은 수학에서 독창적인 재능을 발견했고 이미 수학자 또는 과학자로서의 삶에 관심을 가진 것 같지만, 당시는 마이클 패러데이와 험프리 데이비 경 같은 전문 과학자들도 비주류 취급을 당하던 시대였다. '과학자scientist'라는 말은 맥스웰이 세 살 때인 1834년에야 처음 등장했고, 실제로 널리 쓰이며 자리 잡기까지는 한참 걸렸다. 이 시기에는 'scientician'과 'scientman' 같은 단어를

---

9 이 말은 맥스웰과 친구들 사이에 통하던 전형적인 유머였다. 여기에서 말하는 '조잡하다(rude)'는 '급조하다' 또는 '임시로 대충 만든'이란 의미인데, 셰익스피어를 은근슬쩍 언급하기 위해 사용한 것이다. 셰익스피어의 『한여름 밤의 꿈』에는 '조잡한 기계공(rude mechanicals)'을 이야기하는 퍽(Puck)이라는 인물이 나온다.

함께 사용했다. 그런 의미에서 맥스웰은 최초의 현대 과학자 중 한 사람으로 꼽히곤 한다.

영주나 귀족이 과학을 연구하지 않았다는 것은 아니다. 다만 맥스웰이 속한 계급의 사람들은 단순히 시간을 보내기 위한 취미나 오락거리로 과학을 대하는 경우가 많았다(맥스웰도 원래 계획은 아버지를 따라 법조계에 입문하는 것이었다). 하지만, 이 무렵 에든버러 대학교의 커리큘럼에는 옛 대학의 전통적이고 포괄적인 접근법에 따라 수학과 자연철학(과학)이 모두 포함되어 있었다. 맥스웰이 1847년 11월 친구 루이스 캠벨에게 보낸 편지를 보면 그가 수학과 과학에 얼마나 큰 관심을 가지고 있었는지 알 수 있다.

네 말대로 요즘은 빈둥거릴 시간이 없어. 9시 35분 정도까지는 필기한 걸 보다가 학교에 가지. 학교에 갈 때는 늘 같은 길을 따라가다 같은 장소에서 길을 건너. 그러다 10시에는 켈런드 수업에 들어가고[필립 켈런드가 강의하는 수업]. 켈런드 교수는 연산 강의를 하는데 늘 보편적인 규칙이 최고라고 강조하셔. 11시에는 포브스 [맥스웰의 아버지 친구, 물리학 교수] 수업에 들어가는데, 이제 막 개요와 물체의 성질을 끝내고 본격적으로 역학을 시작했지. 그러다 12시에 날씨가 괜찮으면 목초지를 산책하고, 날씨가 나쁘면 도서관에 가서 참고 자료를 찾아봐. 1시에는 논리 수업[윌리엄 해밀턴 경[10]의 수업]에 가.

이 편지에서 고전에 관해서는 "그리스어랑 라틴어 책[교과서]도 조금 읽어"라며 지나가는 말처럼 언급하는 게 전부다. 고전은 대부분의 대학 과정에서 필수 과목이었다. 법학 과목은 아예 언급조차 하지 않는데, 법학은 그가 학사 학위를 취득한 후 수강하게 된다.

중요한 건, 이 시기에 맥스웰이 대학 실험실을 이용할 수 있었다는 사실이다. 맥스웰은 아버지 친구인 제임스 포브스 교수의 권유로 시간이 날 때마다 실험실에 갔다(1847년 에든버러 대학에는 실험을 목적으로 지어진 건물이 따로 없었기 때문에, 이 실험실은 별관에 있었을 가능성이 높다). 맥스웰은 대학에서 논리학과 자연철학을 체계적으로 배워 나가는 동시에 학기 중에는 이곳 실험실에서, 그리고 여름방학 때는 글렌레어의 작업실에서 어린 시절의 호기심을 원숙한 과학적 사고방식으로 키워 나갈 수 있었다.

대학 생활

어린 시절 맥스웰은 특이한 태도 때문에 학교 친구들에게 놀림을 받았는데, 이런 태도는 청년이 되어서도 여전히 성격의 일부처럼 남았다. 캠벨이 쓴 '전기'에는 이런 내용이 있다. "에든버러 대학교에 입학했을 때, 제임스 클러크 맥스웰은 독창적이고 순박한 태도

---

10 형이상학 철학자이자 교육자로서 칸트를 영국 대중에게 소개한 윌리엄 해밀턴 9대 남작을 말한다.─옮긴이

탓에 관습을 중시하는 친구들의 우려를 샀다. 일상적인 대화에서도 그의 대답은 뜬구름 잡는 식의 수수께끼 같았고, 종종 우물거리며 단조로운 말투로 대답하곤 했다." 이런 태도는 성장하면서 대부분 사라졌지만('빈정대는 척'할 때는 예외였다), 1등석보다는 3등석을 선호하는 검소한 생활 습관 그리고 저녁 식탁에서 혼자만의 생각에 빠지곤 하는 버릇은 평생 유지되었다.

에든버러의 교육 과정에서 실험은 내용이 제한적이었고 가끔은 아슬아슬하게 비전문적인 모양새를 띠기도 했다. 맥스웰은 친구인 루이스 캠벨에게 보내는 편지에 이렇게 썼다.

토요일에 한 무리의 자연철학자들이 기압계를 가지고 아서스 시트로 달려갔지. 교수님[포브스로 추정]은 기압계를 정상에 설치하고 우리에게 물방울이 떨어질 때까지 계속 숨을 불어넣으라고 했어. 처음엔 교수님이 기압계를 땅바닥에 바로 설치하지 않고 언덕 높이를 50피트 정도 높여 설치하는 바람에 우리가 다시 그걸 깎아 내야 했어.

문제의 기압계는 뒤집은 수은 관이었을 것이다. 학생들은 이 수은 관으로 대기압을 측정하고 에든버러의 유명한 암석 노두露頭 아서스 시트의 해발 높이를 계산했던 것 같다.

같은 편지에서 맥스웰은 앞으로 그의 벗으로 남을 '악마'의 존재를 처음으로 언급한다(물론 이 악마가 이 책에 자꾸 끼어드는 그 악마는 아니다). 그는 이렇게 썼다.

그런 다음 악마의 게임을 했어. 막대가 두 개짜리인 것과 네 개짜리인 것이 있어서 이 둘을 조합하거나 따로따로 게임을 즐길 수 있지. 악마를 뛰어넘을 수도 있고 막대 위에 올리지 않고 회전시킬 수도 있어. 아니면 내 뒤로 계속 따라오게 할 수도 있고.

이 내용은 '막대 위의 악마'라는 게임을 설명한 것이다. 두 막대 사이에 줄을 묶고 원뿔 두 개를 꼭짓점끼리 맞대어 붙인 입체를 줄로 퉁겨 공중에 띄우는 게임으로, 오늘날에는 '디아볼로'라는 이름으로 알려져 있다.

맥스웰은 과학자가 되고 나서도 집에 차린 개인 실험실에서 연구를 보완했다. 그런데 이 실험실에 갖춘 설비들이 어지간한 대학보다 더 나았다. 그가 전문적인 대학 실험실을 활용할 수 있게 된 것은 케임브리지의 캐번디시 연구소(8장 참고) 설립에 참여했을 때부터였다. 에든버러 대학교에 다니는 동안에는 주로 글렌레어의 세탁실 윗방에 마련한 작은 실험실에서 실험을 했다. 17세였던 1848년 여름, 맥스웰은 루이스 캠벨에게 편지를 썼다.

정문 쪽 세탁실 위 다락방을 작업실로 쓰려고 꾸며 놓았어. 먼저 들통 두 개 위에 낡은 문짝을 얹고 의자도 두 개 갖다 놨지. 그중 하나는 멀쩡한 거야. 위쪽 채광창은 여닫이문을 달아 놨어.

　문짝(아니, 이젠 테이블이지) 위에는 그릇, 물병, 접시, 잼 병[11] 같은 걸 여러 개 늘어놓고, 여기에 물, 소금, 소다, 황산, 황산구리[12], 흑연 광석plumbago ore[13] 등을 담아 놨지. 또 깨진 유리, 철선과 구리선, 구리판과 아연판, 밀랍, 봉랍, 점토, 송진, 석탄, 렌즈, 스미의 전기 실험 기구Smee's Galvanic apparatus[14]가 있고, 엄청 많은 작은 딱정벌레, 거미, 쥐며느리 같은 것도 있어. 이 곤충들은 여러 가지 액체에 담가서 절여 놨지. … 지금은 딱정벌레로 구리 봉인을 만드는 중이야. 처음엔 딱정벌레가 좋은 도체라고 생각했어. 그래서 한 마리를 등껍질을 위쪽으로 해서 밀랍에 박아 넣었는데(전혀 잔인하진 않아. 끓는 물에 담가서 먼저 죽였거든. 발버둥도 치지 않던걸) 전기가 통하진 않더라.

11　젬병이 아니고 그냥 잼을 담아두는 잼 병!

12　밝은 파란색을 띤 화학물질.

13　이름만 보면 라틴어의 납(plumbum)이 연상되겠지만, 'plumbago'는 자연에서 발견되는 흑연을 뜻한다. 이 광물은 반짝이는 검은색 침전물로 발견되어 납 광석 또는 방연광과 혼동되는 경우가 많다. 지금도 그 흔적이 남아 연필심의 흑연을 영어에서는 'lead(납)'라고 부른다.

14　확실히 맥스웰의 실험 장비 중에서 이 도구가 하이라이트였을 것이다. 이 장치는 멋진 마호가니 틀을 씌운 6셀 배터리였는데, 당시에는 상당히 고가인 10실링에 판매되는 제품이었다. 신문 광고에는 '4인치짜리 백금 도선이 붉어지도록 가열하고, 철 도선을 녹여 융합시키며, 수백 웨이트도 충분히 지탱할 만큼 전자석을 강화'한다고 자랑하고 있다. ('웨이트'는 무게 단위로, 20헌드레드웨이트는 1016kg이다.─옮긴이)

그해 여름 맥스웰은 실험을 하느라 바빴지만, 수준 높은 수학 논문도 꾸준히 작성했다. 14세 때 에든버러 왕립학회에서의 성공적인 첫 발표 이후 계속해서 논문을 썼지만, 대부분은 친구들이 읽을 수 있게 손으로 작성한 것이었다. 그러다 1848년에 장장 22페이지에 달하는 논문 「회전하는 곡선의 이론에 관하여」를 썼고, 이듬해 《에든버러 왕립학회 회보》에 발표했다. 이 논문은 기하학과 대수, 미적분을 결합시켜, 하나의 곡선이 다른 곡선('종이 위에 고정된')을 따라 굴러가면서 세 번째 곡선을 만들어 내는 과정을 서술한다.

캠벨과 가넷의 '전기'에 인용된 대로, 맥스웰은 법학을 공부하다 "다른 종류의 법칙"을 추구하기로 마음을 바꾸었다고 밝힌다. 학부생들은 대체로 대학이 정해 주는 연구 주제에 만족하지만, 맥스웰은 자신만의 주제를 탐구할 때 최상의 기량을 보였으며, 어릴 때 하던 실험을 놀랍도록 정교하게 발전시켰다. 이런 성취는 특히 편광 연구에서 빛을 발했다.

특별한 빛

맥스웰은 학생 시절에 이미 편광 현상을 알고 있었다. 편광은 파동의 진동 방향이 일정한 빛을 말하는데, 특수한 물질을 쓰면 다양한 방향으로 진동하는 빛에서 편광을 분리할 수 있다. 맥스웰의 외삼촌 존 케이는 맥스웰과 루이스 캠벨을 데리고 광학 전문가인 윌리엄 니콜을 방문했다. 니콜은 자유자재로 편광을 만들어 내는 방법을 발견한 사람이다.

　편광 개념의 등장은 1669년으로 거슬러 올라간다. 덴마크의 자연철학자 라스무스 바르톨린은 빙주석氷洲石이라는 이름의 특이한 결정의 작용을 최초로 설명했다. 빙주석은 탄산칼슘 광물인 방해석方解石의 일종이다. 투명한 빙주석 결정을 문서 위에 올려놓으면 문서가 복사되어 서로 옆으로 밀린 것처럼 글자가 두 겹으로 보인다. 이 현상 자체는 이미 몇백 년 전부터 알려져 있었으며, 심지어 바이킹도 빙주석을 '태양의 돌'이라 부르며 거리 추정을 위한 항법 장치로 사용했다고 추정된다. 그러나 바르톨린은 놀라운 통찰력으로 빙주석 결정이 보통의 햇빛에 존재하는 두 가지 다른 형태의 빛을 분리한다는 것을 간파했다.

　19세기 초 토머스 영Thomas Young은 빛이 측면 방향으로 물결치며 진행하는 파동임을 시연해 보였다(이러한 파동을 횡파라고 한다). 그리고 프랑스의 물리학자 오귀스탱 프레넬Augustin Fresnel은 이것이 빙주석의 특별한 능력을 설명하는 열쇠임을 깨달았다. 태양 같은 광원에서 나오는 빛은 좌우로도 진동하고 위아래로도 진동하며 모든 방향을 향해 나아간다. 사실상 빛은 진행 방향에 수직이기만 하면 어느 방향으로든 진동할 수 있다. 이렇게 물결치는 파동들을 빙주석 결정이 분리해 낼 수 있다면 빙주석 결정을 통해 보이는 두 개의 상은 측면 파동의 방향, 즉 편광 방향이 서로 다른 두 빛줄기가 분리된 결과라고 볼 수 있다.

존 케이는 조카 맥스웰과 친구 캠벨을 데리고 윌리엄 니콜을 찾아가 빙주석으로 만든 프리즘을 보여 주었다. 이 프리즘은 빛 편광을 하나만 분리하는 효과가 있었다(한동안 이 광학 장치는 제작자의 이름을 따 '니콜스nicols'라고 불렸다). 맥스웰은 이 니콜스에 영감을 받아 에든버러 대학 시절 여가 시간의 개인 실험 때마다 편광을 주로 연구했다. 편광 현상은 평범한 유리에 빛을 통과시킬 때는 거의 눈에 띄지 않는다. 그러나 유리에서 빛이 날 때까지 계속 가열하다가 아주 빠르게 식힌 유리(이런 유리를 급랭유리라고 한다)에 빛을 투과시키면 편광된 빛이 색 패턴을 만들어 낸다. 이런 현상은 유리의 내부 응력internal stress에 의한 것이다.

맥스웰은 처음에는 유리창 조각을 붉은색이 돌 때까지 가열했다가 급랭시켜 편광 실험을 했다.[15] 이 실험에 대해 그는 루이스 캠벨에게 보낸 편지에서 이렇게 설명하고 있다.

다이아몬드로 유리를 삼각형, 사각형 등 대략 8~9 종류의 모양으로 잘라 내. 그런 다음 부엌에 가져가서 쇳조각 위에 하나씩 차례대로 올려놓고 불 안에 집어넣었지. 유리 조각이 빨갛게 달구어지면 철판 위에 떨어뜨려서 냉각시키는 거야. 그런 식으로 조각

---

15 집에서는 절대 따라 하지 말 것. 유리가 산산조각 나서 위험하다. 이후에도 늘 그랬지만 맥스웰은 자신의 건강과 안전은 거의 신경 쓰지 않았던 것 같다.

들을 다 만들었어.

맥스웰은 유리 조각을 성냥갑에 끼워 빛을 반사시키는 자신만의 편광판polarizer를 제작하여 편광을 만들었다(반사광은 부분적으로 편광되는 성질이 있다). 또한 결정성 질산염(질산칼륨)으로 편광판을 만들기도 했다. 맥스웰은 급랭시킨 유리 조각으로 관찰한 밝은색 패턴을 수채화로 기록했고 그중 몇 장을 윌리엄 니콜에게 보냈다. 니콜은 이에 감명을 받아 맥스웰에게 광학적으로 정밀한 니콜스 한 쌍을 보내 주었다. 이 광학 장치는 맥스웰이 혼자서 성냥갑으로 만든 장치보다 훨씬 더 좋은 편광을 만들어 냈다.

공학적 측면에서 볼 때, 물체가 변형을 어떻게 견딜지 예측하려면 물체 내부의 응력을 반드시 이해해야 한다. 이 문제에 관해서라면 맥스웰은, 예를 들어 대들보를 투명 재질로 만들 수만 있다면 대들보에 하중이 걸리기 시작할 때부터 편광을 관측해 내부 응력을 확인할 수 있다는 것을 알 정도의 통찰이 있었다. 당연히 철강이나 쇠로 만든 대들보에서는 편광을 조사할 수 없다. 그러나 알맞게 투명한 재질로 모형을 만들면 그 구조 안에서 응력이 어떻게 형성되고 하중에 따라 어떻게 변화하는지를 관측할 수 있으며, 관측 결과를 구조물의 붕괴 위험을 줄이는 데 활용할 수 있다.

그러나 불행히도 유리는 외력에 의해 잘 변형되지 않는다. 투명 플라스틱과 수지는 맥스웰이 고안한 이 '광탄성' 방법에 적합하고 현대의 엔지니어들도 자주 사용하지만, 맥스웰이 살던 때는 이런 재료가 발명되기 전이었다. 그래서 맥스웰은 예전 전기 실험 도구로 사용했던 딱정벌레를 활용해, 글렌레어 집 부엌에서 찾은 젤라틴으로 딱정벌레 모양의 투명 젤리를 만들었다. 맥스웰은 자신이 만든 젤리 모형이 외부 압력을 받을 때 기대했던 것과 정확히 똑같은 응력 패턴을 만들어 내는 것을 발견하고 기뻐했다.

케임브리지로 가는 길

맥스웰은 실험을 안 할 때는 친구들과 함께 물리 연습문제를 집중적으로 파고들었다. 맥스웰과 친구들은 언제나 평범한 사물로부터 흥미로운 것을 추론하려고 노력했는데, 가끔은 너무 너드 같아서 보통 사람들 눈에는 기이해 보이기도 했다. 예를 들어, 1849년 10월에 글렌레어에서 쓴 편지에서 맥스웰은 이렇게 말했다. "방금 당밀 접시로 위도를 관측했는데, 바람이 좀 심하게 불었어."[16]

맥스웰은 이런 실용적인 연구 외에도 핀과 끈으로 그리는 도형 연구와 논문 작성을 학부생이 되어서까지 계속했다. 이 시기에 맥스웰의 가장 출중한 성과는 광탄성 기술로 관찰한 응력 패턴을 수학적으로 분석하는 연구였다. 그는 자신이 발견한 수학 공식들을

---

16 바람 때문에 끈끈한 액체인 당밀이 흔들려서 실험이 부정확했을 거라는 의미이다.
　　 ─옮긴이

원통과 긴 직육면체 막대 같은 여러 3차원 도형에 적용했을 때 실험으로 얻은 것과 거의 같은 결과를 내놓는다는 것을 확인했다. 경험이 많지 않은 학생이 거둔 결과치고는 매우 놀라운 성과였다. 그러나 맥스웰은 곧 정교한 실험과 수학을 이용한 실험의 서술만으로는 충분치 않다는 것을 깨달았다. 과학적 발견을 사람들에게 효과적으로 알리고 소통하는 것도 실험 못지않게 중요했다. 그는 연구한 내용을 꼼꼼히 기록했고, 포브스 교수에게 에든버러 왕립학회에서 발표해 달라고 부탁했다.

포브스는 그동안 어린 맥스웰이 수학 분야에서 펼친 모험에 대단히 깊은 인상을 받았다. 하지만 이번 맥스웰의 새 논문은 포브스의 연구 분야와 더 직접적으로 관련이 있었고, 게다가 맥스웰은 이제 거의 성인이었다. 포브스는 평소에 맥스웰의 문체에 대해서는 깊이 생각하지 않았는데, 맥스웰의 수학 교수이자 논문 지도 교수였던 필립 켈런드의 지적을 듣고 맥스웰에게 그 내용을 전했다. 포브스는 켈런드 교수가 '여러 구절에서 가정과 증명이 구분되지 않고 갑작스럽게 전환되다 보니 내용이 모호해졌다며 비판했다'고 언급했다.

포브스 교수는 계속해서 내용을 이어 갔다. "일반적인 과학 독자를 위해 논문을 출판하는 건 쓸모없는 일이야. 그런 사람들이 보기에 켈런드 교수 같은 전문적인 대수학자들이 아니면 따라가기 어려운 부분이 많겠지. 그런 내용을 이해한다면 일반인이 아닐 테고." 초심자들은 대체로 이런 유의 비평을 개인적으로 받아들여 쉽게 좌절한다. 그러나 맥스웰은 포브스의 지적을 박차 삼아 당대 최고의 과학 문헌을 조사하고, 문장 구조와 단어를 분석하며 무엇이 글의 효율성을 높이는지 연구했다. 그리고 그렇게 알아낸 내용을 자신의 문체에 반영했다. 맥스웰은 결코 위대한 과학 저술가가 되지는 못했지만, 이후 그가 쓴 논문은 한층 명쾌하고 명료해졌다.

맥스웰에게는 이런 식으로 건설적인 비판을 잘 수용하는 좋은 기질이 있었다. 그는 생각한 것을 시도하고 실험할 이상적인 자유의 균형을 유지하고 있었으며, 자신의 결점을 지적하고 극복하는 것을 도와줄 동료들도 항상 곁을 지켜 주었다. 당시 런던의 험프리 데이비 경Sir Humphry Davy이나 훗날 맥스웰과 꾸준히 서신 교환을 했던 윌리엄 톰슨William Thomson(이후 켈빈 경이 된다) 같은 사람은 체면을 중시하고 으스대는 태도가 몸에 배어 있었지만, 맥스웰은 그의 영웅이던 마이클 패러데이처럼 스스로에게 그런 거만한 자세는 절대로 허용하지 않았다. 어릴 때부터 받았던 종교 교육, 그리고 시골 아이들과 함께 어울려 성장한 어린 시절 그 속에서 키워 온 유머 감각이 자아를 지나치게 중시하지 않는 겸손한 마음을 길러 준 것 같다.

광탄성 실험과 응력에 관한 수학 논문은 원래는 1849년 12월 포브스 교수에게 제출되었다. 이후 맥스웰은 포브스와 켈런드의 피드백을 받고 원본의 상당 부분을 생략하거나 고친 수정본을 완성해 1850년에 《에든버러 왕립학회 회보》에 발표했다. 장장 43쪽에 달하는 긴 논문이었고, 맥스웰이 직접 실험으로 관찰한 내용과 이를 수학적으로 폭넓게 해석한 내용이 담겨 있었다.

에든버러의 커리큘럼은 과학적 사고를 키워 나갈 수 있을 만큼 여유로웠지만, 그래도 맥스웰은 기본적으로 법학 전공이었고 이모든 활동은 법률가로서의 소양을 키우기 위한 것으로 여겨졌다. 맥스웰은 1850년 3월 22일 루이스 캠벨에게 편지를 썼다.

> [법학 공부를 위해] 로마법 대전 전체 그리고 유스티니아누스 법전을 즉시 다 읽어야겠다는 생각은 있는데, 그 생각이 점점 희미해지고 있어. 중단되었던 케임브리지 계획이 슬슬 깨어나는 중이라서, 케임브리지 학사력을 살펴보며 케임브리지 대학과 이런저런 얘기를 나누고 있거든.

에든버러 대학교에서 3년을 보내고 아직 학부 과정을 마치기 전이었지만, 맥스웰은 자신의 연구를 위해 과학과 수학을 보다 철저히 공부할 필요가 있다는 판단에 따라 케임브리지 대학교 피터하우스 칼리지에 지원하기로 결심했다. 이미 그곳에는 친구인 피터 테이트가 다니고 있었다. 이런 전학은 당시에는 특이한 것은 아니었다. 테이트는 에든버러에서 1학년을 마치고 케임브리지로 옮겼고, 맥스웰의 또 다른 친구 앨런 스튜어트는 2년 만에 전학했다. 학교를 옮기려면 아버지의 지원이 필요했는데, 아버지는 맥스웰의 결정을 적극적으로 지지했던 것 같다. 존 클러크 맥스웰은 아들과 함께 1850년 10월 18일 직접 케임브리지를 방문했다. 이곳에서 젊은 과학자는 학문적 여정의 다음 단계를 밟게 된다.

전기가 자기를 만날 때

자, 이제 나의 창조자가 안전하게 케임브리지로 출발했으니, 지미가*거의 평생에 걸쳐 몰두했던 전자기에 대해 간단히 설명하고 넘어가는 게 좋겠다. 물론 내 입장에서 JCM이 특별한 이유는 그가 열역학과 통계열역학에 보인 관심 때문이지만, 객관적인 관찰자의 눈으로 보자면 맥스웰이 전자기 분야에서 이룬 업적이 이 세상에 더 큰 영향을 미쳤다고 평가하는 게 마땅할 것이다.

전기와 자기는 그 원리가 정확히 알려지기 한참 전부터 이미 기이한 자연 현상으로 알려져 있었는데, 처음엔 서로 완전히 별개의 현상으로 간주되었다.** 전기라는 명칭을 보면 이 개념이 어디에서 비롯되었는지 대충 감을 잡을 수 있다. '전기electricity'와 '전자electron'는 모두 호박amber을 의미하는 라틴어 'electrum'이라는 단어에서 유래했다(amber는 그리스어에서 온 말이다).

---

* 나에게 맥스웰은 언제까지나 지미 또는 짐이다. 하지만 그를 이렇게 친근하게
  불러 댔더니 편집자가 거품을 물어서, 앞으로는 우리의 지미를 JCM이라고 부르겠다.

** 그건 그렇고, 아직도 학교에서는 전기와 자기를 따로따로 가르친다니 참 이상한 일이다.
  혹시 인간들의 교육 과정을 우리 악마들이 설계한 건가?

자연의 전기

호박을 문지르면 정전기가 발생한다. 풍선을 머리카락에 대고 문지를 때 전하를 띠면서 정전기가 생기는 것과 같은 원리다. 이런 현상을 마찰전기라고 한다. 물체를 문지르면 전자의 결합이 헐거워지면서 전자가 물체에서 떨어져 나오고, 문지른 물체(풍선)와 문질러진 물체(머리카락)는 서로 반대의 전기 전하를 띠게 된다. 그러면 풍선은 유도된 전하로 생긴 전기 덕분에 종잇조각 같은 가벼운 물체를 들어 올릴 수 있는데, 이것이 전기 인력이다. 심지어 유도된 전하로 작은 스파크도 튀게 할 수 있다. 이 '유도induction'라는 개념은 전기 쪽에서는 상당히 자주 등장한다. 사실 어려운 얘기는 아니다. 전기적으로 대전된 물체(풍선)를 다른 물체(종잇조각) 가까이에 가져다 놓는다고 해 보자. 같은 전하를 가진 입자끼리는 서로 밀어내는 경향이 있다. 따라서 두 물체에서 가장 가까운 면끼리는 반대의 전기 전하를 띠게 되고, 풍선과 종잇조각은 서로 끌어당기게 되는 것이다.

마찰전기를 이용해 어마어마한 규모의 전하를 축적할 수도 있다. 자연에서 볼 수 있는 전기 현상 중 가장 드라마틱한 현상일 번개도 같은 방식으로 발생한다. 이쯤에서 옛사람들이 바라본 전기를 이해하기 위해 번개의 원리를 잠시 알아보고 가는 게 좋겠다.

분명히 번개는 인간이 최초로 관측한 전기 현상일 것이다. 물론 처음에는 그 엄청난 규모에 압도되어 분노한 신의 작품이라고 오해하긴 했지만. 요즘은 천문학적인 제작비를 들인 슈퍼히어로 영화 덕에 번개와 관련한 신 중에는 노르웨이 출신의 천둥 신 토르 Thor가 가장 유명할 것이다. 사실 토르는 상대적으로 늦게 등장한 편이다. 그 이전에 번개는 그리스에서는 제우스, 로마인들에게는 주피터로 불리는 신의 전유물로 여겨졌고, 힌두교의 신들 중에는 인드라가 번개를 주관하는 신이었다. 이외에 다른 신도 틀림없이 더 많이 있을 것이다. 번개를 신의 탓으로 돌리지 않는 문화권에서는 혜성이나 붉은 달 같은 기이한 천체 현상과 함께 나쁜 일이 일어날 징조로 여기는 경우가 많았다. 예를 들어 기원후 1세기경 플리니우스Gaius Plinius Secundus(『박물지』를 쓴 로마의 학자—옮긴이)는 뇌우가 불길한 일을 예언하며 저주를 내린다고 말하기도 했다.

사람들이 이렇게 천둥·번개·벼락을 미신적 관점에서 보았던 건 크게 놀랄 일은 아니다. 천둥번개는 일반인들이 경험할 수 있는 가장 극적인 자연 현상일 테니 말이다. 게다가 자연의 야수 중에서는 흔한 축에 속해서, 전 세계적으로 보면 대체로 동시에 약 1800건의 뇌우가 발생하곤 한다. 번개는 겉모습과 소리만 어마어마한 게 아니라 실제로 나무를 불태우고 사람을 죽일 능력도 있다.

사람들이 벼락에 대해 흔히 오해하는 사실이 있는데, 벼락은 같은 자리에는 두 번 다시 떨어지지 않는다는 것이다. 영국의 일부 시골 지역에서는 뇌석雷石이라고 하는 걸 열심히들 팔고 사고 있다. 뇌석은 가운데에 구멍이 움푹 팬 돌인데, 사람들은 이걸 사다가

지붕 굴뚝 위에 안전장치처럼 올려놓는다. 뇌석이 이미 벼락을 한 번 맞아서 구멍이 뚫렸으니, '같은 자리에 두 번 떨어지지 않는' 벼락이 자기 집 굴뚝에 또 떨어지지는 않으리라고 믿는 것이다.

안됐지만 이 민간요법에는 두 가지 문제가 있다. 첫째, 벼락은 기꺼이 같은 자리에 또, 그것도 자주 떨어질 수 있다는 것이다. 벼락 맞을 조건만 잘 갖춰지면 하루에 몇 번씩 벼락을 맞는 것도 전혀 이상하지 않다. 예를 들어 엠파이어 스테이트 빌딩은 하룻밤 폭풍우에 벼락을 열다섯 번이나 맞기도 했다. 아마 중복해서 벼락을 맞은 가장 인상적인 사례는 빌딩이 아니라 미국의 공원 관리인 로이 설리번일 것이다. 그는 벼락을 여러 번 맞은 사람으로 기네스북에도 올랐다(총 일곱 번을 맞았는데 그때마다 살아났다). 사실 곰곰이 따져 보면, 벼락이 같은 자리에 또 떨어지지 않으려면 스스로 생각을 할 줄 알아서 의지를 가지고 방향을 정해 떨어져야 한다. 뇌석이 벼락을 막아 주지 못하는 두 번째 이유는, 이 돌에 팬 구멍이 벼락 때문에 생긴 게 아니기 때문이다. 뇌석은 석기시대 돌도끼에서 나무 손잡이와 가죽끈이 부식돼 사라지고 돌만 남은 것이다.

일반적으로 (우리 악마들도 많이 활용하는) 흑마술에서는 천둥과 번개를 서로 바꿔 가며 자유롭게 쓴다. 오늘날에는 천둥이 단순히 번개가 공기를 찢어 가를 때 나는 소리일 뿐이라는 사실이 알려져 있기 때문이다. 하지만 옛날 사람들은 천둥과 번개가 서로 관련이 있긴 해도 별개의 현상이라고 여겼다. 둘 사이에 항상 시간차가 있기 때문이었다. 사실 이 시간차는 1초에 299,792,458미터를 달려가는 빛이 해수면 기준으로 1초에 343미터만큼 진행하는 소리보다 어마어마하게 빠르다는 걸 반영하는 현상일 뿐이다.

번개처럼 화려하고 극적인 현상이 머리카락에 문지른 풍선과 원리가 비슷하다니, 쉽게 믿기지 않을 것이다. 그리고 솔직히 말하면 번개 생성의 모든 과정이 완벽하게 밝혀진 것은 아니다. 하지만 마찰 전기 메커니즘은 1950년대부터 일반적으로 지지를 받아 온 모델이다. 뇌운雷雲 안에는 얼음 입자와 과냉각된 물방울, 싸락눈 알갱이 같은 것이 있는데, 이것들은 구름 속의 따뜻한 공기와 차가운 공기 흐름이 서로 충돌하면서 함께 이리저리 흔들리며 뒤섞이고 있다. 이렇게 뒤섞이는 과정에서 무거운 싸락눈 알갱이는 (전자를 얻어) 상대적으로 음전하를 띠게 된다. 무거운 싸락눈 알갱이가 구름 바닥 쪽으로 가라앉으면 (전자를 잃어) 양전하로 대전된 가벼운 입자들은 위쪽으로 떠오르면서 구름의 위쪽은 양전하, 아래쪽은 음전하로 전하가 분리된다. 이런 식의 이동 과정이 여러 차례 계속되면서 구름 안의 전위차가 점점 더 커진다고 추정된다.

과학자 중에는 번개를 촉발시키는 원인으로 우주선cosmic ray을 지목하는 사람도 있다. 우주선은 고에너지 대전帶電 입자들의 흐름인데, 지금 이 순간에도 지구를 향해 쏟아져 들어오고 있지만 대부분은 지구의 자기장과 대기가 막아 준다. 러시아의 과학자들은 구름 속 얼음 입자들이 순환하면서 연쇄 반응으로 형성되는 전자의 흐름을 우주선이 만들어 낼 수 있다는 의견을 내놓았다. 그러나 이 메커니즘을 의심하는 과학자들도 많다.

하늘에서 실험실까지

아무튼 지금까지 확실히 알려진 건 번개가 풍선을 문질러 만드는 전기 방전과 크게 다를 게 없다는 것이다. 물론 그 효과는 비교가 안 될 정도로 어마어마하지만. 18세기 미국의 저술가, 외교가, 과학자인 벤저민 프랭클린은 뇌우가 쏟아지는 날 연 꼬리에 열쇠를 달아 날려서 실험을 한 걸로 유명하다. 그는 1750년의 실험을 자세히 설명했는데, 어쩌면 위험한 과정은 다른 사람을 꼬드겨서 떠넘겼을지도 모른다.

전해지는 이야기에 따르면 프랭클린은(또는 그의 꼬드김에 속아 넘어간 사람은) 연을 하늘에 띄우고 벼락이 떨어지기를 기다렸다고 한다. 하지만 실제로 그랬을 가능성은 대단히 낮다. 프랭클린이 제안한 내용은 뇌운 안의 전하를 건드려 벼락이 떨어지지 않고도 유도에 의해 열쇠로 전하가 쌓이게 하는 것이었다. 열쇠의 전하는 그 후 라이덴병으로 전달되는데, 이 라이덴병은 일종의 원시적인 축전지로서 전기를 모을 수 있는 장치다. 이런 식으로 폭풍우 구름에서 생성된 전기가 인간들이 지상에서 얌전히 모은 전기와 같은 것임이 입증되었다.

분명히 당신들 중에는 프랭클린이 고안한 실험을 따라 해 보려는 사람도 있을 것이다. 그런데 이 실험은 굉장히 위험하다. 평범한 번개 섬광 안에 포함된 에너지 양을 따져 보면 족히 5억 줄(J)은 된다. 10와트 전구를 1초 동안 밝히는 데 필요한 에너지가 10줄이니까, 번개 섬광 안에 든 에너지는 적어도 중형급 발전소가 1초 동안 내놓는 출력과 맞먹는 양이다. 번개가 치면 전류가 공기를 가르면서 공기가 급격히 뜨거워지고 귀청을 울리는 천둥소리가 나는데, 이때 번개 내부의 온도는 태양 표면 온도의 5배에 달하는 2만~3만 ℃까지 올라간다.*

　번개 안에서 전기 자체를 볼 수는 없다. 번개로부터 에너지를 받는 것은 원자고, 이 원자 안의 전자가 에너지를 흡수했다가 다시 원래 상태로 돌아가면서 빛을 발산한다. 이렇게 생성되는 빛은 라디오파부터 X선과 감마선까지 모든 파장을 아우르는 완전한 스펙트럼의 전자기 복사다. 전기는 공기를 통해 잘 흐르지도 않는다. 지구의 대기는 상당히 좋은 절연체이기 때문이다. 습도가 일반적인 수준이라면(공기가 습할수록 전기는 더 잘 흐른다) 전기 스파크가 공기 중에서 1센티미터를 건너뛰기 위해서는 약 3만 볼트가 필요하다.

　습기가 전기를 잘 흐르게 한다니 어쩐지 말이 되는 것 같기도 하다. 보통은 물을 좋은 전도체로 생각하니 말이다(실제로 전자 제품을 물에 담그는 건 썩 좋은 생각이 아니다). 그러나 놀랍게도 물은 공기와

---

* 　물론 우리 악마들은 이 정도면 '아늑하고 훈훈하다'고 말한다.

마찬가지로 상당히 좋은 절연체다. 완벽하게 순수한 물 안에서는 전류가 거의 통하지 않는다. 하지만 물에는 항상 뭔가가 녹아 있고, 이 녹아 있는 물질의 이온ion(전기적으로 대전된 원자)이 전류를 나른다. 같은 이치로 번개 안에서 공기 중의 이온이 전기를 전달하기도 하지만, 그래도 번개의 막대한 방전을 일으키려면 여전히 엄청난 양의 전력이 필요하다.

구름 안에 전하가 상당한 양으로 유도되고 나면 무언가 이상한 일이 일어난다. 음전하를 띤 뇌운과 양전하를 띤 표적 사이에 상대적으로 약한 전기 흐름이 생기는데, 이 전기의 흐름이 주위 공기를 이온화하는 것이다. 그러면 물속에서처럼 공기 안의 이온들도 중성 원자들보다 전기를 훨씬 더 잘 흐르게 만든다. 구름으로부터 생긴 약한 방전을 선도뇌격leader stroke이라고 하는데, 이것이 번개의 주요 경로는 물론 주요 경로와 반대 방향으로 진행하는 되돌이뇌격의 경로를 설정한다. 지면에서 구름으로 향하는 낙뢰도 있는데, 이 경우 주요 뇌격은 우리가 흔히 생각하는 방향인 하늘에서 땅 방향이 아니라 땅에서 구름으로 이어지는 경로를 따른다.

벤저민 프랭클린이 실제로 뇌우 안에서 연을 날렸든 아니든, 그가 피뢰침을 발명했다는 사실만큼은 분명하다. 이 단순한 장치의 아이디어는 건물 가장 높은 곳에 뾰족한 금속 스파이크를 달고 굵은 금속 전도체로 지상까지 연결하는 것이다. 이 금속 스파이크는 벼락을 맞을 가능성이 아주 높다. 이곳에 벼락이 떨어지면 전기를 땅으로 흘려보내 구조물이 받을 피해를 줄일 수 있다. 실제로 피뢰침은 낙뢰를 막는 역할을 한다. 피뢰침은 스파이크 주위로 유도된 전하를 지상으로 흘려보내서 선도뇌격이 형성될 가능성 자체를 줄여 주기 때문이다.

번개는 자연에서 볼 수 있는 전기 현상의 좋은 예지만, 실험실처럼 통제된 환경에서는 발생하지 않아서 번개를 이용해 전기를 연구하기는 어렵다. 18세기까지는 정전기를 활용하는 '전기 소년' 같은 공연이 유행했다. 이 공연에서는 청년의 몸에 실크 리본을 묶고 유리막대를 문질러 대전시킨다. 그러면 청년은 관객에게 전기 충격을 살짝 줄 수도 있고 가벼운 물체를 끌어당길 수도 있었다. 그러다 19세기가 되어서야 전선을 통해 전기 전하를 흘려 실생활에서 이용할 수 있는 전류를 만들게 되었다. 전류를 자세히 파고들기 전에, 지금까지 옆에서 묵묵히 기다리고 있던 전기의 사촌 '자기'를 잠시 만나 보고 가기로 하자.

자성 물질

자석은 이미 고대부터 자철석을 통해 그 존재가 알려져 있었다. 자연에서 발견되는 자철석은 철이 산화된 광물 덩어리고 대부분은 특별한 성질이 없지만, 특정 불순물이 포함되면 영구자석의 구조를 갖게 된다. 애초에 자철석이 어떻게 자성을 띠는지 그 원리는 백 퍼센트 확실하게 밝혀지지 않았다. 가장 의심 가는 용의자는 지

구의 자기장이지만, 지구 자기장은 힘이 너무 약하다. 자철석은 지
표면 근처에서만 발견되는 경향이 있으니 벼락을 맞아 자화된 것
이 아닐까 하는 추정은 있다(그렇다면 자석이야말로 진정한 뇌석인 것이
다). 전기와 자기 사이에는 우리 악마들이 극도로 혐오하는 대칭이
있어서 전기가 자기를, 또는 자기가 전기를 생성할 수 있다.

자기를 과학적으로 다룬 최초의 시도는 13세기 프랑스의 학자
피터 드 마리쿠르가 수행한 연구로 기록되어 있다. 이 사람은 피터
페레그리누스로 더 잘 알려져 있다. '페레그리누스Peregrinus'는 이
방인 또는 외국인을 가리키는 말이다. 아마 이 사람은 특정 기관에
소속되지 않은 방랑자 또는 순례자였던 것 같다. 피터에 대해 알려
진 내용은 거의 없지만, 그의 이름은 프랑스 피카르디의 코르비 수
도원 근처 메하리쿠르라는 마을에서 유래했을 것이다. 13세기 영
국의 자연철학자 겸 수도사였던 로저 베이컨Roger Bacon은 파리에서
만났던 피터에 대해 이런 글을 남겼다.

그는 실험을 통해 자연, 의학, 연금술, 그 외 하늘과 땅에 있는 모
든 것에 대한 지식을 얻는다. 시골 마을의 노파, 군인, 지주가 그
지역에 대해 자신이 모르는 것을 알고 있으면 스스로 한없이 부
끄러워한다. 그래서 그는 광부들이 발견한 금, 은, 각종 금속과 광
물, 그리고 그것들로 만든 물건을 열심히 연구했다. …
그가 없이 철학은 완성될 수도, 확신을 가지고 다룰 수도 없을

것이다. 그러나 그의 지혜는 그 어떤 재물로도 값을 매길 수 없으며, 그 자신도 대가를 추구하지 않았다. 만일 그가 왕이나 왕자들과 함께 살기를 원했다면 그에게 그런 영예와 부를 줄 사람은 어디에나 있었을 것이다. 파리에서 자신의 지혜로 지식을 드러내고자 했다면 온 세상이 그를 따랐을 것이다. 그러나 영예와 부, 사람들의 추종은 그의 가장 큰 기쁨인 실험에서 멀어지게 할 것이므로, 그는 그런 것들을 모두 무시한다. 어차피 원하기만 하면 자신의 지혜로 부를 얻을 수 있기 때문이다.

1269년에 피터는 「에피스톨라 드 마그네트Epistola de Magnete(자석에 관한 편지)」를 완성했다. 서로 다른 극을 갖는 자석의 인력과 척력, 철을 자화하여 자철석으로 만드는 법, 지구의 자장에 관한 내용을 하나의 문서에 서술한 것이다. 여기에는 나침반 제작법도 상세히 소개되어 있는데, 그는 당시에 흔히 사용되었던 물 위에 자석을 띄우는 방법과 이보다 좀 더 발전된 얇은 자석을 회전축 위에 올리는 방법을 모두 설명하고 있다. 피터의 연구는 이론보다는 실용적 응용에 초점을 맞추고 있지만, 그래도 17세기 이전에 작성된 것으로는 자석을 전문적으로 다룬 최초의 결정적인 문서이다. 그리고 피터의 뒤를 이어 17세기 초 영국의 자연철학자인 윌리엄 길버트William Gilbert가 본격적인 자석 연구에 뛰어들었다.

길버트의 책『드 마그네트De Magnete(자석에 대하여)』는 피터의 글보다 훨씬 더 상세한 내용을 다루면서 지구가 하나의 거대한 자석처럼 작용할 수 있다는 고찰을 제시하고 있다. 길버트는 지구 자석이 작동하는 방식을 탐구하기 위해 테렐라terrella(인공 소지구)라고 하는 구형 금속 자석을 제작했다. 이 자석을 통해 그는 나침반 바늘의 복각伏角 현상을 이해했다. 복각은 나침반 바늘이 지구 표면상의 위치로 인해 수평과 각을 이루는 현상을 말한다.

물론 길버트가 모든 걸 완벽하게 해냈다는 건 아니다. 그의 가장 큰 실수는 중력과 자성을 같은 현상이라고 말한 것이었다. 중력과 자성의 원리적 유사성을 간파한 건 예리했지만 말이다. 아무튼 그의 책은 나침반 제작이나 정전기 같은 실용적인 내용을 담고 있었을 뿐만 아니라, 자기의 본질에 관한 사람들의 관심을 다시금 불러일으켰다.

전자기의 탄생

이제 인간이 전류를 어떻게 발견하게 되었는지 살펴볼 준비가 된 것 같다. 전류는 한 곳에서 다른 곳으로 흐르는 전기를 말한다. 이탈리아의 물리학자 알레산드로 볼타Alessandro Volta는 1799년에 축전지(배터리들을 모아 놓은 것)를 만들었고, 덴마크의 한스 크리스티안 외르스테드Hans Christian Ørsted는 1820년에 전류가 자기 효과를 생성한다는 것을 발견했다. 이들 덕에 우리는 전류의 존재를 알게 되었다.

이 두 사람의 연구는 마이클 패러데이의 놀라운 전기와 자기 연구의 전조 같은 것이었다. 패러데이는 전기와 자기가 서로 강하게 연관되어 있다는 것을 깨닫고 '전자기electromagnetism'라는 용어를 정착시켰다(처음에 패러데이는 옛날 영어식 표기에 따라 전-자기 electro-magnetism라고 썼다). 둘 사이의 연관성은 외르스테드의 전기와 자기 연구에서 추론한 것이었다. 패러데이의 발견은 훗날 JCM이 수행한 연구의 중추를 형성하게 된다.

JCM이 생각을 키워 나가는 데 패러데이가 아주 중요한 역할을 맡고 있으니, 패러데이에 대해 좀 더 알아보는 게 좋겠다. 마이클 패러데이의 가족은 대장장이인 아버지의 일자리를 얻기 위해 패러데이가 태어나기도 전에 영국 북서쪽 레이크 디스트릭트 지방의 웨스트몰랜드에서 런던으로 이주했다. 1805년, 14세의 패러데이는 프랑스 혁명으로 난민이 된 제본업자 조지 리보의 견습생으로 들어가게 되었다. 패러데이는 하루 일과가 끝난 후에도 가게에 머물며 손님들이 제본하려고 맡긴 책들을 읽으면서 독학으로 학업을 이어 갔다. 이 두꺼운 책들과 자기 계발 단체인 런던의 시립철학학회City Philosophical Society 강의가 패러데이에게 과학 세계를 향한 꿈을 심어 주었다.

그러던 어느 날, 가게 손님이던 댄스 씨가 패러데이에게 임시직 일자리를 알선해 주었다. 왕립연구소Royal Institution에서 활약하던 스타 과학자 험프리 데이비의 조수가 부상을 입어 임시 조수가 필요했던 것이다. 당시 왕립연구소는 비교적 신생 단체였다. 영국을 선도하던 자연철학자들이 과학을 보다 많은 사람들에게 널리 퍼뜨리고 진행 중인 연구를 원활히 하기 위해 1799년에 조직한 것이었다. 데이비와 함께 일할 수 있다니 패러데이에게는 꿈 같은 기회였지만, 임시직이었던 터라 곧 제본 가게로 돌아올 수밖에 없었다. 이후 패러데이는 과학 기관의 여러 일자리에 계속 지원했고, 결국 1813년에 정식으로 왕립연구소 실험실 조수로 들어가게 되었다.

이 젊은 과학자는 1821년까지 승진을 거듭하며 특별히 두드러지지는 않아도 꾸준히 발전을 거듭했다. 어느 날 그는 전자기에 대한 최신 동향을 요약해 달라는 요청을 받았다. 당시 전자기는 전기와 자기의 상호작용을 연구하는 새로운 분야였다. 패러데이는 글을 쓰기 위해 어디선가 읽었던 실험을 재현해 보기로 하고, 고정된 자석 옆으로 나란히 놓인 전선에 전류를 흘렸다. 그리고 눈앞에 펼쳐진 결과에 무척 당황했고, 곧 상상력이 마구 요동치는 것을 느꼈다. 전류가 흐르자 자석 옆에 있던 전선이 빙그르르 돌며 움직였던 것이다. 그가 아는 한에서 이것은 지금까지 알려지지 않은 새로운 발견이었다. 패러데이는 이 내용을 곧장 공표해야 한다고 판단해 동료들과 협의를 거치지 않고 실험 내용을 작성해 발표했다. 그리고 곧바로 표절로 비난을 받았다.

패러데이에게 아이디어를 뺏겼다고 주장한 사람은 윌리엄 울러스턴이다. 패러데이는 요약 기사를 쓸 때 울러스턴의 연구를 포함시켰다. 울러스턴은 처음에는 의사로 경력을 시작했지만, 시력이 나빠지면서 의학을 포기하고 과학으로 전향했다. 그는 (불충분한 증거를 바탕으로) 전기가 전선을 따라 마치 코르크 따개 모양처럼 나선형으로 진행한다는 결론을 내렸다. 그러고는 친구인 험프리 데이비 경에게 이러한 운동에 대한 증거를 찾아 달라고 부탁했지만, 데이비는 구체적인 증거를 찾을 수 없었다. 따지고 보면 울러스턴의 이론과 패러데이의 실험 사이에는 유사성이 거의 없음에도 불구하고 울러스턴은 패러데이가 자신의 아이디어를 훔쳤다고 확신했다. 패러데이는 충격을 받았고, 스승인 데이비에게 도움을 요청했으나 소용이 없었다.

데이비는 패러데이의 연구가 훌륭했음을 기꺼이 인정하려 했지만, 두 사람의 사회적 지위가 천지 차이였다. 데이비는 왕족과도 친분이 있는 사교계 거물이었다. 예전에 패러데이는 갓 결혼한 데이비 부부를 수행하며 유럽의 과학 시설들을 돌아본 적이 있었다. 데이비 부부는 패러데이를 동등하게 대하지 않았고, 과학자의 조수로서만이 아니라 하인 역할까지 해 주기를 요구했다. 데이비의 입장에서 보면 울러스턴은 전문인이었고 사회적 지위도 자신과 거의 동등했다. 결국 데이비는 울러스턴의 편에 섰다. 이 사건으로 인해 패러데이는 데이비와의 사적인 관계를 모두 접고 업무적인 관계로만 남게 되었다.

다행히도 데이비의 영향력이 그렇게 막강한 것은 아니어서, 패

러데이가 울러스턴의 아이디어를 훔쳤다고 사람들을 설득하기에
는 충분치 않았다. 게다가 도선이 자석 주위로 꾸준히 회전하는 현
상은 그냥 재미난 실험으로 그칠 일이 아니었다. 결국 이 현상은 전
기 모터의 기초가 되었다. 이로써 패러데이는 데이비의 그늘에서
벗어날 수 있었고, 2년 후 왕립학회Royal Society 회원으로 선출되었
다. 단 한 명의 반대표는 험프리 데이비가 던진 것이었다.

　패러데이가 다시 전기와 자기로 돌아가기까지는 10년이 걸렸
다. 사람들의 비난과 데이비의 배신이 남긴 상처를 극복하기가 쉽
지 않았던 것이다. 그의 관심은 화학으로 향했고, 왕립연구소의 소
장으로서 행정 업무를 하면서 금요일 밤 강연과 어린이를 위한 크
리스마스 강연을 기획하는 데 몰두했다. 그러나 전자기의 미스터
리를 영영 외면할 수는 없었다. 그러던 중 1831년에, 서로 떨어져
있는 두 도선에서 한쪽 도선에 흐르는 전류가 공간을 뛰어넘어 다
른 도선에 새로운 전류를 생성한다는 증거가 발견되었다.

　이 마법과도 같은 '유도' 현상은 전자기에 대한 패러데이의 열정
에 다시 불을 지폈다. 그는 절연된 도선 두 가닥을 길쭉한 쇠고리의
긴 쪽 주위에 마주보도록 각각 감아서 방향이 나란한 도선 코일 한
쌍을 만들었다. 그리고 한쪽 코일에 전류를 흘리면 쇠고리를 통해
어떤 식으로든 전류가 새어 나가 다른 코일에도 지속적으로 전류
가 흐를 것이라고 예상했다. 그러나 그의 예상과는 달리 이차 코일
에는 일차 코일에 전원을 켤 때와 끌 때만 짧게 전류가 흘렀고, 그

전류는 곧 사라졌다.

일차 코일은 도대체 어떻게 멀리 떨어져 있는 이차 코일에 그런 효과를 만들 수 있단 말인가? 앞에서 보았듯이, 패러데이의 첫 번째 연구는 전선 코일로 자성을 생성하는 것이었다. 그리고 자석은 거리가 어느 정도 떨어져 있어도 잘 작동한다. 나침반이 바로 그런 좋은 예다. 그렇다면 일차 코일에 전류가 흐를 때, 코일이 자석처럼 작용했던 것은 아닐까? 패러데이는 전기가 철심을 타고 새어 나가는 게 아니라 자성의 변화로 이차 도선에 새로운 전류가 생겨난 것이라 추측했다. 이 추측이 맞다면 이차 도선에 잠깐 동안 전류가 흘렀다 사라지는 현상도 설명할 수 있었다. 그는 곧 코일 안에서 영구자석을 움직여 전류를 생성하는 실험을 시연했다. 패러데이가 발전기의 원리를 발견한 것이다.

과학자들은 패러데이가 발견한 전기와 자기 사이의 연결 고리를 제대로 설명하지 못했다. 자석 위에 종이를 올리고 그 위로 철가루를 뿌리면 작은 금속 조각들이 서로 끌어당겨서 기하학적인 곡선을 이루는데, 이것이 자석의 보이지 않는 힘을 나타낸다는 사실은 분명했다. 하지만 패러데이는 상대적으로 수학이 달리다 보니 이 효과를 서술하는 방정식을 만들 수가 없었다. 대신 그는 자신이 관찰한 결과를 자석의 힘을 보여 주는 이러한 선들(패러데이는 이선을 '힘선line of force'이라고 불렀다)을 써서 머릿속으로 그려 보았다. 자석 가까이에서 도선이 움직이면, 도선은 힘선을 하나씩 순서대로 깨뜨리게 된다. 빈 공간에 존재하는 이 가상의 힘선과 도선 사이의 상호작용이 전류의 흐름을 만들어 낸 것이다.

패러데이는 계속해서 마음속으로 그림을 그려 가며 전기 유도 과정을 재구성했다. 첫 번째 전기 코일에 전류가 흐르기 전에는 코일로부터 힘선이 나오지 않는다. 그러나 전류가 흐르고 코일이 자석이 되면 힘선이 펼친 우산의 우산살처럼 뻗어 나간다. 이 힘선들이 펼쳐지면서 이차 코일의 도선을 하나씩 차례로 가로지르게 된다. 코일이 자석이 될 때 짧게 전류가 흐르는 현상은, 코일 자석의 스위치를 켜는 순간 힘선이 즉시 제자리에 나타나지 않는다는 것을 의미한다. 힘선들은 차츰차츰 이동하며 자리를 잡는다. 그렇지 않으면 이차 코일이 힘선과 상호작용하여 전류를 생성하지 않았을 것이다. 알 수 없는 무언가가 공기를 통해 이동해 자기 현상을 일으키고 있었다!

추측의 문제

패러데이의 힘선은 관념적인 것이어서 처음에는 그 온전한 의미를 공개하기가 조심스러웠다. 그는 데이비의 배신을 여전히 잊을 수가 없었다. 패러데이는 자신의 연구 결과를 모두 발표하는 대신, 가장 논란거리가 될 만한 아이디어를 봉투에 넣고 밀봉했다. 날짜는 1832년 3월 12일로 기록했고, 사후에 개봉하도록 말을 남겼다. 이 문서에 적힌 내용이 JCM에게 결정적인 힌트를 제시하게 된다. 패러데이가 머릿속으로 그린 모델에서, 코일에 전류를 흘려 자석이 되면 힘선은 자석으로부터 바깥쪽을 향해 움직여 나갔다. 그런데 그는 정확히 무엇이 움직이고 있다고 생각했던 걸까? 패러데이는 이렇게 썼다.

> 나는 자극magnetic pole에서부터 자기력이 퍼져 나가는 것을 수면의 진동 또는 소리의 공기 진동과 비교하고 싶다. 진동 이론이 소리와 빛에 적용되는 것처럼, 이 자기 현상에도 적용되지 않을까 싶다.

패러데이가 깨달은 자기 진동(즉 파동)과 빛의 연관성은 봉인된 봉투 안에 고이고이 안전하게 잘 보관되어 있었다. 그러다 1846년 4월 10일 금요일 저녁 9시에 운명적인 사건이 일어났다. 전해지는 이야기에 따르면 찰스 휘트스톤Charles Wheatstone은 자신이 발명한 전-자기 크로노스코프electro-magnetic chronoscope*를 설명하는 강연을 하기로 되어 있었는데, 자기 차례가 되자 순간 겁에 질려 강연장을 박차고 뛰쳐나갔다고 한다. 패러데이는 친구인 휘트스톤의 강연을 보러 왔다가 엉겁결에 강단에 올라야 했다. 그는 친구가 남기고 간 원고를 바탕으로 짧은 강연을 대신했고, 아무런 사전 준비 없이, 지

---

* 이름처럼 그렇게 거창한 것은 아니고, 그냥 전기로 가는 시계였다.

금까지 했던 것 중 가장 멋진 강연을 펼쳤다고 한다. 그것은 전기와 자기 그리고 빛이 공유하는 불가분의 본질에 관한 최초의 통찰이었다.

왕립연구소의 실제 기록을 보면 그날 밤 패러데이는 일주일 전에 불참을 통보한 과학자 제임스 네이피어를 대신해 참석한 것이라고 한다. 그러나 패러데이가 휘트스톤의 이름만 거창한 장치인 전자기 크로노스코프를 설명한 것은 분명한 사실이다. 그는 동료의 메모를 다 읽은 후 즉흥 강연을 시작했다.

패러데이는 공간을 가득 채운 자기력선을 통해 물결치며 나아가는 진동으로 빛을 설명했다. 1846년에 나온 얘기로는 놀라운 통찰이었다. 왕립연구소는 런던 상류층 마을인 메이페어 앨버말 스트리트의 신축 건물로 막 옮겨 간 상태였다. 패러데이는 근사한 반원형 강연장 안에 반짝반짝 광이 나는 강연자용 나무 벤치에 앉아 있었다(이 벤치는 지금도 있다). 이때는 전구가 발명되기 전이라, 공간을 밝히는 빛이라고는 기름등잔과 양초 그리고 펄럭이는 가스등 불빛이 전부였다. 강연장을 메운 청중에게 전기와 자기는 새롭고 신기한 것이었고, 그게 어떻게 크로노스코프 같은 기계를 작동한다는 것인지 도무지 이해가 가지 않았다. 그러나 빛의 미묘한 성질을 자석과 전기 코일과 관련짓는 패러데이의 천재적 비약은 사람들에게 깊은 인상을 남겼다.

훗날 패러데이는 '마음속의 모호한 인상을 추측으로 풀어냈다'

고 말하곤 했다. 그러나 그 인상은 오랜 생각의 결과였고, 그 결과 물은 실로 놀라웠다. 패러데이는 청중에게 이렇게 말했다.

따라서 나는 복사radiation가 힘선의 고차원적인 진동이라고 대담하게 제시하려 합니다. 이 힘선은 입자들을 잇고 물질의 질량을 연결한다고 알려져 있지요. 이러한 관점에서 보면 에테르*는 제거될 수 있지만 진동은 제거되지 않습니다.

앞서도 얘기했지만 패러데이는 JCM과는 달리 수학에 능하지 못했다. 그럼에도 전기와 자기의 본질을 시각적 아이디어로 구체화했다. 그는 전기와 자기가 그 주위로 구 모양의 영향권을 형성한다고 믿었고 이것을 '장field'이라 불렀다. 패러데이는 철 가루가 줄을 지어 자석의 양극을 잇는 것을 보고, 장이 자극magnetic poles 또는 전기 전하로 인해 발생하는 힘선으로 구성되어 있다고 생각했다. 전기 또는 자기를 띤 물체가 이 힘선을 깨면 물체는 힘을 느낀다. 전기와 자기의 여러 현상도 장을 이루는 선들로 설명할 수 있다. 예를 들어 이 힘선들이 꽉 눌리면 서로를 밀어낸다는 식이다. 패러데이는 전기와 자기의 잘 알려진 효과로부터 힘의 장 안에 존재하는

---

* 에테르는 공간을 채우고 있다고 추정되던 가상의 매질이다. 당시 빛 파동은 이 매질 안에서 진동한다고 생각되었다. 패러데이는 장(field)이 공간을 채운다면 에테르를 가정할 필요가 없다고 생각했다.

파동 개념으로 도약했고, 이를 통해 빛의 본질을 이해할 수 있는 씨앗을 심어 두었다.

이 모든 것이 JCM이 전자기 연구를 시작할 때 중요한 배경이 되었다. 사람들은 흔히 패러데이를 전기 모터와 발전기의 창시자로서 실용적 측면에 기여한 사람으로 기억한다. 이것도 물론 정당한 평가이며 찬사지만, 그의 이론적 접근법이 물리학 발전에 기여한 바가 훨씬 더 근본적이다. 그가 생각한 장의 개념은 동시대 사람들에게는 그냥 그럴싸할 뿐 막연하고 대수롭지 않은 것이었지만, 오늘날의 물리학자들이 세상을 바라보는 표준 방식이며 어떨 때는 파동이나 입자 모형을 대체하기도 한다.

패러데이의 장 개념을 비판했던 동시대 수학자들은 전하와 자극을 점으로 간주하고 이것이 멀리 있는 다른 물체에 영향을 준다고 생각했다. 이런 구조는 중력처럼 역제곱 법칙을 따르며, 실험과 일치하는 수치 결과를 보여 준다. 그러나 장은 개념상으로 거대한 이점이 있었다. 점 기반의 수학 모형은 먼 거리에서 어떤 신비로운 영향력이 작용해야 말이 되는데, 이런 원거리 작용은 설명할 수가 없었다. 중력이 빈 공간을 가로질러 작용하는 원리를 뉴턴의 중력 이론이 설명하지 못했듯이(이 원리는 훗날 아인슈타인이 설명하게 된다), 전기와 자기도 먼 거리에서 어떤 알 수 없는 작용이 일어난다고밖에 설명할 수가 없었다. 뉴턴의 동시대 사람들은 이것 때문에 뉴턴의 중력 이론을 '흑마술'이라고 조롱했다.

그러나 장 개념에서는 원거리 작용이 필요 없다. 전기 전하를 예로 들면, 전하는 먼 곳에 있는 다른 전하에 직접 작용하는 것이 아니라 그 전하가 놓인 장에 작용한다. 이 작용이 장의 힘선을 통해 물결치듯 먼 곳까지 도달하는 것이다. 그러나 물리학에서 장 개념이 효과적인 접근법으로 자리 잡은 것은 JCM이 패러데이의 아이디어를 수학적 구조로 세워 전자기의 작용을 이해하고 활용하게 된 이후의 일이었다.

어차피 이것은 우리 이야기에서 한참 후에 일어날 일이다. 전자기의 기본 아이디어로 잘 무장하고, 이제 케임브리지로 향하는 젊은 맥스웰과 그의 아버지의 뒤를 따라가 보자.

2장

가장 독창적인 젊은이

1850년 케임브리지로 가는 길에, 맥스웰과 아버지는 거대한 성당인 피터버러 대성당과 엘리 대성당에 들렀다.[1] 그런 맥스웰에게 킹스 퍼레이드에서 트럼핑턴 스트리트로 넘어가는 도심 남쪽에 소박하게 자리 잡은 피터하우스Peterhouse는 건축학적으로 아주 인상적이지는 않았을 것이다. 하지만 스코틀랜드를 벗어나 처음으로 의미 있는 모험에 나선 그에게 이곳 대학은 이상적인 장소였다. 당시 케임브리지 학생들의 기벽은 에든버러보다 더 심한 편이었는데,

---

1 존 클러크 맥스웰은 자기 계발을 위한 견학을 적극 지지하는 사람이었다. 케임브리지의 기말시험을 앞두고 맥스웰이 방학 때 버밍엄에 사는 친구를 며칠 방문하겠다고 알리자, 존은 아들에게 버밍엄에서 가 볼 만한 장소들을 적어 보냈다. 그가 작성한 목록에는 "갑옷 제작소, 총기와 도검류를 제작하고 검증하는 공장, 종이 제조 공장과 옻칠 공장, 확산침투 및 압연 기법을 쓰는 은 도금 공장, 전기판을 이용한 은 도금 공장, 엘킹턴과 브라지에의 공장들(이 공장들은 백색 합금을 주조해 거푸집으로 찻주전자를 제작하며, 분업 체제로 단추·금속 펜·바늘·핀 같은 소규모 제품들을 독창적인 방법으로 제작함), 그리고 유리 제품을 제작하는 제작소와 주조 공장들, 엔진 제작소, 각종 도구와 악기들, 광학 제품과 [물리] 기계들, 거칠고 섬세한 제품을 제작하는 곳 전부"가 들어 있다. 아버지 말에 늘 귀를 기울였던 아들 맥스웰은 유리 공장부터 순례를 시작한다.

다행히 친구인 테이트와 스튜어트가 미리 와 있어서 맥스웰이 적응하기도 한결 쉬웠다. 피터하우스는 규모가 작은 칼리지라서 트리니티Trinity College나 킹스 칼리지King's College 같은 곳보다 분위기가 더 자유로웠다.

맥스웰은 햇빛이 잘 드는 기숙사 방을 배정받았다. 이 방은 맥스웰이 하고 싶었던 실험을 하기에 안성맞춤이었다. 그는 케임브리지로 내려가면서[2] 글렌레어의 집 실험실에서 쓰던 갖가지 실험 도구들을 케임브리지로 미리 부쳐 놓았었다. 피터하우스에서 좋은 공간을 사용할 수 있다는 것이 그가 이 대학을 선택한 이유 중 하나였던 것 같다. 친구인 루이스 캠벨의 어머니 모리슨 부인은 대학 선택을 두고 고심하던 맥스웰에 대해 일기에 이런 기록을 남겼다. "맥스웰은 포브스가 케임브리지의 대학들 중 트리니티 칼리지를 적극 추천했다는 점도, 피터하우스가 케이어스Caius보다 저렴하다는 것도 잘 알았다. 그리고 케이어스는 기숙사가 꽉 차서 신입생은 셋방을 얻어야 한다는 점도 알고 있었다." 그러나 케임브리지에 와서 몇 주 되지 않아 맥스웰은 또다시 새로운 곳으로 나아가기를 원했다.

---

2   당시에는 지도상의 어느 지역에서든 케임브리지로 향할 때는 '올라간다'고 쓰는 것이 유행이었다. 그러나 젊은 맥스웰의 관점에서 보면 잉글랜드 지역은 모두 스코틀랜드 남쪽에 있었으니 '내려간다'가 맞다.

트리니티에 다가가다

피터하우스 칼리지에서 한 학기를 마치고, 맥스웰은 트리니티 칼리지로 학적을 옮겼다. 오늘날에는 칼리지(단과대학)보다는 대학교 차원에서 교육이 제공되는 추세이기 때문에 이러한 이동이 잘 납득이 가지 않을 수 있다. 그러나 맥스웰의 시대에는 어느 칼리지에 속해 있느냐에 따라 교육의 질이 크게 좌우되었다. 칼리지가 지금보다 훨씬 더 직접적으로 교육을 제공했는데, 피터하우스의 교육 내용은 (비록 수학에서는 좋은 성과를 냈지만) 다소 제한적이었다.

게다가 당시에는 칼리지의 개인 교사 체제도 학생의 학업에 큰 영향을 미쳤는데, 맥스웰은 피터하우스가 배정해 준 개인 교사와 잘 지내지 못했던 것 같다. 맥스웰의 아버지 역시 아들이 졸업 후 피터하우스에 남을 가능성이 거의 없다고 판단했다. 맥스웰이 재학했던 당시 피터하우스에는 펠로십fellowship(특별연구원) 자리가 단 하나뿐이라 도전자가 많고 경쟁이 심했다. 반면 포브스 교수의 모교이기도 한 트리니티 칼리지는 규모가 훨씬 커서 펠로십을 얻고 계속 학교에 남을 가능성이 더 높았다.

맥스웰이 트리니티로 전학할 때 제임스 포브스의 지원을 받은 것은 아마도 우연이 아닐 것이다. 포브스는 칼리지 학장에게 "[맥스웰은] 태도는 조금 투박할지 몰라도, 내가 지금껏 만나 본 가장 독창적인 젊은이입니다"라고 추천했다. 맥스웰의 성장 과정을 보면 당연한 일이겠지만, 이 시기의 맥스웰은 지식의 양이 엄청난 데 비해 체계는 없었다. 피터 테이트는 맥스웰이 "나이에 비하면 놀랄 만큼 광대한 지식을 가지고 있었지만, 그 지식이 어찌나 뒤죽박죽인지 체계적인 성향의 개인 교사가 충격에 빠질 정도"였다고 말했다.

맥스웰은 케임브리지에 와서, 특히 트리니티 칼리지로 소속을 옮긴 후에 친구들과 즐겁게 어울리고 지적으로 활발히 교류하며 성장해 나갔다. 그는 그곳에서 주어진 시간 내에 최대한 많은 일을 해내기로 결심했다. 맥스웰은 언제나 운동에 적극적이었지만, 시간표는 이미 꽉 차 있었다. 그래서 저녁 이후에는 기숙사에 있어야 한다는 규칙을 지키면서도 건강을 유지할 수 있는 방법을 고안했다. 맥스웰과 기숙사 같은 층에서 지냈던 한 학생은 맥스웰을 이렇게 기억했다.

그는 새벽 2시부터 2시 30분까지 위층 복도를 따라 달리다가 계단을 달려 내려가고, 다시 아래층 복도를 따라 달리다 계단을 오르고, 이런 식으로 운동했다. 그가 달리는 경로 옆방에 거주하는 학생들은 부츠나 머리빗 같은 잡동사니를 스포팅 도어sporting door[3] 뒤에 두었다가 그가 문 앞을 지나갈 때 집어던지곤 했다.

---

3   케임브리지의 기숙사 방문은 특이하게도 이중으로 되어 있다(지금도 오래된 방에는 이 문이 남아 있다). 두 문 사이에는 약 1인치 정도의 틈이 있다. 안쪽 문은 '오크 도어', 바깥쪽 문은 '스포팅 도어'라고 하는데, 방해를 받고 싶지 않다는 것을 표시하려면 스포팅 도어를 닫아 둔다.

이 밤 운동은 가장 적합한 수면 시간과 공부 시간을 결정하기 위한 실험의 일부였던 것 같다. 맥스웰에게는 삶의 모든 것이 실험이었다. 예를 들어 1851년에 쓴 편지에서 그는 홀hall(화려한 대학 강당에서의 저녁 식사) 이후 수면을 시도했다고 쓰고 있다.

> 5시에서 9시 30분까지 잤고, 그런 다음 10시부터 2시까지 열심히 책을 읽었어. 그러고 나서 2시 30분부터 7시까지 다시 잤지. 앞으로 일주일 동안 5시부터 1시까지 자고 아침이 올 때까지 책을 읽어 보려고 해. 이건 일찍 일어나기에 대한 타당한 회의론이야.

이 실험의 결과는 알려지지 않았지만, 그는 결국 다른 사람들과 어울리기 편한 시간에 맞춰 생활하게 된 것 같다.

사도가 되다

맥스웰의 시골뜨기티가 씻겨 나갔다는 분명한 증거는 '사도들'이라는 별명으로 유명한 회원제 에세이 클럽의 회원으로 뽑혔다는 것이다. 원래 '사도들'은 이름이 암시하듯 12명의 회원으로 이루어진 엘리트 지성인 클럽이었다. 대학 전체를 대상으로 한 동아리였지만, 회원은 주로 트리니티를 포함한 부유한 칼리지에서 뽑혔다. 지금도 활동 중인 이 클럽을 거쳐 간 회원으로는 앨프리드 테니슨

Alfred Tennyson, 버트런드 러셀Bertrand Russell, 존 메이너드 케인스John Maynard Keynes 같은 사람들이 있다. 유명한 옥스퍼드의 불링던 클럽과는 달리, 사도들의 모임은 술을 곁들인 식사보다는 티타임으로 진행되었으며, 비밀 결사 식의 영향도 다소 받긴 했지만 지적 활동이 중심이었다. 맥스웰의 태도가 여전히 '투박했다'면 그런 클럽에서 받아 주었을 리가 없다.

아마도 케임브리지에서 만난 유행에 민감한 친구들 덕분이었겠지만, 맥스웰은 유일하게 이 시기에 강신술을 시도해 본 것으로 알려져 있다. 당시 강신술에 대한 사람들의 관심은 절정에 달해 있었다. 친구 루이스 캠벨에 따르면, 전기 생물학과 강령술의 형식으로 '흑마술' 과학이 유행이었는데 이에 대해 맥스웰은 '냉소적 관심'을 보였다고 한다. 맥스웰의 이런 관심은 아버지의 심각한 반대를 무릅쓴 것이었다. 아버지는 전기 생물학으로 인해 "마음이 상당히 혼란해져 신경과민이 된 두 사람의 사례"를 지인에게 들었다며 다음과 같이 경고했다.

나는 이게 케임브리지의 유행이 아니길 바라며, 아무튼 네가 여기에 휘말리지 않기를 바란다. 그게 무엇이든 좋은 것보다는 해로운 것일 가능성이 커. 그리고 해로운 것이라면 그 해악은 돌이킬 수 없을 것이다. 그러니 네가 그것을 무시했다는 말을 듣게 해다오.

'전기 생물학'이라고 하면 언뜻 듣기에는 뇌와 신경계의 전기적 측면을 이해하려는 분야인 것 같지만, 실제로는 동물 자기磁氣(동물의 몸에 자기와 비슷한 것이 흐른다는 이론-옮긴이)의 또 다른 이름일 뿐이다. 동물 자기 또는 전기 생물학은 모두 최면술을 과학적으로 그럴싸하게 포장한 것이었다. 특히 무대 최면술사들은 전기 생물학이라는 이름을 좋아했다. 신앙심 깊은 맥스웰의 아버지가 보기에는 전기 생물학보다 강령술이 더 최악이었다. 강령술은 일종의 교령회交靈會로, 사람들이 테이블 주위에 둘러앉아 있으면 테이블이 저절로 움직인다고 알려져 있었다. 강령술사들은 영혼이 찾아와 테이블을 민 것이라고 주장했지만, 이보다 더 믿음직한 가설은 진행자가 손이나 발을 사용해 테이블을 밀었다는 것이었다.

맥스웰은 마이클 패러데이의 사례를 보고 연구를 접었을 가능성이 높다. 패러데이는 강령술 실험을 하고, 테이블이 움직인 건 참가자들이 테이블 위에 손을 올리고 무의식적으로 원하는 방향으로 힘을 가했기 때문임을 증명했다. 이러한 내용을 발표한 패러데이는 이후 다른 현상들도 설명해 보라며 따져 묻는 편지에 파묻히다시피 했다. 맥스웰은 편지에서 이 사건에 대해 이렇게 언급했다. "마치 패러데이가 스스로 전지전능하다고 선언이라도 한 것처럼 난리가 났어. 이런 게 인기 많은 오컬트 과학을 실제로 실험하는 사람의 운명이야. … 과학에 반기를 든 사람들이 패러데이를 이겨 먹은 거지." 맥스웰은 이런 운명을 겪고 싶지 않았을 것이다.

루이스 캠벨이 맥스웰의 외모를 묘사한 것도 이 무렵이었다. 캠벨이 본 맥스웰은 다소 엄격해 보이는 초상화와는 대조되는 모습이라 흥미롭다. 캠벨은 맥스웰을 다음과 같이 묘사한다.

> 짙은 갈색 눈은 더 그윽해진 듯하고, 홍채의 일부는 검은색에 가까웠다. … 머리카락과 막 돋아나기 시작한 수염은 윤기 나는 검은색이고, 털 한 올 한 올이 빳빳해서 19세기 젊은이라기보다는 옛 나사렛의 고행자 같은 분위기를 풍겼다. 옷차림은 수수하고 깔끔했으며, 의도적인 멋부림(풀을 먹여 빳빳한 옷, 헐렁한 깃, 장식용 단추 등)이 전혀 없다는 점도 눈에 띄었다. '미적' 취향이 있는 사람이라면 그 차분한 색조 안에서 색의 조화를 구현한 그의 놀라운 안목을 파악할 수 있었을 것이다.

고양이와 운율

케임브리지에서 지내는 동안에도 맥스웰의 동물 사랑은 변함이 없었다. 수많은 케임브리지 칼리지들은 개를 키우는 것을 금지했다(지금도 그렇다. 현彼 셀윈 칼리지 학장이 키우는 개의 공식 명칭은 '칼리지 고양이'다). 맥스웰은 이 규칙 때문에 무척 괴로워했지만, 대학에서 쥐를 쫓으려고 키우는 고양이들과 우정을 나누며 마음을 달랬다. 그리고 맥스웰답게, 고양이들과의 우정은 그에게 의심스러운 평판을 안겨 준 실험으로 이어졌다. 맥스웰은 이때의 사건을 1870년 수학 시험 채점관으로 트리니티 칼리지를 방문했을 때 아내 캐서린에게 보낸 편지에서 회상한다.

> 트리니티에는 전설이 하나 있어요. 내가 이곳에 있을 때 고양이가 발을 아래로 착지하지 않도록 던지는 방법을 알아내서 그 방법으로 고양이를 창밖으로 던지곤 했다는 거예요. 그래서 나는 사람들에게 내 연구의 목적은 고양이가 얼마나 빨리 몸을 뒤집는지 알아내는 것이었고, 약 2인치쯤 높이에서 고양이를 테이블이나 침대 위로 떨어뜨려 봤는데 그럴 때도 발로 착지하더라고 설명해야 했답니다.

맥스웰은 또한 케임브리지 재학 중에도 꾸준히 시를 썼다. 시 쓰기는 그가 평생에 걸쳐 마음껏 즐기던 취미였다. 그가 쓰는 시는 고전 시 번역부터 엄숙한 찬가, 결혼 후에는 아내에게 보내는 연시, 다소 모험적인 코믹한 시에 이르기까지 모든 분야를 아울렀다. 가끔 그의 시는 연구와 실제 경험 같은 아주 구체적인 내용을 다루곤 했다. 예를 들어 케임브리지에서 쓴 〈11월, 소등 후 수학책을 읽는 것은 현명하지 않다는 믿음으로 쓰는 시〉 같은 경우가 그렇다. 케임브리지 시절에 쓴 또 다른 시는 제목이 '(랭글러의, 대학의, 현학적이고 철학적인) 비전'인데 맥스웰의 코믹한 성향이 잘 드러난다.

세인트메리 성당의 그윽한 종소리가 울린다.

(사우스 애틱, 올드 코트, G호)

트리니티 기숙사 안 나의 거처를 에워싼

끝없는 굴뚝에

열두 개의 음이 부드럽게 휘감긴다.

수학책을 덮는다.

이 빌어먹을 유체 정역학 –

가장 깊은 바닷속에 가라앉아 버려라.

난로 안에서 깜빡이는 불씨로 알 수 있다.

11월의 묵직한 안개가

나의 무기력한 사지를 어떻게 짓밟는지.

잠자리에 들 준비를 마치고,

나는 스스로에게 떨리는 목소리로 물었다.

내가 읽은 내용들 중에서

도대체 하나라도 제대로 써먹은 게 있는지.

랭글러

그 당시 케임브리지 학생들은 수학 시험으로 졸업시험을 치렀다.
기본 시험은 학사 과정의 기본적인 내용을 공부하면 통과할 수 있었고 비교적 쉬웠다. 그러나 우등생들은 따로 나흘에 걸쳐 심화 문제로 시험을 치렀다. 이 시험은 의도적으로 모호하게 만든 문제로 다양한 유형의 사고를 요구하면서 학생들의 추론 능력을 극한까지 테스트했다. 이 시험의 규모는 1854년 트라이포스[4]의 세부 내용을 통해 알 수 있다. 시험에서 우등생들은 16장의 시험지를 받았고, 총 44.5시간 동안 211개의 문항을 풀어야 했다. 또한 이 중에서도 최고의 학생들은 사흘을 더 보내며 스미스 상을 위한 63개 추가 문항을 풀어야 했다.

이렇게 극도로 어려운 수학 시험을 완수하고 일류의 영예를 안은 학생들은 '랭글러Wrangler'라는 칭호를 받게 된다. 랭글러는 조정 경주의 최고 영예인 '강의 우두머리'만큼이나 치열한 순위 경쟁을 통해 획득할 수 있다. 랭글러들의 최정상인 '수석 랭글러'는 영국에서는 궁극의 학문적 성취로 여겨지며 케임브리지를 넘어 전 국민의 열띤 찬사를 받았다.

맥스웰은 차석 랭글러 자리에 올랐다.[5] 그리고 이와는 별도로 휠

---

4   트라이포스(Tripos)는 케임브리지 고유의 시스템으로 특정 학과에서 학위 취득에 필요한 시험을 부르는 명칭이다. 이 이름은 구술 시험을 칠 때 응시자가 앉는, 다리가 세 개인 스툴에서 유래했다고 알려져 있으나 구체적인 근거는 없다. 뒤에 's'가 붙지만 단수로 취급한다.

5   또 다른 차석 랭글러로는 맥스웰의 나이 많은 친구이자 글래스고 대학교의 물리학 교수가 되는 윌리엄 톰슨이 있다. 톰슨은 수석 랭글러의 유력한 후보였기 때문에 시험을 치고 직접 결과를 확인할 생각조차 하지 않았다. 그는 대신 하인을 대학 평의원 회관에 보내서 그가 불쌍히 여겨야 할 차석 랭글러가 누구인지 알아보고 오라고 지시했다. 하인은 돌아와서 '도련님입니다'라고 대답했다.

씬 더 어려운 스미스 상 선정 시험에서는 수석 랭글러인 에드워드 라우스Edward Routh와 공동 수상자로 선정되었다. 라우스는 훗날 물체의 운동을 서술하는 수학과 제어 시스템 이론 발전에 큰 공헌을 하게 된다.

맥스웰이 받은 에든버러와 케임브리지의 교육이 당시 학계에 깊이 뿌리박힌 물리에 대한 접근법을 탈피할 완벽한 조합이었다는 주장도 있을 수 있다. 그가 스코틀랜드의 교육 체제 안에 머물러 있었다면 실험을 자연철학에 융합하는 전통에 흡수되었을 것이다. 그러나 케임브리지에서 정밀한 수학적 사고방식을 키울 수 있었고, 물리학의 다음 단계로 넘어가기 위해 필요한 엄밀한 수학을 다룰 능력도 얻었다. 맥스웰은 두 전통을 병합시키는 새로운 연구 방법을 개발했다.

수학 트라이포스와 스미스 상에서 거둔 성공은 대학에서 자리를 얻기 위해 반드시 필요한 것이었다. 맥스웰은 트리니티 칼리지의 학사 학위와 함께 펠로십을 보장받을 수 있었다. 이제 그에게는 자신만의 실험 프로젝트에 할애할 시간 여유가 생겼다. 편광과 응력 실험 연구에서 느꼈던 빛에 대한 흥미와 함께, 맥스웰은 인간이 다양한 색을 어떻게 지각하는지 호기심이 생겼다.

색각

당시 의사들은 부릅뜬 환자의 눈을 들여다보며 그 안이 보이기를 바라는 것 말고는 더 이상 할 수 있는 게 없었다. 그러나 맥스웰은 최초의 검안경을 제작했다. 이 장치는 사실상 눈 안쪽을 검사하는 현미경이라고 할 수 있다. 그는 이 장치로 사람과 개의 눈을 연구했고, 특히 개를 대상으로 망막 위 혈관망을 관찰할 수 있었다. 맥스웰은 1854년 봄, 에든버러에 사는 이모 케이에게 이런 편지를 썼다.

> 동공을 통해 눈 안쪽을 들여다볼 수 있는 도구를 만들었어요. 그토록 작은 구멍 안으로 빛을 집어넣으면서 동시에 안쪽을 들여다봐야 하는 게 꽤 어려웠죠. 하지만 이 문제를 해결하니 넓은 망막과 그 위에 맺힌 촛불의 상을 꽤 선명하게 볼 수 있었답니다. 실험 대상이 되어 준 사람들도 전혀 불편해하지 않았고요. 저는 개를 얌전히 앉힌 다음 개의 눈을 찬찬히 관찰했어요. 개의 눈 안쪽은 정말 아름다워요. 구릿빛 바탕 위에 파랑, 노랑, 초록의 휘황찬란한 반점과 그물망이 펼쳐져 있고, 굵고 가는 혈관들도 보여요.

맥스웰은 검안경 연구를 계기로 자연 현상의 세부 사항에 지속적으로 관심을 갖게 되었다. 하지만 색을 구분하는 인간의 능력이 눈 내부의 어떤 메커니즘에서 기인한 것인지 구체적으로 알아내지는 못했다.

이를 알아내기 위해, 맥스웰은 조사 방향을 두 갈래로 잡았다. 당시에는 과학자보다 예술가가 색을 더 잘 이해하고 있었다. 화가들은 과거 수백 년 동안 염료를 섞어 다양한 색깔을 만드는 방법을 발전시켜 왔는데, 그들은 빨강, 노랑, 파랑을 '원색'으로 사용했다. 원색은 서로 혼합하면 모든 종류의 색을 다 만들 수 있는 기본색을 말한다. 다재다능한 영국의 의사 겸 물리학자 토머스 영은 눈이 색을 인지하는 방식이 화가의 팔레트와 비슷하지만 방향이 반대일 것이라고 제안했다. 영의 의견에 따르면, 망막은 각각 빨강, 노랑, 파랑에 민감한 부분이 분리되어 있다. 더 정확히 말하자면 시신경의 광 감지 필라멘트가 각각 세 부분으로 나뉘어 있으며, 이 부분이 원색을 하나씩 감지하여 우리가 보는 색 스펙트럼을 구성한다는 것이다.

맥스웰도 자연과학자들이 물리학의 관점에서 빛과 색 실험을 해 온 것을 잘 알고 있었다. 이러한 실험은 트리니티 칼리지 동문인 아이작 뉴턴까지 거슬러 올라간다. 뉴턴이 그 유명한 빛 실험을 한 때가 트리니티 칼리지 재학 시절이었다. 뉴턴은 창문에 드리운 블라인드에 구멍을 내 가느다란 햇빛 한 줄기를 통과시킨 후, 지역 장터[6]에서 사 온 프리즘으로 빛을 갈라 무지개 띠를 만들었다.

---

6   당시 대학생들은 장터에 가는 것이 엄격히 금지되었고, 장터에 갔다가 대학 감독관에게 발각되면 엄벌을 받았다. 그래서 대학의 권한이 미치지 않는 경계선 바로 옆인 스타워브리지 광장에서 장이 열리곤 했다.

무지개의 색을 처음으로 빨강, 주황, 노랑, 초록, 파랑, 남색, 보라로 나눈 사람이 바로 뉴턴이다. 그런데 뉴턴이 일곱 색깔을 선택했다는 건 좀 특이하다. 무지개를 현미경으로 조사하면 훨씬 더 많은 색깔이 보이고, 육안으로 보면 뉴턴이 분류한 세 종류의 파란색이 둘로 합쳐져 보여서 기껏해야 여섯 개의 넓은 띠로 보인다. 뉴턴이 무지개를 일곱 색으로 나눈 것은 아마도 음악에서 한 음계에 포함된 음의 수와 일치시켜 자연의 조화로움을 보이려던 목적이었던 것 같다. 프리즘으로 무지개를 만들 수 있다는 것은 당시에도 잘 알려져 있었다(그래서 장터에서 프리즘을 장난감으로 팔았던 것이다). 그러나 그게 어떻게 가능한지는 아직 설명되기 전이었다. 당시의 지배적인 이론은 프리즘에 입사된 백색광이 유리의 불순물 때문에 색을 띤다는 것이었다.

뉴턴의 천재성은 프리즘에서 나온 빛 각각을 갈라 두 번째 프리즘으로 통과시키는 실험에서 빛을 발했다. 첫 번째 프리즘에서 분리된 색은 두 번째 프리즘을 통과해도 변하지 않았다. 이 결과는 프리즘이 색을 더하는 것이 아니라 햇빛의 백색광 안에 이미 존재했던 색이 분리되었을 뿐임을 암시하는 것이었다. 뉴턴은 한 걸음 더 나아가 이 무지개색들을 렌즈로 모아 초점을 맞추어 다시 백색광으로 만들면서 이 결론을 확인했다. 백색광 안에 이미 무지개색이 모두 다 들어 있고, 그 빛이 빨간색 사과에 닿았을 때 우리가 빨간색만 볼 수 있다면, 사과가 스펙트럼의 다른 수많은 색을 모두 흡수하고 빨간색만 반사한다는 가설은 합리적인 것 같았다.

그러나 우리가 보는 어떤 색은 빛의 무지개 스펙트럼 안에 존재하지 않는다. 예를 들어 갈색이나 마젠타(패션계에서 진분홍색을 가리키는 용어)를 생각해 보자. 이런 예외적인 색은 다른 여러 색을 섞어야만 만들 수 있다. 그러나 이런 혼합색이 어떻게 만들어지는지에 대해서는 혼란스러운 가설들만 난무했다. 뉴턴의 후계자들은 여러 색을 칠한 바퀴, 즉 '팽이'를 사용하는 실험에 착수했다. 팽이가 회전하면 그 위에 칠해진 색이 혼합된 것처럼 보였다. 에든버러의 포브스 교수는 팽이 위에 빨강, 노랑, 파랑의 비율을 바꿔 가며 칠해 흰색을 만들어 보려고 여러 차례 시도했지만 매번 실패했다. 그리고 비슷한 방법으로 화가들이 자주 사용하는 조합, 이를테면 노랑과 파랑을 섞어 초록색을 만드는 방식을 색 팽이로 재현하려 했다. 그러나 기이하게도, 결과적으로 회전하는 팽이에서 보이는 색은 초록색이 아니라 칙칙한 분홍에 가까운 색이었다.

진짜 원색

독일의 물리학자 헤르만 폰 헬름홀츠Hermann von Helmholtz는 빛과 염료는 색이 만들어지는 과정이 서로 다르다는 견해를 밝혔다. 이제 대학원생이 된 맥스웰은 뉴턴이 관측한 내용을 기반으로 헬름홀츠의 생각을 발전시켰다. 맥스웰은 빛의 경우에는 색이 더해져서 새로운 색을 만들고, 염료의 경우에는 색이 감해져서(즉 빛의 색 중 일부가 제거되어) 만들어지기 때문에 둘을 별개로 다루어야 한다고 주장했다. 뉴턴이 추측한 것처럼, 우리가 빨간 우체통을 보고 있다면 우리 눈이 실제로 감지하는 색은 우체통에서 다시 방출되는 빛이다. 모든 색이 다 들어 있는 백색광이 우체통에 부딪히고 우리가 우체통을 빨간색으로 본다면, 빨간 페인트 안의 염료가 나머지 다른 색을 모두 흡수한 것이다. 그리고 염료를 섞을 때, 예를 들어 노랑과 파랑을 섞는다면 빛의 나머지 색들이 이 두 염료에 흡수되고 남은 색(초록)을 우리가 보는 것이다.

결국 화가들이 원색으로 알고 있던 색은 실제 원색이 아니라 원색들이 흡수되고 난 나머지 색이다. 이는 원색의 정반대 개념이며,[7] 현대의 과학자들이라면 아마도 이것을 반-원색anti-primaries이라고 불렀을 것이다. 맥스웰은 실험과 이성적 추론을 통해 빛의 진짜 원색이 (염료와는 다르게) 실제로는 빨강과 초록, 그리고 파랑 또는 보라임을 깨달았다. 이 색깔로 색 팽이를 만들어 회전시키자 흰색이 보였다. 이렇게 원색 개념을 바꾸면서, 맥스웰은 에든버러의 옛 은사인 포브스와 대립하게 된다. 포브스는 (그 시대의 수많은 사람들처럼) 실험에서 매번 실패했음에도 빨강, 노랑, 파랑을 빛의 원색으로

7 심지어 여기에서도 예술가들은 '원색'에 대해 잘못 이해하고 있다. 원색 염료는 시안(cyan), 노랑, 마젠타다. 컬러 프린터의 잉크들을 한번 확인해 보시길. 지금도 학교에서 원색이라고 가르치는 파랑, 노랑, 빨강은 이 색들의 근사일 뿐이다. 우리 악마들은 진즉에 잘 알고 있는 거지만, 예술가에게 정직함을 기대할 수는 없는 법이다.

여기는 원래 아이디어에 사로잡혀 있었다.

맥스웰은 이 결과에 만족하지 않았다. 그는 각기 다른 원색으로 칠해진 세 장의 종이 원반을 사용해 완전히 새로운 버전의 색 팽이를 제작했다. 칼집을 낸 세 장의 종이 원반을 서로 끼워 잘 겹치면 빨강, 초록, 파랑의 비율을 다양하게 조합할 수 있었다. 그는 이러한 팽이를 회전시켜 원색의 비율이 다를 때 각각 어떤 색으로 보이는지를 조사했다. 종이 원반들은 에든버러의 인쇄업자이자 화가인 데이비드 헤이에게 받은 것이었다. 헤이는 맥스웰이 십대 시절 곡선 그리기에 관한 논문을 쓸 때 중요한 영감을 준 사람이었고, 그가 개발한 색 인쇄 기술은 영국에서도 최고로 여겨지고 있었다. '팽이'라고 하면 혼자 서서 도는 도구처럼 연상되지만, 실제로 맥스웰의 팽이는 평평하고 넓은 금속 원반이 종이를 지지하는 형태였고, 손잡이가 달려 있어서 모양만 보면 회전하는 팬이 있는 둥근 프라이팬 같았다.

맥스웰은 1855년 2월부터 작성한 논문 초고에서 이 장치를 '티토툼teetotum'(팽이의 일종-옮긴이)이라고 불렀다. 그는 이렇게 설명하고 있다.

손가락으로 회전시킬 수도 있지만, 더 빠르게 돌려야 할 때는 원반 바로 아래 축 주위로 실을 감아 당겨 회전시켜야 한다. 이렇게 실을 당길 때는 실의 매듭을 원반 아래 작은 황동 핀 아래로 가도록 밀어 넣고 감은 다음, 축을 수직으로 세우고 축에 있는 두 개의 홈이 황동 손잡이에 있는 두 개의 고리에 맞추도록 끼우면 된다. 실을 잡아당기면 고리가 축을 수직으로 유지시킨다. 그러면 티토 툼은 테이블 위나 찻쟁반 위에서 계속 회전할 것이다.

색 팽이 아이디어는 맥스웰이 어릴 때 가지고 놀던 장난감에서 영감을 얻었을 가능성이 있다. 그는 어릴 때 페나키스토스코프 phenakistoscope를 잘 가지고 놀았는데, 사람들에게는 마술 원반이라는 애칭으로 알려져 있었다. 원반 가장자리에 여러 가지 그림을 그려 놓고 축에 끼워 회전시킨다. 그런 다음 이 그림을 거울에 반사시키고, 홈이 새겨진 다른 원반을 통해 거울의 그림을 바라보면 아주 짧은 동영상 같은 효과를 볼 수 있다. 맥스웰은 달 위로 점프하는 소, 쥐를 사냥하는 개 등 여러 그림을 직접 그려 자기만의 미니 영화를 만들었다. 정지 상태의 이미지들을 뇌에서 병합하여 결합된 효과를 만들어 내는 장난감의 원리가 색 팽이에서 각각의 색을 합한 색을 구현하는 방법으로 이어진 것이다.

맥스웰의 색 팽이에는 원반 중심을 에워싸는 연속 원 형태로 네 번째 색을 넣을 자리도 있었다. 맥스웰은 원색의 양을 조절해 이 연속 원에 표시된 색과 일치시키는 실험을 수행했다. 그리고 마침내 원색의 백분율과 결과 색상 간의 관계를 나타내는 수학 공식을 도출해 냈다.

1855년 24세의 맥스웰. 손에 색 팽이를 들고 있다.

　이 공식으로부터 맥스웰은 '색 삼각형'을 만들 수 있었다. 이 삼각형에서는 정삼각형의 세 꼭짓점에 빛의 삼원색이 있고, 꼭짓점과 마주보는 변에서 출발해 특정 지점까지의 거리에 따라 색의 양을 혼합한다(그림 1 참고). 이 연구 결과에서 중요한 점은 우리가 빛줄기 안에서 색이라고 지각하는 것이 그 빛의 절대 색이 아니라는 것이다. 예를 들어 특정 파장의 단색광이 주황색으로 보인다고 해도, 실제로 뇌는 눈 안의 다양한 색 감지 센서(원뿔세포)들이 받은 원색들의 입력을 조합해 주황색이라고 인식하는 것이다.

　맥스웰은 색 삼각형을 사용해 염료의 혼합으로 특정 색상을 만드는 세부 과정도 이해할 수 있었다. 예를 들어 스펙트럼의 중간 부분, 즉 초록색 주변을 강하게 흡수하는 염료 위로 백색광을 비추면, 빨강과 파랑 파장들이 대부분 재방출되어 마젠타를 만들어 낸다. 따라서 마젠타는 사실상 반-녹색anti-green이다. 그리고 옛 화가들의 방식대로 노랑과 파랑을 섞어 초록색을 만들어 낼 수 있는 것은, 시안cyan 염료가 빨강을 대부분 흡수하고 노랑 염료는 파랑을 대부분 흡수해 초록색만 남겨서 재방출하기 때문이다.

특이한 무능력

맥스웰은 특정한 색을 구분하지 못하는 '특이한 무능력'을 가진 사람들을 주목했다(실제로 그의 색 지각 연구는 색맹에 대한 관심과 밀접히

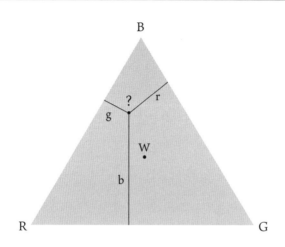

그림 1. 색 삼각형의 꼭짓점은 각각 빛의 삼원색에 해당한다. '?' 표시 점의 색은 빨강이 r, 파랑이 b, 초록이 g만큼 섞인 색이다. 중앙의 W점에서는 세 원색이 같은 양만큼 섞이며 흰색을 생성한다.

관련되어 있다). 당시에는 색맹을 '돌턴 증상'이라고 불렀는데, 이는 맨체스터의 화학자 존 돌턴John Dalton의 이름에서 딴 것이다. 돌턴은 그 자신도 색맹이었으며 이 증상을 최초로 과학적으로 연구한 사람 중 하나다. 맥스웰은 인간의 색 지각과 관련하여 "서로 다른 눈들이 비슷한 환경에 있을 때는 [색에 대하여] 아주 미세한 차이로 일치하는 결과를 보이지만, 같은 눈이라도 빛이 다르면 다른 결과를 낸다"는 것이 가장 흥미롭다고 기록하고 있다.

  그러니까 그가 발견한 내용은, 인간의 색 지각은 조명이나 빛에 의해 강하게 영향을 받지만, 그렇다고 해도 정상적으로 색을 인지하는 사람들 사이에서는 상당히 일관된 결과를 얻는다는 것이었다. 그러나 맥스웰에게는 좋은 과학자의 자질인 신중함이 있었다. 그는 주위에서 수집한 소규모 샘플로부터 일반적인 결론으로 확대하지 않았다. 그는 이렇게 기록했다. "그러나 이 결과는 더 많은 사례를 관찰한 후에 완전히 확증될 수 있을 것이다." 맥스웰은 연구를 계속하는 동안 여러 손님을 초대해 직접 발명한 여러 가지 색 혼합 장치들을 시험해 보고, 친구들에게는 혹시 주위에 색을 제대로 보지 못하는 사람이 있으면 데려오라고 부탁하면서 샘플을 확대하려 노력했다.

맥스웰은 논문 초고를 다듬어 에든버러 왕립학회에 제출했는데, 이 논문에서 그는 색맹의 원인이 눈의 삼원색 시스템 중 하나에 생긴 결함 때문이라고 추론했다. 맥스웰은 이것이 옳다면, 이런 사람들이 구체적으로 어떤 색을 잘 감지하지 못하는지를 색 팽이의 색 조합을 통해 확인할 수 있어야 한다고 생각했다.

맥스웰은 팽이의 색 조합을 이리저리 바꿔 가며 비슷한 범주의 색상을 만드는 실험도 했다. 이즈음에 맥스웰은 빛의 최종 삼원색이 빨강, 초록, 파랑이라고 분명히 결정했다. 그리고 다양한 갈색을 만들어 내는 문제에 골몰했던 것 같다. 윌리엄 톰슨은 빛의 원색을 섞어 갈색을 만들 수 있다는 자체에 의심을 표했는데, 그런 톰슨에게 맥스웰은 다음과 같이 편지를 보냈다. "일전에 갈색에 대해 나누었던 얘기를 생각해 보는 중이에요. 저는 분쇄한 커피 원두 같은 갈색을 만들었어요. 표면은 썩은 초콜릿케이크 색 같기도 하지만요. 그리고 검정, 빨강, 여기에 약간의 파랑과 초록을 더해 다른 갈색도 만들어 보았어요."

맥스웰은 자신의 연구가 실용적으로 얼마나 중요한지 전혀 알지 못했지만, 그가 고안한 색 삼각형은 TV와 컴퓨터, 휴대전화에 이르기까지 오늘날 쓰이는 거의 모든 컬러 화면을 만드는 핵심 원리이다. 화면 위의 색 화소들은 각기 빨강, 초록, 파랑 요소로 이루어져 있고, 이 세 가지 색상의 상대적인 비율을 조정하여 디스플레이 위로 수백만 가지 색깔을 만들어 낸다. 이 모든 기술이 맥스웰의 획기적인 접근법을 바탕으로 한 것이다. 그리고 많은 연구가 그러하듯 이 연구도 다른 곳에서 독립적으로 병행되고 있었는데, 앞서 잠시 언급했던 독일의 물리학자 헤르만 폰 헬름홀츠도 빛에서는 색이 더해지고 염료에서는 제거되는 방식에 대해 비슷한 결론에 도달했다.

맥스웰이 오늘날 사용되는 색 모형을 이토록 명료하게 입증했으니, 당연히 사람들도 곧 이 내용을 인정하고 받아들이리라고 기대했을 수 있다. 그러나 이전의 빨강-노랑-파랑 삼원색 모형은 너무나 강력했고 화가들 사이에서 여전히 흔들림 없는 지지를 받았다. 그래서 맥스웰은 많은 이들의 동의를 얻기까지 오랜 시간 동안 시연을 반복해야 했다. 15년이 흘러 1870년 말이 되어서야, 맥스

웰은 트리니티 칼리지 시절의 친구 세실 면로Cecil Monro에게 이런
편지를 보낼 수 있었다.

건축가 W. 벤슨 씨(앨버니 스트리트 147번지, 리젠트파크, N.W.)
말이, 네가 《네이처》에 편지를 보냈고 [맥스웰을 지지한다는 내용의]
그 편지가 색과 관련된 수많은 서신들 중 유일하게 합리적인 내
용이었다고 하더군. … 건축가 협회의 다른 건축가들은 벤슨 씨
말을 믿지 않아. 나로서는 이를 통해 건축가들의 다채로운 상태를
볼 수 있어서 무척 흥미로웠어.

패러데이의 장을 수량화하다

빛과 색각은 맥스웰의 유일한 관심사도 아니고 심지어 가장 일차
적인 관심사도 아니었다. 글렌레어에서 어릴 때 했던 실험 이후로
그는 멀리서도 금속 조각에 영향을 미치는 마법 같은 자석의 능력
에 흥미를 느꼈다. 그리고 대학에서 전기와 자기에 관한 마이클 패
러데이의 여러 실험에 관심을 갖게 되면서 패러데이의 열성적인
추종자가 되었다. 패러데이가 제안한 자기장과 전기장, 힘선의 개
념은 맥스웰을 매료시켰다.

그 당시 사람들은 장의 개념을 그저 전기와 자기에 대한 흥미로
운 모형쯤으로 여기며 전기와 자기를 머릿속으로 그려 보기에 좋

은 도구 정도로 받아들였다. 장이 수학적 연구 대상이 될 수 있으리라고 생각한 사람은 한 명도 없었다(일부 사람들은 패러데이의 부족한 수학 실력을 조롱했다). 전자기를 수학적으로 연구하는 데는 중력에 적용된 것과 비슷한 방법이 사용되었다. 그것은 다름 아닌 '역제곱 법칙'을 의미했는데, 먼 거리에서 작용하는 힘이 점원으로부터의 거리 제곱에 반비례한다는 내용이다.

맥스웰은 패러데이의 아이디어가 견고하다고 확신했고, 아이디어의 핵심인 마법 같은 힘선을 수학적으로 서술할 방법을 모색했다. 맥스웰의 이러한 시도는, 앞서 보았듯이 당시로서는 흔치 않았던 그의 학문적 배경 덕분에 가능했을 것이다. 케임브리지는 전통적으로 수학에 매우 강했지만, 천문학처럼 수학과 밀접하게 관련된 과학 분야에 수학을 적용하는 경향이 있었다. 반면 에든버러는 맥스웰에게 전자기의 기초를 제공했지만, 수학적으로 접근하는 방법을 장려하지는 않았을 것이다. 두 곳 모두에서 교육을 받은 맥스웰은 두 접근법을 합칠 수 있었다.

패러데이의 장은 등고선 지도의 3차원 버전과 비슷하다. 지도 위 임의의 점은 그 지역의 고도에 대한 정보를 가지고 있으며, 고도가 같은 점들을 이은 등고선은 힘선과 같은 개념이다. 그렇다면 전자기에서 힘선은 전기장 또는 자기장의 세기가 같은 점들을 이은 것으로 이해할 수 있을 것이다. 그러나 전자기를 장 모형으로 전환하는 과정은 단순히 2차원 지도를 3차원으로 전환하는 것 이상으로 복잡하다. 지도 위 각 점들은 단순히 고도 값만 가지고 있는 반면(수학자들은 이렇게 크기만 있는 값을 스칼라라고 한다), 전기장 또는 자기장의 각 점은 크기와 방향 정보를 모두 가지고 있기 때문이다(이러한 값은 벡터라고 한다).

1850년대에는 벡터를 다루는 데 필요한 수학이 아직 다 개발되지 않았지만, 맥스웰은 장을 수학적으로 해석하기 위한 기본 내용과 일부 요건들을 잘 알고 있었다. 그는 같은 스코틀랜드 출신 동료인 윌리엄 톰슨에게 도움을 청했다. 톰슨은 이미 수준 높은 열 흐름 연구를 바탕으로 벡터를 활용한 전기 연구를 어느 정도 완성한 상태였다. 톰슨은 왜 그런지는 모르겠지만 전하 사이에 작용하는 '정전기력'의 세기와 방향을 서술하는 방정식이 열 흐름의 속도와 방향에 관한 방정식과 동일하다는 것을 발견했다.

맥스웰은 톰슨에게 배운 벡터 수학을 자신만의 방법으로 전자기에 적용했다. 그는 전기를 다공성 물질에 스며 흐르는 유체로, 자기는 유체 내의 소용돌이로 비유해 생각했다. 그러면 유체의 흐름선은 패러데이의 힘선에 해당하고, 유속은 전기장 및 자기장 세기의 척도인 '자속 밀도flux density'로 볼 수 있다. 물질에 따라 다른 다공성의 차이는 전기장과 자기장에 다양하게 반응하는 물질의 성질처럼 생각되었다.

그러나 맥스웰이 실제로 전기를 물질을 관통하는 유체라고 생각하지 않았다는 점은 확실히 강조하고 넘어가야겠다. 여기에는 열 연구에서 배운 분명한 교훈이 있었다. 과거 100여 년 동안 열 연구에서는 눈에 보이지 않는 열소(칼로릭caloric)라는 유체가 뜨거운 물체에서 (뜨거운 물체와 접촉하고 있는) 차가운 물체로 흐른다는 가설이 대세였다. 열소 이론은 열의 여러 가지 현상을 어느 정도는 성공적으로 설명할 수 있었지만 결국에는 사실이 아닌 것으로 입증되었고, 이후 물질 내 원자와 분자의 운동에너지로 열을 설명하는 새 이론이 나오면서 폐기되었다.

맥스웰의 유체는 전자기의 열소와 같은 의도로 도입된 것이 전혀 아니다. 맥스웰은 그것을 순수한 가상의 물질로 생각했으며, 맥스웰 유체의 흐름은 전류 자체가 아니라 전기장 및 자기장의 세기에 대한 '비유'였다. 그리고 이 비유는 놀랍도록 잘 들어맞았다. 맥스웰이 이 모형으로부터 거저 얻다시피 한 결과가 하나 있는데, 비압축성 유체로 장을 서술하면 같은 크기의 부피 안에는 항상 같은 양의 유체가 존재하게 된다는 것이다. 이것은 흥미로운 수학적 결과를 낳았다.

같은 부피 안에 언제나 같은 양의 유체가 있다면, 유체의 흐름은 근원으로부터 거리 제곱에 비례하여 감소한다. 같은 양의 유체가 점점 더 넓은 공간으로 이동하면 유속은 공간의 단면적에 따라 달라진다. 예를 들어 액체가 보통 깔때기와는 반대로 깔때기의 좁은 쪽에서 넓은 쪽으로 이동한다고 생각해 보자. 유체가 압축되거나 늘어날 수 없고 가능한 공간을 모두 채워야 한다고 가정하면, 좁은 쪽보다는 넓은 쪽에서 훨씬 느리게 이동해야 한다. 유체가 자유롭게 움직인다면 그 속도는 깔때기 입구의 크기에 좌우된다.

마찬가지로 한 점에서 솟아나 모든 방향으로 향하는 유체를 생각해 보면, 이 경우 입구의 표면적은 반지름이 r인 구의 표면적과 동일한 $4\pi r^2$이 된다. 따라서 유체가 채워야 하는 표면적은 중심부터의 거리 제곱에 따라 증가한다. 그러므로 유체의 속도가 점점 느려지는 것을 볼 수 있는데, 맥스웰의 비유에서는 장의 세기가 감소하는 것을 의미한다. 속도는 근원부터의 거리 제곱에 비례하여 감소한다. 이것은 정확히 전자기장 실험에서 관측되는 현상이다.

앞에서도 말했지만, 맥스웰은 언제나 자신의 접근법을 비유로 간주했다. 실제에 대한 모형은 실제로 일어나는 현상과 직접적인 유사성은 없지만, 쓸모 있는 결과를 내놓는다. 그는 이러한 아이디어를 「패러데이의 힘선에 관하여On Faraday's Lines of Force」라는 논문에서 이렇게 설명했다.

> 나는 [유체 비유가] 실제 물리 세계의 그림자조차 포함하지 않는다고 생각한다. 이것은 연구를 위한 임시 도구일 뿐이며, 임시 도구로서 가장 큰 장점은 외견상으로도 아무것도 설명하지 못한다는 것이다.

맥스웰의 유체 모형은 전통적인 '원거리 작용' 수학의 역제곱 법칙을 예측하므로 패러데이의 힘장과도 잘 맞았고, 물질 사이의 경계를 다룬다는 점에서는 원거리 작용 접근법보다 더 좋았다. 그러나 전기장과 자기장의 변화를 모형화하는 방법은 찾지 못했다. 패러데이가 발견한 전자기 변화의 여러 현상은 발전기와 모터를 고안하는 데 기본 바탕이 된다. 전자기를 설명하려면 이러한 현상의 모형화가 필수지만, 그래도 대학을 갓 졸업한 20대 초반 젊은이로서는 이 정도만 해도 놀라운 성과였다. 맥스웰은 이 아이디어를 케임브리지 철학학회에서 발표했고, 논문 「패러데이의 힘선에 관하여」를 자신의 영웅인 런던의 마이클 패러데이에게도 보냈다.

이 무렵 패러데이는 60대였지만 여전히 왕립연구소에서 현역으로 활동하고 있었다. 그는 맥스웰에게 답장을 보냈다.

보내 주신 논문은 잘 받아 보았으며, 이에 대해 깊이 감사합니다. 단순히 '힘선'을 설명해 준 데 대해서만 감사하는 것이 아닙니다. 군의 연구가 철학적 진리에 대한 관심에서 비롯된 것임을 알기 때문입니다. 그러나 군의 연구는 그 자체로 나에게 감사할 만한 일이고, 내가 생각을 계속해 나갈 수 있도록 크게 격려해 주었습니다. 힘선에 적용된 수학의 힘을 처음 보고는 거의 겁에 질릴 정도였고, 이 내용이 수학적으로 완벽한 논리를 갖춘 것을 보고 경이로움을 느꼈습니다.

노동자들의 권익을 위해

앞서도 얘기했지만 패러데이는 대학 교육을 받지 못했다. 왕립연구소 연구원이 되기 전에는 시립철학학회에 다닌 게 정규 교육 비슷하게 받은 교육의 전부였다. 시립철학학회는 배움에 소외된 사람들의 발전을 돕겠다는 목적으로 설립된 단체다. 맥스웰은 풍족한 가정에서 성장했지만, 글렌레어의 빈민 계층과 접하면서 노동자들이 제대로 교육받지 못하는 현실을 잘 알았다. 또한 패러데이가 철학학회의 혜택을 받았다는 것도 잘 알고 있었다. 맥스웰은 맥스웰답게 다른 사람이 문제를 해결해 주기를 기다리지 않고 직접 발을 벗고 나섰다.

케임브리지 재학 당시 맥스웰은 '노동자들의 대학'[8] 설립자 중한 명이었다. 이 대학은 노동자들의 자기 계발을 돕는 야간대학이었다. 맥스웰은 대학에서 직접 강의도 하고 지역의 상점과 공장을 돌며 야간 강의를 들을 수 있도록 노동자들을 일찍 퇴근시켜 달라고 부탁하기도 했다. 1856년 3월, 그는 아버지에게 이런 편지를 보냈다.

상점들에게 일찍 영업을 끝내 달라고 요청하고 있습니다. 대장간

---

8 '노동자들의 대학(Working Men's College)'은 남성 전용이었지만, 과거를 돌이켜보며 성차별이라 비판하는 것은 옳지 않다. 맥스웰은 그 시대를 충실히 살았던 사람이고, 여성 교육에 대해서는 다소 좁은 견해를 가지고 있었다.

들은 모두 확답을 주었고, 제화점도 한 곳만 빼고는 모두 답을 주었어요. 서점은 오래전부터 직원들을 보내 주고 있고요. 피트 프레스 인쇄소는 늦게까지 영업을 해서 따로 협조를 구해야 합니다.

어려운 환경에서 자활하려는 이들의 발전을 돕고자 하는 열정은 이후까지도 계속 이어졌다. 맥스웰은 훗날 지역 노동자들을 위한 교육 기관인 기술자 학교Mechanics' Institute(빅토리아 시대에 노동자들의 교육을 위해 설립된 교육 기관-옮긴이) 설립에도 기꺼이 참여했다. 노동자를 위한 교육 기관은 주로 산업 지역과 도시에 세워졌다.

대학원생이 된 맥스웰은 자신의 새 지위에 금세 적응했지만, 여전히 글렌레어의 집이나 친척 집에서 보내는 스코틀랜드의 여름을 소중히 여겼다. 그러다 1854년 여름방학 때 첫사랑을 만나게 된다. 맥스웰은 어머니 쪽 가문인 케이 가족과 레이크 디스트릭트에서 일주일간의 여름휴가를 보냈다. 외사촌 중에 14세 소녀 리지가 있었다. 당시 23세였던 맥스웰은 리지와 사랑에 빠졌던 것으로 보인다. 요즘과는 달리 당시에는 리지의 나이가 크게 문제될 것은 없었다. 그 시대 소녀들은 오랜 교제 기간을 보내고 대체로 16세쯤 되면 결혼했다. 그러나 가족이 이 둘의 교제를 반대했던 것 같다.

당시 상류층에서, 특히 왕족 사회 안에서는 친족 혼인을 비교적 쉽게 볼 수 있었다. 클러크 가문과 맥스웰 가문도 첫 혼인 후 약 한 세기 정도는 사촌 간의 혼인이 빈번했다. 그러나 사촌 정도로 가까운 친척 간의 결혼이 위험하다는 인식이 서서히 일고 있었다. 이유가 무엇이었든, 맥스웰과 리지 사이에는 아무 일도 없었다. 혹 둘이 편지를 교환했다 하더라도 그 편지들은 현재 남아 있지 않다. 두 사람의 가벼운 열정에 관한 이야기는 리지의 딸을 통해 전해졌는데, 이 이야기를 할 당시 그녀의 나이는 90세였다.

이 해의 다른 중요한 사건으로 맥스웰이 치안판사로 부임한 것도 꼽을 수 있겠다. 맥스웰이 얼마나 자주 직무를 수행했는지는 (실제로 수행하기는 했는지) 분명히 알려져 있지 않다. 치안판사직은 영주에게 명목상으로 주어지는 경우가 종종 있었지만, 맥스웰이 이를 수락한 사실은 나중에 상속받을 글렌레어 영지에 대하여 가문의 일원으로서 강한 책임감을 가지고 있었음을 보여 준다.

1855년 초에는 '일어날 수도 있었을' 흥미로운 일이 하나 있었다. 친구인 세실 먼로가 맥스웰에게 보낸 편지에 이런 구절이 있다. **"이제 뉴턴을 새로 번역해야 해. 그리고 그걸 할 사람은 너야."** 이는 아이작 뉴턴의 장황한 (그리고 가끔은 거의 불가해한) 걸작인 『자연철학의 수학적 원리』, 흔히 '프린키피아Principia'라 불리는 그 책을 말하는 것이다. 이 3권짜리 책은 뉴턴의 운동 법칙과 중력 연구에 관한 내용을 모두 담고 있다. 뉴턴은 원래 이 책을 라틴어로 썼고, 1729년에 앤드류 모트가 영어로 번역한 버전이 거의 표준처럼 자리 잡고 있었다. 그러나 1850년대에 모트의 번역은 제대로 된 과학책으로 보기에는 시대에 뒤떨어진 것처럼 보였다.

당시 영국에서 가장 위대한, 아니 어쩌면 세계에서 가장 위대한 과학자로 꼽히던 뉴턴의 가장 중요한 작품을 영어로 읽고 싶어 하는 사람들이 있었다는 점은 전혀 놀랄 일이 아니다. 먼로는 맥스웰의 라틴어가 '실용적 목적'에서는 충분히 좋았다고 장난처럼 지적한다. 그러면서 다음과 같이 썼다. "[그러나] 네가 그런 지식을 대학 시험 때 한 번도 보여 주지 않았던 것도 사실이지." 먼로는 맥스웰이 아직 트리니티 칼리지 펠로십에 뽑히지 못한 주된 이유가 고전 실력이 부족하다는 평가 때문임을 알고 있었을 것이다.

맥스웰은 재치 있는 태도로 답장을 썼다.

친애하는 먼로에게

너와 논쟁을 벌일 때는 대답하기가 어찌나 두려운지. 나는 아예 대응하지 않겠어. 적어도 집요한 논쟁으로 날 바로잡으려는 사람에게는 무대응이 답이지. 물론 나도 뉴턴을 번역할 사람이 있다면 그 일을 대신해 주는 것 말고는 무엇이든 기꺼이 도울 거야. 하지만 나는 준비가 되어 있지 않아. 너의 반대와 반발을 거부할 준비는 되어 있지만. 조만간 뉴턴 말고 버틀러의 '유사성^{Analogy}'[9]을 번역해 수학 저널에 투고해 보려고 해.

---

9   조셉 버틀러(Joseph Butler)의 『자연 종교와 계시 종교의 유사성, 자연의 구성과 과정에 대하여(The Analogy of Religion, Natural and Revealed, to the Constitution and Course of Nature)』를 말한다. 수학과는 전혀 상관없어 보이는 제목이다.

그 일은 일어나지 않았다.

위의 편지와 맥스웰이 쓴 다른 편지들은 에든버러의 인디아 스트리트 18번지에서 작성된 것이다. 이 집은 클러크 맥스웰 가문이 소유한 집에서 두 집 건너에 있는 곳이다. 맥스웰 가문의 집인 인디아 스트리트 14번지는 글렌레어 저택이 완성된 후 세를 주었고, 맥스웰 가족은 다시 그 집으로 들어가지 않았다. 그러나 맥스웰이 케임브리지로 진학한 후에 고모인 이사벨라는 헤리엇 로우를 떠나 인디아 스트리트 18번지로 이사를 왔고, 맥스웰이 에든버러에 올 때면 이 18번지 집을 임시 숙소로 사용했다.

새로운 목적지

케임브리지에서 확고한 입지를 다진 맥스웰은 이 시기에 전기와 자기에 대한 자신만의 아이디어를 더욱 발전시켜 나갔을 것이다. 그런데 1856년 2월, 옛 스승인 제임스 포브스는 편지로 애버딘에 마리샬 칼리지Marischal College가 개교한다는 소식을 전해 주었다. 이 대학에서는 자연철학 교수를 찾고 있었고, 포브스는 맥스웰이 적임자라고 생각했다.

포브스의 편지는 이런 내용이었다.

지금 자네 상황이 어떤지는 잘 모르겠지만, 이 말은 해야겠다고 생각했네. 이 자리는 스코틀랜드인이 채워야 하고 그렇지 못하면 대단히 안타까운 일이 될 거야. 그리고 내 생각에 자네는 이 자리에 가장 잘 맞는 사람일세.

맥스웰이 이전에 애버딘에 간 적이 있었는지는 알려지지 않았다. 애버딘은 에든버러에서 족히 120마일은 떨어져 있으며 전반적으로 세련미가 덜한 도시였다. 그리고 에든버러와 케임브리지에서 투박한 태도를 많이 다듬었을 우리의 시골 소년은 생기 넘치는 지적 환경에 대하여 기대를 키워 왔을 것이다. 그러나 이제 막 사회에 첫발을 내딛는 젊은이에게 교수직은 상당히 인상적인 자리이기도 했다.

포브스는 교수 임명 권한이 왕실에 있으므로 자신은 아무런 영향력이 없다고 애써 설명했다. 그러나 이 말의 진의가, 만약 그렇지 않았다면 자신이 맥스웰의 뒤를 봐주었을 것이라는 뜻인지는 분명치 않다. 맥스웰은 포브스로부터 연락을 받고 이틀 뒤에 아버지에게 편지를 썼다.

제 생각엔 빨리 일자리를 찾을수록 더 좋겠고, 가장 좋은 방법은 그 자리에 지원하여 내가 준비가 되었다고 공언하는 것입니다. 이 교수직 임명은 왕실 주관이에요. 즉 법무장관[10]과 내무장관이 담당하고 있습니다. 그러니 이런 고위 관료에게 높은 분이 서명한 공식 학위 증명서를 보내는 게 가장 바람직할 것 같습니다.

학부를 졸업한 지 겨우 2년밖에 되지 않은 24세의 맥스웰이 교수가 되겠다고 마음먹은 것이 지금 보면 상당히 놀라울 수도 있다. 그러나 당시 학계는 오늘날보다 위계 구조나 경력의 진행 과정이 훨씬 덜 엄격했다. 현실적으로 볼 때 맥스웰은 그 자리가 요구하는 모든 것을 갖추고 있었다. 그는 1855년 10월 트리니티의 펠로십을 얻었고, 이로써 학자로서의 첫발을 디뎠다. 친구인 윌리엄 톰슨과 피터 테이트는 그보다 더 어린 나이에 교수가 되었다(톰슨은 22세에 글래스고 대학교의 자연철학 교수가 되었고, 테이트는 23세에 벨파스트 대학교 수학 교수가 되었다).[11]

지원서를 보내고, 주위의 훌륭한 사람들에게 왕실 임명에 필요한 지원을 부탁하는 편지를 엄청나게 보낸 후에, 맥스웰은 부활절 방학을 지내러 글렌레어로 돌아왔다. 아버지가 한동안 폐감염으로 고생하고 있었는데, 이 무렵 병세가 급속히 악화되고 있었다. 존 클러크 맥스웰은 4월 3일 세상을 떠났다. 맥스웰은 자연스레 글렌레어 영지의 수장이라는 새로운 책임을 넘겨받게 되었다.

아버지가 돌아가시고 3주 후에, 맥스웰은 친구 루이스 캠벨에게

---

10 스코틀랜드의 법무장관은 법과 정치를 관장하는 고위직이었다. 당시 법무장관은 제임스 몬크리프였다.

11 심지어 19세에 상트페테르부르크 교수가 된 스위스의 수학자 레온하르트 오일러도 있다.

편지를 썼다.

학기가 끝나면 집으로 돌아가 안팎의 집안일을 돌보면서 일을 배워야 할 거야. 제일 먼저 할 일은 아버지가 직접 감독하시던 일을 모두 이어받는 거야. 다행히 아버지는 기록을 꼬박꼬박 남겨 두셨고, 주위 사람들도 기억나는 건 뭐든 얘기해 줄 거야.

당시에는 맥스웰이 학업을 계속 이어 가는 것이 당연한 일이 아니었다. 그러나 이 편지에서 맥스웰은 자신이 일과 공부 사이에서 적절한 균형을 이루는 것이 아버지의 뜻이었음을 분명히 밝혔다.

그리고 내 연구에 관해서라면, 연구를 계속해야 한다는 게 아버지의 소원이자 나의 소원이야. 아버지와는 교육과 관련된 일을 해야 한다고 합의가 되었었어. 그래서 방학 때는 집에서 지낼 수 있어야 한다고. 아버지는 애버딘의 교수 자리 얘기를 들으셨을 때 기꺼이 인정해 주셨지. 최근에는 들은 바가 없지만, 아직 법무 장관의 후보자 목록에서 내 이름이 지워지지는 않았을 거야.

맥스웰이 옳았다. 그의 이름은 목록의 맨 위에 있었고, 그는 예상대로 그 자리를 따냈다. 맥스웰은 케임브리지에서 남은 학기를 마치고 글렌레어에서 할 일을 정리하며 여름방학을 보냈다. 이 방

학 동안 그는 색과 토성 고리를 연구할 시간이 좀 있었지만(이 내용
은 이후에 자세히 다루겠다), 아버지로부터 물려받은 책임을 최우선으
로 고민했음은 분명하다.

대학 친구인 리처드 리치필드Richard Litchfield에게 보내는 편지에
서 그는 이렇게 말한다.

확실히 지금은 시간이 없어. 생각보다 할 일이 많아서. 일단 주택
두 채의 상태부터 조사하고, 지붕을 올릴 목재와 일꾼도 찾아야
해. 그런 데다 젊은 성직자의 부임 조건과 교구의 의견도 알아봐
야 하고. 이번 주에 우리 목사님이 갑작스럽게 돌아가셔서, 현재
교구에 상주하는 성직자가 없거든. 지금 사제관에서 지내는 사람
은 유족의 후원자뿐이야. 그분은 로마교 신앙[즉 가톨릭]을 가진 부
인으로 에든버러에서 1년 정도 지냈고, 친구들의 방문을 모두 거
부하고 있어.

뜻밖에 처리해야 할 일이 많았지만 맥스웰은 글렌레어를 잘 관
리할 수 있었다. 그는 그해 가을 애버딘으로 이사했다.

원자는 실재하고
열은 움직인다

JCM이 1856년 여름, 청년에서 어른으로 성장했다는 점은 틀림없는 사실이다. 그의 지위는 대학원생에서 교수로 승격했다. 가까이에서 그를 보살펴 주던 아버지를 잃고, 아버지의 뒤를 이어 글렌레어의 영주 자리에 올랐다. 그리고 당대 지성들이 활약하던 대도시 에든버러를 떠나 조용하고 외진 소도시 애버딘으로 이사했다.

이 애버딘에서 우리의 젊은 교수는 나의 존재를 소환하게 될 문제를 연구하게 된다. 그러니 원자(그리고 분자)와 열에 대해 그 배경을 조금 들여다보는 것이 좋겠다.

원자는 존재한다

열역학과 기체 역학에 관한 JCM의 사고 중심에는 원자와 분자가 실제라는 생각이 있었다. 이건 오늘날에는 너무 기본적인 내용이라서 별것 아닌 것 같겠지만, 1850년대의 과학자들 대부분이 원자의 존재에 대해 기껏해야 양면적 관점을 취했다는 점을 생각하면 놀라운 일이다. 당시에 원자는 화학에서 원소들의 결합 방식을 설명하기에 유용한 개념이라는 생각이 대세였고, 원자를 실제 물리적 사물이라고 생각하는 사람은 별로 없었다. 그러나 JCM이 당대에 가장 큰 명성을 얻게 되는 아이디어는 바로 원자와 분자가 실재한다는 생각에서 시작되었다.

기원전 5세기 고대 그리스 철학자 데모크리토스는 원자 개념을 꿈꿨다.* 언뜻 생각해 보면 원자 개념은 꽤 합리적인 것 같긴 하다. 물체를 계속 자르면 물체의 조각은 계속해서 작아진다. 데모크리토스는 그렇게 계속 자르다 보면 너무 작아서 더 이상 자를 수 없는 궁극의 조각에 도달할 것이라고 주장했다. 물체를 자르는 칼이 무뎌서가 아니라 더 이상 쪼갤 수가 없기 때문이다. 그는 이렇게 자를 수 없는 기본 조각을 '아토모스atomos'라고 불렀다.

그의 생각은 어느 정도는 논리적이었지만, 과학 이론으로서는 큰 가치가 없다는 게 문제였다. 이 이론으로는 설명할 수 있는 게 아무것도 없었다. 데모크리토스는 원자 개념을 원소 아이디어에 적용하지 않았는데, 만일 이 둘을 결합했다면 물질을 훨씬 더 단순하게 설명할 수 있었을 것이다. 반면 그의 라이벌 엠페도클레스는 흙, 공기, 불, 물로 이루어진 네 개의 원소 이론을 들고 나왔다. 비록 틀리긴 했어도 이 이론은 초기 원자 이론보다 훨씬 더 실용적이었다. 이 이론은 위대한 철학자 중 한 명인 아리스토텔레스가 이어받

---

* 어쩌면 그의 스승 레우키포스도 함께 꿈꿨을 수도 있다. 그런데 레우키포스는 실존했다는 증거가 거의 없어서, 데모크리토스가 단순히 자기 이론을 그럴싸하게 보이도록 일종의 '가짜 뉴스'처럼 레우키포스라는 사람을 만들어 냈을 가능성도 있다(이 가설이 맞다면 데모크리토스도 우리 악마들과 같은 부류의 사람이었던 것 같다).

아 구체적으로 수립했다.

기원전 4세기에 활동한 아리스토텔레스는 제5원소를 제안하고, 이 제5원소로 달부터 그 바깥 세상의 모든 것이 다 만들어졌다고 주장했다. 원칙적으로 아리스토텔레스가 이 원소들과 원자 이론을 결합하는 데에는 아무 문제도 없었다. 그러나 불행히도, 그는 완전히 빈 공간을 극도로 혐오했다. 그는 진공 또는 허공 개념을 좋아하지 않았다.

이 혐오 이면의 논리는 나름 난해했지만, 현대인의 눈으로 보기엔 오히려 아이러니에 가깝다. 아리스토텔레스가 내세운 가장 간단한 논리는 이런 것이다. 만일 진공이 실제로 존재한다면 뉴턴의 운동 제1법칙이 적용되어야 한다는 것이었다. 다시 말해, 움직이는 물체를 강제로 멈추지 않는 이상 그것은 멈출 이유가 없는 것이다. 그런데 아리스토텔레스가 관찰해 보니 자연에서 이런 일은 일어나지 않는 것 같으므로, 이 개념에는 결함이 있으며 따라서 진공은 존재할 수 없다고 결론 내렸다.

허공 또는 진공이 없으면 원자도 있을 수 없다. 진공이 없다면 원자가 비는 자리 없이 모든 공간을 빼곡히 채우도록 서로 맞물려야 하는데, 이런 구조는 정육면체 같은 몇몇 도형으로만 구현할 수 있다. 필요한 원자의 유형이 최소 4~5가지는 된다고 가정하면, 빈 공간이 생기지 않도록 원자들을 공간 가득 채운다는 것은 불가능해 보였다. 따라서 아리스토텔레스는 원자 개념을 용납하지 않았다. 내가 볼 땐 아리스토텔레스는 인간들 중에서도 꽤 고집이 센 축이었던 것 같다.

아리스토텔레스의 주장은 거의 그 논리 그대로 갈릴레오 시대까지 이어졌고, 원자의 존재를 진지하게 생각하게 되기까지는 상당히 오랜 시간이 걸렸다. 결국 1800년대에 이르러서야 원자는 실질적인 과학 개념으로 자리 잡게 된다. 이는 주로 존 돌턴의 연구 덕이었다. 영국의 퀘이커 교도였던 그는 대체로 맨체스터에서 활동했는데, 종교 때문에 대학에 다닐 수 없어 거의 독학으로 공부했다. 당시엔 성공회 신자만 대학에 다닐 수 있었다.

돌턴은 19세기 초 기체 실험의 결과로 원자 기반의 원소 개념을 고안할 수 있었다. 돌턴이 생각한 원자는 모두 공 모양이며 특정 원소의 원자들은 모두 무게가 같다. 그는 일찍이 1803년에 가장 가벼운 수소 원자부터 시작해서 원자들의 상대적 무게(원자량−옮긴이)를 기록해 나갔다. 그리고 우리 주위의 수많은 물질이 한 종류의 원자로 이루어진 것이 아니라 화합물, 즉 두 종류 이상의 원자가 결합된 분자로 이루어져 있다고 보았다.

돌턴의 연구에는 한계가 있었다. 그가 쓰던 장비는 대부분 스스로 제작한 것이라 그때 기준으로 보아도 조잡한 수준이었다. 게다가 일부 원자량은 잘못 알고 있었고, 화합물은 가능한 조합 중 가장 단순한 조합으로 구성될 것이라고 가정하는 실수를 저질렀다. 그러다 보니, 예를 들어 물은 수소 두 개에 산소가 하나 결합된 H_2O

의 구조지만, 돌턴은 수소 하나에 산소 하나가 결합된 HO라고 생각했다.

돌턴은 또한 원자를 다양한 크기의 공처럼 간주하는 가상의 모형을 세웠다. 그러다 보니 '더 큰' 원자의 원자량이 수소 무게의 배수라면 여러 개의 수소 원자로(또는 오늘날 알려진 것처럼 동일한 아원자 입자들로) 구성되었을 것이라는 너무나도 명백한 의미를 알아차리지 못했던 것 같다. 자신이 구한 원소들의 원자량을 어림수로 쓰고, 이를 정확한 값이 아닌 그저 편리한 근삿값처럼 생각했던 것도 원자를 제대로 이해하는 데 도움이 되지는 않았다.

다시 말하지만, 지금 생각하면 원자를 기반으로 하는 원소 개념은 너무나 명백해서 JCM이 원자의 존재를 고민할 무렵엔 사람들 사이에서 널리 인정을 받았을 것이라고 생각하기 쉽다. 그러나 당시의 일반적인 견해는, 원자가 꽤 쓸모 있는 모형인 건 맞지만 반드시 물질 안의 실제 구조를 반영하지는 않는다는 것이었다. 마치 JCM이 전기를 유체라고 생각하지는 않았지만 쓸모가 많은 비유로 여겼던 것과 비슷하다. 물질을 원자들의 집합으로 보면 여러 현상들을 잘 설명할 수 있지만, 그러한 사실이 곧 원자가 집게로 집어 관찰할 수 있는 실제 사물이라는 의미는 아니었다.

그러다 1905년에야 알베르트 아인슈타인이 연이어 발표한 위대한 논문 중 하나에서 분자의 크기를 계산할 수 있음을 입증하자 분위기가 반전되었고, 원자의 실재성은 점점 더 주류의 의견으로 자리 잡게 되었다. JCM의 친구 피터 테이트가 윌리엄 톰슨과 함께 교과서를 집필할 때, JCM에게 보낸 편지를 보면 당시의 분위기를 짐작할 수 있다. "톰슨은 원자의 존재에 대해 단호히 반대하고 있어. 나는 강력한 지지자는 아니지만 원자가 꽤 유용하다고 생각하고." 19세기 중반에 원자와 분자가 실제로 존재한다는 가정을 세운 과학자는 극소수였는데, JCM이 그중 하나였다.

더 나은 열 모형

JCM이 원자에 관심을 갖게 된 이유는 물질의 본질을 직접적으로 고민하기 위한 것은 아니었고, 오히려 당시의 시급한 과제, 즉 열의 작용을 이해하고 설명할 방법을 찾기 위해서였다. 과거 수천 년 동안 인간이 열에 대해 가진 관심이라면 집 안이 아늑하고 따뜻한가, 또는 고기를 익힐 만큼 불이 뜨거운가, 뭐 이 정도가 전부였다.* 그러나 19세기에 증기기관이 등장하면서, 열은 산업과 장거리 여행의 지배적인 동력원이 되었다. 바야흐로 증기의 시대였다. 증기 엔진의 실제 동작을 이해하려면 새로운 분야의 물리학, 즉 열역학이 필요했다. 그리고 JCM은 열역학 연구의 중심에 서게 될 것이었다.

앞에서 내가 자기소개를 할 때 열역학 제2법칙을 잠깐 언급하

---

* 우리 악마들에게는 지옥에 떨어진 영혼을 괴롭힐 만큼 지옥불이 충분히 뜨거운지가 유일한 관심사다.

긴 했지만, 이젠 한 발짝 물러나 전체적인 그림을 그려 보기로 하자. 앞서 보았듯이 19세기 초에 열의 본질을 설명하는 지배적인 이론은 열소 이론이었다. 이 이론에서는 열을 '열소'라고 하는 유체로 간주했다. 열소의 주요 성질 중 하나는 자체적인 반발력이다. 뜨거운 물체와 차가운 물체가 접촉하는 경우를 생각해 보자. 열소는 차가운 쪽보다 뜨거운 물체에 더 많을 것이다. 따라서 뜨거운 물체의 열소가 서로 더 많이 반발해서 자연스럽게 차가운 물체 쪽으로 이동하게 되고, 이로써 열 균형이 이루어진다. 결과적으로 뜨거운 물체는 차가워지고 차가운 물체는 뜨거워진다(여기에서 다시 한번 제2법칙이 성립된다).

이 이론은 틀렸다는 것을 알고 보더라도 놀랄 만큼 말이 된다. 열역학 제2법칙을 잘 설명할 뿐 아니라, 기체가 뜨거워지면 더 많은 열소들이 자리를 차지해야 하니 부피가 팽창할 것이라는 점도 예측 가능했다. 1824년에 프랑스의 과학자 겸 엔지니어 사디 카르노Sadi Carnot는 오로지 열소 이론만을 가지고 증기기관의 효율성 한계를 설명하는 최초의 열역학 개념을 개발했다. 카르노의 아이디어를 이어받아 좀 더 현대적인 열역학으로 발전시킨 사람이 바로 JCM의 친구이자 이후 켈빈 경이 되는 윌리엄 톰슨이다.

톰슨은 열역학 연구를 하면서 뜻밖의 인물에게 도움을 받았는데, 바로 양조업자인 제임스 줄James Joule이었다(줄은 돌턴의 제자였다. 이로써 깔끔한 대칭이 이루어진다). 줄은 열이 무슨 특별한 유체가 아니라 단순히 에너지의 한 형태일 뿐이며, 안정적이고 일관성 있게 역학적 에너지로 변환될 수 있음을 증명했다. 줄의 연구는 열소 이론을 무너뜨리는 데 결정적인 역할을 했다. 이와 함께 톰슨과(그리고 맥스웰과) 동시대에 독립적으로 열역학을 연구했던 독일의 물리학자 루돌프 클라우지우스Rudolf Clausius의 공헌도 기억할 필요가 있다.

이런 집단 지성의 결과로 열역학 법칙들이 몇 가지 개발되었다. 가장 중요한 두 가지는 제1법칙(에너지 보존 법칙)과 제2법칙이다. 제1법칙은 에너지가 새로 만들어지지도 파괴되지도 않으며 단지 하나의 형태에서 다른 형태로 변환될 뿐이라고 선언한다(이 여러 형태 중엔 가장 중요한 열도 포함된다). 그리고 악마의 법칙인 제2법칙이 있다. 이것은 열소라는 유체가 뜨거운 곳에서 차가운 곳으로 자연스럽게 흐른다는 아이디어에서 출발했지만, 열 흐름과 엔트로피의 언어로서 공식화되었다.

열이 에너지라는 점을 염두에 두면, 이제는 그 에너지가 물질에서 어떻게 발현되는지를 이해하는 것이 중요해졌다. 우리가 일반적으로 가장 잘 이해하는 에너지 형태는 운동에너지, 즉 운동의 에너지다. 그리고 결국 기체가 실제 원자와 분자로 이루어졌다고 한다면, 이런 작은 입자들의 운동은 열로 묘사될 수 있는 에너지를 만들 수 있다. 입자가 빠르게 움직일수록 기체가 더 뜨거워지는 것이다.* JCM이 원자를 인정하게 된 것은 이런 이유였다.

　이야기가 좀 많이 앞서 나갔다. 젊은 제임스 클러크 맥스웰은 이제 막 마리샬 칼리지의 자연철학 교수로 부임한 참이다. 함께 애버딘으로 가 보자.

---

* 　실제로는 이것보단 조금 더 복잡하다. 에너지는 자유롭게 움직이지 않는 분자의 진동 안에 그리고 원자 주위 전자의 에너지 준위로도 묶여 있을 수 있기 때문이다. 그러나 이 정도로도 좋은 출발점이다.

3장

젊은 교수

마리샬 칼리지는 이제는 영국에서 더 이상 찾아볼 수 없는 대학이
지만, 1856년 4월 풋풋한 24세 청년 맥스웰이 운영 지도교수 겸
자연철학 교수로 지명되어 8월에 직무를 시작했을 무렵에는 스
코틀랜드 학계에서 잘 알려진 학교였다. 짙은 회색의 웅장한 화강
암 본관은 애버딘 중심부 브로드 스트리트에 지금도 굳건히 서 있
고, 현재는 시의회 건물로 사용 중이다. 1593년에 개교한 이 대학
은 맥스웰 시대에는 탄탄한 역사를 자랑하는 명망 있는 교육 기관
으로, 당시 옛 대학들 대부분이 다 그렇듯 현대의 대학에 비해 훨씬
더 폭넓은 커리큘럼을 제공했다. 그래도 학생들은 법학, 신학, 의
학, 교육학 같은 전공을 많이 택했다.

분열된 도시

맥스웰이 새 직장에 도착했을 때 이미 대학의 폐교 이야기가 슬슬

돌고 있었다. 당시 스코틀랜드에는 다섯 개의 대학교가 있었고, 그 중 두 개가 인구 3만 5000여 명의 소도시 애버딘에 자리 잡고 있었다.[1] 마리샬은 이 도시를 100년 역사의 킹스 칼리지와 공유하고 있었다. 킹스 칼리지는 종교 개혁 이전에 설립된 가톨릭 대학이라서, 스코틀랜드 장로교회의 성직자를 육성하기에 이상적인 기관은 아니었다. 현실적으로 볼 때 '도시를 공유한다'는 표현은 엄밀한 사실은 아니었다. 애버딘은 마치 두 대학을 지지하는 양편으로 나뉜 것처럼, 도시 자체가 둘로 분열되어 있었다.

'구도시'와 '신도시'는 사이에 약 1마일 정도의 간격을 두고 서로 독립적인 영역을 이루었다. 애버딘의 구도심은 킹스 칼리지와 오래된 대성당 그리고 이곳에서 일하는 사람들의 숙소로 이루어진 시골 풍경 속의 섬이자 유적지 같았다. 마리샬은 상대적으로 크고 번창하는 신도시에 속해 있었다. 이곳은 19세기가 시작되면서 허허벌판 위에 새로 재건된 곳으로, 그 중심을 유니언 스트리트가 가로지르고 있었다. 유니언 스트리트는 약 70피트(약 21미터) 폭의 최신식 도로로 화강암 도시 애버딘의 확고한 가치를 강조하는 상징이었다. 그러므로 실제로 맥스웰 시대에는 대단히 신도시였던 게 맞다.

---

1 물론 1856년에는 모든 도시들이 지금보다 규모가 작았지만, 당시 인구 260만 명이던 수도 런던과 비교하면 애버딘은 역시 작은 도시였다. 규모로 따지면 애버딘은 랭커셔의 공장 도시인 볼턴의 절반 정도에 불과했다.

애버딘은 상대적으로 규모는 작아도 상업 기반이 단단한 도시였다. 엄청난 양의 화강암은 지역의 트레이드마크였고, 이와 함께 직물 생산과 돛의 활대 제작으로도 유명했다. 1850년에는 새로 철로가 연결되면서 도시 간 교역이 더욱 활발해졌다. 이 철로는 에든버러를 거쳐 런던까지 이어져서, 맥스웰 같은 도시 성향의 방문객에게 애버딘은 접근성 좋은 매력적인 도시로 부상했다.

그가 교수직에 지명될 무렵, 두 대학을 따로 설립하는 원인이 되었던 종교 분열이 차츰 약화되고 있었다. 2년 후인 1858년에 케임브리지는 마침내 학부 입학 요건에서 영국 성공회 또는 스코틀랜드 성공회 신자여야 한다는 항목을 폐기했다. 애버딘에서도 과연 별도의 두 대학을 유지할 필요가 있는지 조사하기 위해 1837년 왕립 위원회가 결성되었다.

킹스 칼리지는 병합에 반대했지만, 대체적인 분위기는 킹스 칼리지와 마리샬 칼리지가 따로 존재하는 게 스코틀랜드 교육 체제에 유익할 건 없다는 쪽이었다. 맥스웰도 이런 상황을 알고 있었던 것 같지만 크게 걱정하지는 않았다. 오히려 그가 직면한 문제는 한번도 와 본 적 없는 도시에서 거처를 마련하는 것이었다. 그는 칼리지에서 걸어서 몇 분 정도 거리에 있는 바이어스 부인의 하숙집에 방을 얻었다. 유니언 스트리트 129번지에 있는 법무법인 J. D. 밀른 변호사의 사무실에서 예스러운 나선 계단을 따라 올라가면 그의 방이 있었다. 이곳은 현재는 맥도날드나 휴대전화 가게 같은 상점들이 들어서 번화가를 이루고 있다.

대학 내 정치에 크게 관심이 없던 맥스웰은 두 대학 사이의 내분이 계속되는 동안 머리를 낮추고 자기 일에만 몰두했다. 그는 이모에게 이런 편지를 보냈다.

킹스 칼리지 사람들과는 친하게 잘 지내요. 그 사람들도 저한테 우호적인 것 같고, 우리 쪽 사람들이 여기에 대해 질책을 하거나 하는 일도 아직 없었고요. 하지만 우리 교수들 가족 중에는 킹스 쪽 사람들과 일체 왕래를 안 하는 사람도 있다더라고요.

마리샬 칼리지는 도시의 규모에 맞게 옥스브리지(옥스퍼드와 케임브리지를 함께 일컫는 말ㅡ옮긴이) 칼리지보다 큰 편은 아니었고, 맥스웰이 도착했을 무렵에는 교직원 20명(교수 14명과 강사 6명)과 학생 250명이 소속되어 있었다. 마리샬 칼리지 교수직은 사람들이 부러워할 만한 자리였다. 학기는 11월부터 4월까지만 진행되어 매우 짧았다. 그래서 학생들은 긴 방학 동안 집으로 돌아가 농장 일을 도울 수 있었고, 교원들은 개인 연구를 할 시간 여유가 충분했다. 맥스웰로서는 1년의 반을 글렌레어에서 보내며 자연철학을 연구하고 영지 관리에 집중할 수 있는 좋은 기회였다.

상대적으로 고립된 환경인 글렌레어에서 혼자 연구하는 데 익숙한 맥스웰이었지만, 활기차고 지적인 분위기의 케임브리지와 활발한 의견 교환의 장이었던 사도 모임을 떠나 학계의 변두리인 마리샬로 간 것은 일종의 퇴행처럼 느껴졌을 것이다. 맥스웰은 케임브리지에서처럼 동료 학자들과 수준 높은 의견을 나누며 재미난 농담을 즐길 수 있으리라 기대했지만, 막상 가 보니 마리샬의 교원들은 맥스웰보다 나이가 한참 위였다. 당시 대학에서 이렇게 젊은 교수를 임용하는 일이 그렇게 드물지는 않았음에도 불구하고, 확실히 마리샬에서는 전례 없는 일이었던 것 같다. 교원 중에 맥스웰과 가장 나이 차가 안 나는 사람이 40세였고, 마리샬의 학자들과 직원 전체의 평균 나이는 55세였다.

그렇다고 해서 새로 부임한 맥스웰이 환영받지 못했다는 것은 아니다. 오히려 그 반대였다. 그는 동료 교원들로부터 종종 식사 초대를 받았고 사람들과도 잘 어울렸던 것 같다. 그러나 어쨌든 케임브리지와는 완전히 다른 환경이었다. 맥스웰이 친구 루이스 캠벨에게 보낸 편지를 보면 이 새로운 환경이 어떠했는지 분명히 드러난다. "여기 사람들은 농담을 하나도 못 알아들어. 지난 두 달간 난 농담이라고는 한마디도 하지 않았고, 농담 비슷한 말이 나오려고 하면 억지로 혀를 깨물어야 했어."

그분 강의는 끔찍했어요

교수 초기 시절 맥스웰의 능력을 살펴보자면 무언가 뚜렷하게 양분되어 있었던 것 같다. 여러 위인들처럼, 예를 들어 뉴턴과 아인슈타인처럼 맥스웰도 교육자로서는 넘지 못할 한계가 있었다. 맥스웰의 무능력은 친구들 사이에서도 종종 언급되었고, 급기야 테이트는 맥스웰의 추도문에서도 이 얘기를 꺼냈다.

> 맥스웰의 사고는 그 자신도 통제할 수 없을 만큼 빨라서, 아주 수준 높은 학생이 아니면 그 강의를 제대로 알아듣는 사람이 없을 정도였습니다. 맥스웰이 쓴 책과 강의 노트는(항상 꼼꼼히 두 번씩 정서했습니다) 명료하고 간결하기가 완벽에 가까웠습니다. 그러나 그의 '즉흥' 강의는 청중의 짜증을 최고조로 돋우며 풍요롭고도 비범한 상상력을 보여 주었습니다.[2]

맥스웰이 애버딘에서 키운 제자들 중 최고의 학생이었던 데이비드 길David Gill[3]은 "그분의 강의는 정말 끔찍했다"고 말했다. 길의 말에 따르면, 맥스웰은 강의 노트를 아주 깔끔하게 정리했고 내용 구성도 훌륭했지만, 여러 가지 일화와 비유로 빠져 버려 학생들을 곧잘 표류하게 만들었다고 한다. 게다가 평생 동안 자주 보여 온 계

---

2 어찌 보면 꽤 짓궂은 비난처럼 보이겠지만, 맥스웰이 독창적인 사고 때문에 생각을 즉흥적으로 잘 전달하지 못했음을 지적한 테이트의 글은 분명 친구에 대한 애정 어린 평가였다.

3 데이비드 길은 애버딘 시절 맥스웰의 제자 중 유일하게 과학자가 된 학생이다. 길은 이후 희망봉의 왕실 천문학자를 거쳐 왕립 천문학회의 회장이 되었다.

산 실수도 학생들에게 도움이 되지 않았다. 이런 실수는 논문에서는 쉽게 수정할 수 있지만, 강의 중간에 튀어나오는 실수는 학생들 앞에 지적인 지뢰밭을 펼쳐 놓기 십상이었다.

하지만 애버딘에서 맥스웰의 강의를 들었던 학생들은 오늘날 대학의 물리학과 학생들과는 매우 달랐다는 점을 염두에 둘 필요가 있다. 이들은 과학 전문가가 아니었다. 4년제 대학의 커리큘럼에는 그리스어와 라틴어부터 철학과 논리학까지 모든 것이 포함되어 있었고, 물리학은 그중 한 과목이었을 뿐이다. 그래도 마리샬 칼리지의 학생들은 어느 정도 합당한 자질은 있었을 것이다. 마리샬은 당시 스코틀랜드 대학 중에서는 이례적으로 입학시험이 있었고, 등록금은 5파운드로 상대적으로 저렴한 편인 데다 장학금 지원이 많았다. 따라서 학생의 절반 정도는 경제적 혜택이 간절했던 노동자 계층 출신이었고, 각자의 능력으로 입학 허가를 받은 이들이었다.

3학년이 되자 약 50명의 학생이 자연과학 전공을 선택했다. 맥스웰은 첫 강의에서 학생들에게 사고방식의 전환을 강조했다.

이번 학기에는 자연철학을 연구할 것입니다. 앞으로 몇 달간 우리는 물질의 운동을 지배하는 법칙들을 하나씩 알아보게 됩니다. 다음 시간에 이 강의실에 다시 모일 때 여러분은 공간과 시간, 힘 사이의 관계에 관한 생각 외에 다른 것은 모두 마음에서 몰아내고 와야 합니다. 여러분이 이 전문적인 연구 과정에 대해 찬성을 하든 반대하든, 오늘은 여러분의 그런 의견을 자유롭게 펼치는 마지막 날이 될 것입니다. 왜냐하면 이 연구에 뛰어드는 그 순간부터 우리의 관심은 오로지 과학의 섭리 그 자체에 쏠리게 될 것이기 때문입니다. 그러므로 나는 여러분에게 이번 학기 동안 인간의 학문인 문헌학과 윤리학을 기꺼이 뒤로하고 물리학 연구에 전념할 준비가 되어 있는지 진지하게 묻겠습니다. 근본 물질을 연구하는 과학에서 사용되는 언어는 오로지 수학뿐이며, 유일한 법칙은 가장 견고한 논리가 가장 옳다는 것뿐이기 때문입니다.

맥스웰이 이렇게 유난스럽게 수학을 강조했던 것이(심지어 빈정대는 말투까지 사용하면서) 학생들이 그의 강의에 큰 관심을 보이지 않았던 이유로 작용했을 수도 있다. 또한 당시에는 과학 시간에 실험 실습을 거의 하지 않았는데, 맥스웰이 이런 관행 때문에 제약을 받았다는 점도 고려해야 한다. 오늘날에는 맥스웰을 이론물리학자라고 생각하는 경향이 있지만, 그는 평생에 걸쳐 실험에 전념했다. 그런 점을 감안하면 그가 첫 강의에서 다음과 같이 실험의 중요성을 강조한 것이 크게 놀랍지 않다.

이제 물리 법칙의 필연적 진실성, 즉 물리 법칙은 실험이 성립될 수 있는 한계 안에서만 진실인지, 아니면 실험과는 무관하게 진실인지에 대하여 나 자신은 어떻게 생각하고 있는지 말해 보겠습니다. 이 문제에 대하여 내가 내놓을 답에 과학의 기초를 다루는 모든 방법이 달려 있습니다.

나는 인간이 실험 없이 지성만으로 물리 체계를 엮을 수 있다고 믿지 않습니다. 인류가 그런 시도를 할 때마다 부자연스럽고 자기 모순적인 쓰레기 더미가 태어났습니다.[4] 실제로 이론을 세울 수 있는 기반이 존재하지 않는다면 방금 내가 경고한 안개 속에서 곧장 길을 잃게 되고 말 것입니다.

애버딘의 학생들에게 실험 실습 기회가 주어지지 않았다고 해서 맥스웰이 '칠판과 설명'으로만 강의해야 했다는 의미는 아니다. 시연은 이미 런던의 왕립연구소 같은 공공기관과 대학 물리학 강의의 과정으로 잘 정립되어 있었다. 게다가 마리샬의 실험실 창고에는 아주 최신식은 아니더라도 시연에 쓸 수 있는 장비들이 제법 제대로 갖추어져 있었다.

사람들 앞에서 발표하는 기술은 좀 부족해도, 맥스웰은 교수로서 꽤 평판이 좋았다. 강의 기술은 아직 미숙했지만 하나부터 열까지 뭐든 직접 다 하는 성미였고, 누구든 관심만 보인다면 과학에 대

---

4   어쩌면 현대 물리학에서도 맥스웰이 지적한 이런 상황이 펼쳐지고 있다고 주장하는 사람도 있겠다. 이론이 실험이나 관측의 뒷받침 없이 혼자 난폭하게 날뛰고 있는 오늘날의 현실을 생각해 보면 맞는 말 같기도 하다.

해 기꺼이 토론하곤 했다. 그를 끔찍한 선생님이라고 불렀던 데이비드 길조차도 맥스웰의 강의가 그의 인생에 큰 영향을 미쳤다고 말했다. 학생들도 질문만 적극적으로 하면 맥스웰의 강의가 꽤 들을 만하다는 것을 알게 되었다. 맥스웰은 자원한 4학년생들을 대상으로 고급 물리 수업을 개설하기도 했다. 이 수업은 대학 정규 과정에는 포함되지 않았으며, 뉴턴의 운동 법칙, 전기와 자기처럼 일반 학생들에게는 전문적인 주제를 주로 다루었다. 당시 애버딘 대학에서는 학위를 수여하지 않는데, 맥스웰은 현대의 물리학 학사 과정에 상응하는 내용을 가르쳤다.

고리의 제왕

맥스웰은 마리샬 칼리지 재직 중에 케임브리지 세인트존스 칼리지에서 시행하는 애덤스 상Adams Prize 과제에 도전하여 고난도 문제를 해결하는 능력을 과시했다. 애덤스 상은 존 쿠치 애덤스John Couch Adams의 명예를 기리며 제정된 다소 기묘한 경쟁이다(지금도 시행되고 있다). 애덤스는 해왕성의 존재를 암시하는 상당한 규모의 데이터를 얻었지만, 불행히도 사람들은 그의 관측을 무시했고, 해왕성 발견의 영예는 공동 발견자인 프랑스인 르베리에Le Verrier에게 넘겨주게 되었다.

애덤스 상은 원칙적으로는 수학이나 천문학, 자연철학 문제를 주제로 할 수 있었지만, 초기에는 천문학 주제가 지배적이었다. 주제 선정 책임자인 조지 에어리와 제임스 챌리스가 모두 천문학자였으니 아주 놀라운 일도 아니었다. 도전 과제를 해결하려면 풀어야 할 문제가 꽤 많아서 경쟁이 그렇게 치열한 편은 아니었다. 맥스웰은 1855년에 이 상에 도전해 1856년 말에 결과물을 제출했고, 최종 심사 결과는 1857년에 발표되었다. 이때가 애덤스 상이 제정된 후 네 번째 대회였는데, 이전 3년 동안 두 번은 도전자가 한 명이었고, 마지막 한 번은 도전자가 아예 없었다.

1855년 주제는 토성 고리였다. 맥스웰은 앞에서도 말했듯이 애버딘으로 오기 전 여름방학 때부터 이미 이 문제를 고민하기 시작했다. 그 옛날 갈릴레오는 직접 제작한 엉성한 망원경으로 토성을 관찰하다가 무언가 기이한 것을 발견했다. 그는 자신이 본 것이 서로의 힘에 속박된 세 개의 별이라고 가정하고, 손잡이가 달린 솥단지처럼 토성을 그려 놓았다. 이러한 갈릴레오의 발견 이후로 토성 고리는 줄곧 미스터리였다. 분명히 태양계 안에서는 비슷한 예를 찾기 힘든 독특한 구조였으며(오늘날에는 다른 거대 기체 행성들도 고리가 있다는 사실이 알려져 있다. 다만 토성만큼 화려하지는 않다), 자연법칙을 거스르는 것처럼 보였다.

도전 과제는 다음과 같았다.

이 문제는 여러 가지 가정에 기반해 다루어야 한다. 먼저, 토성 고리 체계는 정확히 또는 매우 근사적으로 토성과 동심 구조이며, 토성 적도면에 대칭적으로 배치되어 있다고 가정한다. 고리의 물리적 구성에 대해서는 다음과 같이 다양한 가설을 세울 수 있다. (1) 고리는 강체다. (2) 고리는 유체이거나 기체의 일부다. (3) 고리는 상호 일관되지 않은 물질의 덩어리로 구성된다. 과제는, 이러한 각각의 가설에서 고리가 물리적 안정성을 가질 조건이 행성과 고리의 상호 인력 그리고 고리의 운동에 의해 충족되는지를 확인하는 것이다.

위의 가설 중 밝은 고리와 최근 발견된 어두운 고리의 외양을 가장 만족스럽게 설명하는 가설은 무엇인지 결정하는 것도 바람직하다. 또한 최근의 관찰과 이전의 관찰을 비교하여, 추정되는 형태 변화가 발생한 모든 원인을 짚어 내도 좋겠다.

토성 고리만 따로 떼어 다루는 문제는 맥스웰이 관심을 갖기엔 좀 특이한 주제였다. 맥스웰은 물리학 전반에 두루 관심을 보였지만, 천문학에 관해서라면 어린 시절 가로등이 거의 없어 별 관찰에 최적의 환경이던 글렌레어에서 찬란한 밤하늘을 감상하는 것 말고는 특별히 열의를 보이지 않았다. 과학자로 살아온 이후에도 마찬가지였다. 그가 토성 고리 문제에 몰두한 것은 주요 연구 주제였던 색과 기체, 전자기 연구와 같은 수준의 관심이 아니라, 퍼즐 풀이처럼 단순히 도전을 받아들여 경쟁에 참여한다는 마음이었을 것이

다. 게다가 문제를 풀기만 하면 엄청난 상이 따라오는 것도 매력적
이었을 것이다.

맥스웰은 토성 고리 문제에 자신의 수학적 전문성을 적극 활용
했다. 이 기이한 문제에는 이전에도 수많은 위인들이 도전했었다.
토성 고리를 고리로서 처음 인식했던 네덜란드의 과학자 크리스티
안 하위헌스Christiaan Huygens는 이 고리가 단일한 고체 평면 구조일
것으로 추정했다. 그러나 망원경이 발달하고 높은 분해능으로 고
리를 자세히 들여다볼 수 있게 되면서 하나가 아닌 여러 개의 고리
가 행성 주위를 감고 있음이 밝혀졌다. 애덤스 상 문제에도 나오는
'어두운 고리', 즉 둘로 나뉜 고리 사이의 틈새처럼 보였던 어두운
띠는 1675년 이탈리아의 천문학자 조반니 카시니Giovanni Cassini가
처음 발견했지만, 엄밀히 말하면 이 띠는 어두운색을 띤 고리의 일
부일 수도 있었다.

1787년에 프랑스의 수학자 피에르 시몽 라플라스Pierre Simon La-
place는 구조적으로 볼 때 고리가 연속적이며 대칭적인 고체 구조일
수 없음을 수학적으로 증명했다. 어지간히 강한 물질이 아니면 중
력을 견디지 못하고 산산이 흩어졌을 것이기 때문이었다. 맥스웰
도 풀이에서 지적했지만, 예를 들어 철의 경우 중력을 받으면 단순
히 가소성을 띨 뿐 아니라 부분적으로 액화되기도 한다. 고리가 회
전 운동을 통해 고리를 분리하려는 중력에 일부 대응할 수 있다고
해도, 그 형태를 지키려면 고리의 안쪽 부분이 바깥쪽보다 빠르게

움직여야 한다. 따라서 단일한 고체 고리라는 설정과는 전혀 맞지 않는다.

이에 대하여 라플라스는 고체 고리 내부의 질량 분포가 불균등하다면 안정적일 수 있다고 제안했다. 그러나 라플라스가 옳다고 해도, 안정성을 유지할 수 있는 유일한 구조는 질량의 80퍼센트가 한 점에 집중되어 있는 구조다. 다시 말해 마치 거대한 다이아몬드가 박힌 결혼반지 같은 모양이어야 한다. 이 내용은 맥스웰이 애덤스 상에 도전하면서 증명해 낸 것이었다. 물질이 이 정도로 불균등하게 분포되어 있다면 당시의 어설픈 망원경으로도 분명히 관측되었을 것이다. 그러나 관측 결과는 이렇지 않았다.

맥스웰은 다음 단계로 고리가 고체처럼 보이지만 실제로는 액체 띠이며, 행성을 둘러싸고 있는 일종의 우주 강 같은 것일 가능성을 따져 보았다. 그는 한층 더 복잡한 유체역학의 수학으로 들어가면서 친구인 루이스 캠벨에게 편지를 썼다.

계속 토성을 공격하다가 가끔씩 업무로 다시 돌아오곤 해. 토성의 고체 고리에 침입해 돌파구를 여러 개 뚫었고, 지금은 유체 고리 안에서 첨벙대는 중이야. 주위엔 온통 경악스러운 수학 기호들이 날아다니며 서로 격돌하고 있고.[5]

---

5 맥스웰이 만든 멋진 말장난이다.

여기에서 맥스웰은 수백 년 동안 임시방편으로 사용되다 19세기가 되어서야 보편적으로 활용되기 시작한 수학적 도구, 푸리에 해석을 활용하고 있다. 푸리에 해석은 프랑스의 수학자 조제프 푸리에Joseph Fourier의 이름을 딴 것이다. 푸리에는 1807년에 쓴 고체를 통한 열전달에 관한 논문에서, 임의의 연속 함수는(모양이 아무리 이상하더라도 실질적으로 연속된 그래프로 표현될 수 있다면 모두 해당된다) 단순하고 규칙적으로 반복되는 형태, 예를 들면 사인파 같은 형태로 분해될 수 있음을 보였다.

도저히 안 될 것 같은 함수, 예를 들어 사각파 같은 '덜커덕거리는' 함수도, 그것을 정확히 구성하는 구성 요소들을 무한하게 사용할 수만 있다면 반복 형태로 분해될 수 있다(그림 2 참고).

현대의 물리학자들과 엔지니어들은 푸리에 해석을 당연한 도구로서 활용하지만, 맥스웰 시대에는 대단히 참신한 신기술이었다. 맥스웰은 푸리에 해석을 이용해 고리에 어떤 교란이 있을 경우(토성의 위성과 목성 위성의 중력으로 인해 교란은 필연적으로 발생한다) 파동이 결합되는 방식 때문에 유체는 우리가 보는 매끄러운 고리처럼 연속적으로 존재할 수 없음을 증명했다. 이 경우 고리는 안정적인 구조가 될 수 없으며, 액체 또는 기체는 거대한 방울 형태로 뭉치게 된다. 다시 말해 고리가 유체라면, 토성은 결국 방울로 뭉쳐진 위성들을 거느리게 될 것이다.

이렇게 고체도 유체도 배제하고 나자, 토성 고리는 엄청나게 많

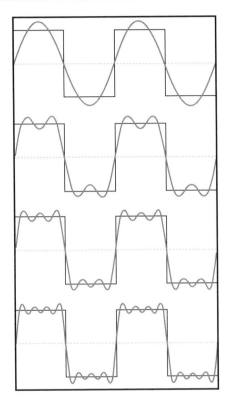

그림 2. 단순 파동들이 더 많이 더해질수록, 결과는 점점 더 사각파에 가까워진다.

은 작은 입자들이 모여 형성된 것이라고 추론할 수밖에 없었다. 입자들은 중력에 의해 각자의 자리를 잡고 있다. 그러나 지구와 토성 사이의 거리가 멀어서 우리는 그 입자들을 개별적으로 구분하지 못하는 것이다. 이 같은 맥스웰의 분석은 세월의 검증을 이겨 냈다.

그는 같은 궤도 위에 있는 작은 위성들의 변위를 수학으로 탐구해, 교란으로 생긴 파동이 어떻게 고리를 깨뜨리지 않고 전파되는지도 설명해 냈다.

맥스웰이 내린 결론은 이렇다. "그러므로 역학 이론의 최종 결과는 이러하다. 고리가 고리로서 존재할 수 있는 유일한 체계는 개수가 무한정인[6] 입자들이 서로 연결되지 않은 상태로 행성으로부터 각자의 거리만큼 떨어져 각자의 속도로 행성 주위를 회전하고 있다는 것이다." 이 결론은 단 하나의 안정적인 구조일 뿐 아니라 과제의 두 번째 질문, 즉 다중 고리 구조를 합리적으로 설명할 유일한 결론이기도 했다.

맥스웰의 에세이는 'E pur si muove(에 푸르 시 무오베)'라는 말로 시작한다. 이 말은 갈릴레오가 이단 재판에서 자신의 견해를 철회한 후 재판정을 나오면서 혼잣말로 중얼거렸다고 알려져 있지만 확인된 사실은 아니다. 이 말은 '그래도 지구는 돈다'는 뜻이고, 에세이의 주제와 관련하여 볼 때 조금은 이상한 선택처럼 보인다. 이 대회의 참가자들은 자신의 좌우명으로 에세이의 첫 문장을 시작해야 했다. 심사에서 익명성을 보장하기 위해 이 좌우명과 참가자의 이름을 별도의 문서로 따로 기록해 사용했기 때문이다. 맥스웰이

---

6 '무한정(indefinite number)'은 가끔 '무한(infinity)'과 구분되지 않은 채 쓰이기도 한다. 그러나 무한은 수가 아니라는 지적은 둘째치더라도, 맥스웰이 입자들의 무한 집합이 존재한다고 생각한 건 절대 아니다.

이 문구를 선택한 것은 갈릴레오가 토성 고리를 발견한 것을 기리기 위한 것이었을 수도 있다(적어도 토성에 뭔가 이상한 게 있다는 걸 처음 눈치챈 사람이 갈릴레오니까).

하지만 어쩌다 보니 이 좌우명은 딱히 쓸모없는 것이 되었다. 맥스웰은 그해의 유일한 지원자였고 당연히 상을 받았다. 왕립 천문학자 조지 에어리는 맥스웰의 에세이를 두고 "물리학에서 수학을 적용한 사례 중 가장 주목할 만한 응용"이라고 평했다. 맥스웰은 이 에세이에서 멈추지 않고, 심사위원단의 피드백을 참작하여 이후 몇 년간 관련 내용을 계속해서 연구했다. 애버딘의 도구 제작자 존 라미지에게 모형 제작을 의뢰해, 토성 고리가 36개의 위성으로 구성되었다면 파동이 어떻게 전파되는지를 실험하기도 했다(이 위성들은 상아로 제작했다). 실제 토성 고리는 이보다 더 많은 입자들로 이루어져 있겠지만, 이렇게 제작한 모형으로도 파동이 빠른 속도로 계를 통과해 전파해 나가는 과정을 시연할 수 있었다. 이는 연구의 최종 버전을 발표하기 한참 전의 일이었다.

맥스웰의 출품작은 인상적이긴 하지만 내용 면에서 보면 응용 범위가 조금 제한적인 연구 같기도 하다. 토성 고리의 동역학은 다소 일회성 응용처럼 보인다. 그러나 그가 생애 전반에 걸쳐 내놓은 수많은 아이디어들과 마찬가지로, 이 아이디어 역시 첫 응용을 훨씬 뛰어넘는 파급 효과를 일으켰다. 우리 태양계와 같은 행성계의 형성 과정은 매우 복잡한 문제라 완전한 합의가 이루어지지 않았지만, 현재까지 인정받는 최고의 이론은 기체와 먼지로 이루어진 원반이 쌓여 생성되었다는 내용을 바탕으로 한다. 이 이론은 맥스웰의 토성 고리 연구에 큰 빚을 졌다. 이에 대해 현대의 과학자들은 토성의 C고리에 난 틈을 '맥스웰 간극'이라고 명명하여 맥스웰의 공헌을 작게나마 기념하고 있다.

이후로도 맥스웰은 수학과 물리학의 (당시로서는) 특이한 결합으로 동시대인들을 놀라게 했다. 그전까지 물리학은 대체로 설명 중심의 학문이었지만, 맥스웰 이후로 수학이 물리학의 발전을 주도하기 시작했다. 그런 의미에서 맥스웰은 현대 물리학을 정립한 가장 의미 있는 인물이라고 주장할 만하다. 물론 그 이전의 물리학자들이 수학을 무시했던 것은 아니어서, 뉴턴도 중력을 연구하기 위해 미적분학을 고안했다. 그러나 맥스웰은 단순히 수학으로 관측 내용을 설명하는 데 그치지 않고 그 자체로 생명력을 지닌 수학 모형을 구축하기에 이르렀다.

애버딘에서의 생활

맥스웰은 대학에서 학생들을 가르치는 일에만 만족하지 않았다. 그는 케임브리지에서 노동자 대학 개설에 적극적으로 참여했던 것처럼 애버딘의 야간 대학인 과학인문대학에서도 야간 강의를 했다. 이곳은 낮에 일하느라 학교에 다니지 못하는 노동자와 상인들을 교육하는 기관이었다. 앞서 케임브리지의 경우와 마찬가지로, 이런 유료 야간 교육은 종종 기술자 학교를 중심으로 이루어졌다. 기술자 학교는 19세기에 성행하던 제도로, 수많은 이들이 이 제도의 혜택에 힘입어 스스로를 성장시킬 수 있었다. 학생들 대개는 오전 6시부터 12시간 동안 일을 하는 사람들이었는데, 11월부터 4월까지 5개월에 걸쳐 8실링[7]을 내고 24개 강좌를 수강했다. 과학인 문대학에는 맥스웰이 강의에 활용할 수 있는 시설이 없었지만(그래도 기술자 학교의 도서실은 이용할 수 있었다), 마리샬 칼리지의 시설을 사용해 강의를 할 수 있도록 허락을 받았다.

　이 정도면 맥스웰이 일 중독자처럼 보이겠지만, 그 와중에 사교 활동에도 열심이었고 작문도 평생의 취미로 즐겼다. 맥스웰과 친했던 윌리엄 톰슨은 1857년에 영국과 미국 사이에 대서양 횡단 전신 케이블을 부설하는 일에 참여했다. 맥스웰은 루이스 캠벨에게 보내는 편지에서, 톰슨에게 토성 고리에 대한 "어마어마하게 긴 이야기"를 보냈지만 정작 톰슨은 "미국으로 가는 전신 케이블을 설치하느라" 바쁘더라고 썼다. 그런데 작업 중에 그 케이블이 끊어졌다. 맥스웰은, 톰슨이 엔지니어들에게 과학을 강제적으로 주입시켰고, 엔지니어들은 (아마도) 톰슨의 조언을 따르지 않고 선을 끊어 먹었나 보다고 놀렸다.

7　40펜스와 같은 액수다. 현대의 통화로는 약 36파운드이며 임금 수준에 맞춰 보면 약 285파운드에 달한다.

이 편지에서 맥스웰은 "글래스고로 가는 철길 위에서 문득 떠오른" 노래 가사를 적고 있다. 그는 "쓸데없는 반복"을 피하기 위해 "(U)='저 바다 아래'"로 정의하고, "논리의 홀짝성parity에 따라 2(U)는 이 뜻을 두 번 반복함을 의미한다"고 썼다. 〈대서양 전신 회사의 노래〉의 첫 두 문단은 다음과 같이 되어 있다. (어찌 보면 디즈니 영화 〈인어공주〉의 '저 바다 밑'을 앞서서 패러디한 것 같기도 하다.)

2(U)

전신은 어떻게 나에게 오는 걸까.

2(U)

신호가 온다.

꼬리를 펄럭, 펄럭, 펄럭 치며

전신 바늘이 마음껏 진동하고,

그 진동들이 나에게 말한다.

전신 케이블을 따라

성큼, 성큼, 성큼 다가왔다고.

2(U)

작은 신호 하나조차 오지 않는다.

2(U)

무언가 잘못되었다.

전선이 뚝, 뚝, 뚝, 끊어졌다.

뭐가 그랬는지는 몰라도

탁, 탁, 탁, 일격을 가해

끊어 먹은 걸까.

아니면 양쪽에서 너무 세게

잡아당긴 걸까.

토성 문제가 꽤 흥미진진한 오락거리였어도, 맥스웰은 케임브리지에서 시작했던 색각 연구를 중단하지 않았다. 색 팽이는 다양한 색의 혼합 효과를 보기엔 유용했지만 색 배합 방식이 다소 조잡했다. 그는 마이클 패러데이의 열정적인 편지를 받고 이에 고무되어 계속해서 색 팽이 논문을 썼다. 패러데이는 맥스웰로부터 색 팽이와 힘선에 관한 논문을 받아 보고 이렇게 답장을 썼다.

방금 군의 논문을 읽어 보았으며, 이에 마음 깊이 감사를 전합니다. 보답으로 내 논문 두 편의 사본도 보내려 합니다. 지난번에 보냈던 것 같은데 제대로 갔는지 확인이 안 되어서 다시 보냅니다. 내 논문이 군의 관심을 차지할 자격이 있어서가 아니라, 군에 대한 나의 존경의 표시로서, 내가 할 수 있는 최고의 감사 인사를 전하기 위해서입니다.

　자신의 과학 영웅에게 이런 편지를 받았으니, 맥스웰도 분명 전율을 느꼈을 것이다.

　그러나 애버딘에서는 색 팽이 외에도 할 일이 많았다. 맥스웰은 다시 한번 도구 제작자 존 라미지의 도움을 받아 '빛 상자'를 제작했다. 이 상자 안에서는 폭을 조절할 수 있는 슬릿으로 원색의 빛 각각의 양을 조절할 수 있었다. 이렇게 분리된 빛줄기를 직사각형 상자로 보내고, 상자에서 렌즈로 초점을 맞춰 색을 혼합할 수 있었다.

　이 연구는 단순히 빛의 행동을 관찰하는 수준에 그치지 않았다. 맥스웰은 이 연구를 통해 색각의 특징, 특히 색맹의 원인을 계속해서 탐구했다. 그는 1860년에 색각 연구로 왕립학회의 럼퍼드 메달 Rumford Medal을 수상했고, 애버딘을 떠나 런던에 가서도 빛 상자로 계속 연구를 수행했다.

　토성 연구와 색 연구로 얻은 결과는 맥스웰에게는 소소하지만 값진 성과였다. 그러나 이 두 주제가 애버딘에서 맥스웰이 수행한 가장 의미 있는 연구는 아니었으며, 어떤 의미에서는 재미있는 기분 전환 정도로 볼 수도 있다. 그의 본격적인 업적은 1859년에 시작된 기체 동역학으로 평가된다. 맥스웰은 20세기 이후에는 전자기 분야에서 거둔 성과로 이름을 알리게 되지만,[8] 그가 세상을 떠

8　한번은 물리학자 루돌프 파이얼스(Rudolf Peierls)가 이런 말을 한 적이 있다.
　"누가 한밤중에 잠든 물리학자를 깨워서 '맥스웰?'이라고 말하면, 그는 분명히 '전자기장!'이라고 대꾸할 것이다."

날 당시에는 기체 연구에 업적을 남긴 과학자로 유명했다. 그 당시 사람들에게 전자기 이론은 이해하기가 쉽지 않았기 때문이다.

에 푸르 시 무오베

'기체 동역학kinetic theory of gases'이라는 용어는 오해를 일으킨다. 이 이론은 열 그리고 물질의 성질을 설명하는 이론이다. 이 이론을 기체의 통계 이론이라고 불렀다면 의미 면에서는 더 정확했을 것이다. 단순히 이론의 중심에 통계가 있기 때문만이 아니라, 이 이론을 기점으로 통계가 과학의 근본으로 자리 잡게 되기 때문이다. 그러나 당시 '동역학kinetic'은 '정역학static'과 구분되는 개념으로 자주 사용되었다. 이 '정역학' 이론은, 오늘날 알려진 것처럼 분자들이 쌩쌩 돌아다니며 서로 충돌하는 대신, 분자들은 가만히 멈춰 있는 상태에서 반발력으로 서로를 밀어 내며 그런 상호 반발로 인해 기압이 생성된다고 가정하는 것이었다.

통계는 원래는 한 나라에 관한 데이터를 일컫는 용어였다. 나라(state)의 상태를 서술한다는 뜻에서 그런 이름(statistics)이 붙었다. 그러나 18세기 무렵 새롭게 유행하던 확률 이론이 점진적으로 편입되면서, 구성 요소들의 행동을 바탕으로 전체 계의 행동을 예측하는 메커니즘을 가리키는 말로 의미가 변형되었다.[9] 기체는 이런 접근법의 응용으로 가장 이상적이었다. 그전까지 기체는 구성 성분들이 서로 반발해 공간을 가득 채우는 퍼지fuzzy 탄성 매질로 간주되었다. 그러나 독일의 물리학자 루돌프 클라우지우스는 기체를 새로운 관점으로 바라보기 시작했다. 그는 무작위로 날아다니며 서로 충돌하는 어마어마한 수의 물체들이 일으키는 상호작용의 결과로 기체의 행동을 설명했다. 이런 행동을 다룰 방법은 통계뿐이었다.

통계가 어려워지는 이유는 개별성[10] 또는 혼돈계chaotic system 때문이다. 수학에서 혼돈계란 서로에게 고도의 영향을 끼치는 상호작용으로 인해서, 초기에 발생한 미세한 차이가 시간이 감에 따라 예측할 수 없는 거대한 변동으로 이어지는 계를 말한다. 그런데 기체의 구성 성분은 개별적인 '개성personalities' 없이 모두 똑같은 행동을 한다. 게다가 기체의 행동에 영향을 미치는 요소도 온도와 밀도 정도밖에 없어서 통계 분석에 매우 이상적이다.

18세기에 수학자 다니엘 베르누이Daniel Bernoulli는 통계 이론을 기체에 최초로 적용했고, 맥스웰 시대에 원자의 존재를 믿었던 사람들은 기체의 여러 행동을 통계 기반으로 이해했다. 기체 분자 하

---

9   현대적 의미의 통계는 1660년대에 런던의 단추 제작자인 존 그런트(John Graunt)에 의해 실용화되었고, 17세기 말 커피하우스에서 발전해 보험 사업의 바탕이 되었다.

10   바로 이것 때문에 21세기 여론 조사원들이 정치적 사건의 결과를 예측할 때 그렇게 고생을 하는 것이다. 예전에는 유권자들이 예측이 가능한 거대 집단으로 행동하는 경향을 보였지만, 요즘은 더 개별적으로 행동하거나 더 복잡한 집단으로서 움직이는 경향이 있다.

나가 어떤 행동을 할지는 알 수 없다. 그러나 방 안에 수십억 개의 분자가 들어 있다고 하면, 그 분자들의 행동을 평균적으로 예측할 수는 있다. 그리고 그런 운동이 열과 관계가 있음을 사람들은 서서히 깨닫기 시작했다.

맥스웰 이전에 열의 본질을 설명하려는 이론이 몇 가지 있었다. 그중 하나는 앞에서도 얘기한 열소 이론으로, 보이지 않는 유체인 '열소'가 이 물체에서 저 물체로 이동할 수 있다는 식으로 서술하는 이론이었다. 열기관과 에너지 보존에 관한 초창기 연구들은 대부분 열소 이론을 바탕으로 진행되었다. 그러나 기체의 온도와 압력 사이의 관계를 깊이 파고들면서―그리고 기체 분자가 용기에 부딪히는 충격이 압력이 아닐까 의심하게 되면서―물리학자들은 열소가 오히려 상황을 복잡하게 만드는 불필요한 가정이라고 생각하기 시작했다. 실제로 우리가 측정하는 것은 물질을 구성하는 분자들의 진동 에너지이기 때문이다.

이 새로운 '열역학' 이론의 개발자들, 특히 클라우지우스와 맥스웰의 친구인 윌리엄 톰슨은 온도가 분자 에너지의 통계적 척도라는 의견을 내놓았다. 전반적으로 분자가 빠르게 움직일수록 기체의 온도는 더 높아진다. 압력은 기체 분자가 용기 벽을 때리는 충격이 반영된 것이다. 그러나 아직 통계로 설명되지 않는 기체의 행동 한 가지가 있었으니, 바로 냄새가 퍼지는 속도였다(이 수치 접근법 개발은 맥스웰의 몫이 되었다).

어떤 물질이 향기든 악취든 공기 중에 냄새를 풍길 때 물질로부터 멀찍이 떨어진 사람이 그 냄새를 맡기까지는 시간이 좀 걸린다. 그러나 실온인 경우 공기 중 기체 분자는 1초에 약 수백 미터를 날아가야 한다. 그렇다면 왜 냄새는 곧장 도달하지 않을까? 클라우지우스는 냄새 분자가 물질로부터 사람의 코까지 날아올 때 자유롭고 편안하게 날아오지 않는다는 점을 지적했다. 분자가 날아오는 그 경로에는 어마어마한 수의 공기 분자가 도사리고 있다. 냄새 분자가 방을 가로질러 날아오는 것은 이를테면 놀이공원의 범퍼카가 가운데를 반듯하게 가로질러 가려는 것과 비슷하다. 아무리 똑바로 가려 해도, 그렇게 가다 보면 곧 다른 범퍼카와 부딪치고 만다. 마찬가지로 냄새 분자들도 날아오다 보면 다른 분자와 반드시 충돌하게 되고, 충돌 때마다 경로가 바뀌어 모든 방향으로 퍼져 나가면서 진행 속도가 늦춰진다.

지금 막 내린 커피 주전자에서 단 하나의 냄새 분자가 출발해 부엌 전체로 퍼져 나가는 것을 상상해 보자. 날아가는 길에 장애물이 없다면, 냄새 분자는 몇 분의 1초 만에 수 미터를 이동할 수 있다. 그러나 실제 분자는 날아가는 동안 무수히 많은 충돌과 방향 전환을 경험하게 되고, 이로 인해 아침 식사를 기다리는 사람의 코에 도달하기까지 이동 거리는 수 킬로미터에 이른다. 클라우지우스는 이 모형에서 분자가 충돌하고 다시 충돌하기까지 이동하는 평균 거리가 존재할 것으로 추론했지만(이를 '평균 자유 거리'라고 한다), 이

거리를 계산할 수는 없었다. 만일 이 값을 계산할 수 있었다면 분자의 실제 크기에 대한 대략적인 감을 잡을 수 있었을 것이다.

맥스웰은 클라우지우스의 아이디어에 영감을 받았지만, 그가 세운 가정은 싫어했다. 클라우지우스는 조건을 단순하게 하기 위해 특정 온도에서 모든 분자가 같은 속도로 움직인다고 가정하는 것은 허용할 수 있다고 보았다. 이렇게 하면 확실히 수학은 쉬워진다. 그러나 그 대가로 이론의 핵심적인 통계적 요소가 사라져 완전히 비현실적인 결과가 나온다.

온도는 개별 분자의 속도(즉 운동에너지)가 아니라 전체 분자 집단의 '평균' 속도에 따라 달라진다. 갓 내린 커피 주전자가 있는 부엌을 다시 한번 생각해 보자. 공기 분자 중 일부는 뜨거운 스토브나 태양열에 달궈진 창틀에 접촉할 때 특히 빠르게 움직일 것이다. 또 어떤 분자는 차가운 물질과 닿아서 에너지를 내주고 속도가 느려질 것이다. 그렇다면 분자들의 평균을 구성하는 다양한 속도와 에너지의 전체적인 분포가 있을 것이다. 수치 해석을 위해서는 이 다양한 확률을 반드시 이해해야 했다.

통계가 우리를 구원하리라

맥스웰은 통계를 앞세운 완전히 새로운 접근법으로 기체의 행동을 설명하고자 했다. 그의 세대는 통계를 현명하게 활용할 수 있는 첫 번째 세대였다. 확률 이론은 맥스웰이 학부생일 때 비로소 대학에 소개되기 시작했다. 운이 작용하는 게임[11]과 보험료 산정에 국한되어 쓰이던 기술이 물리학에서 가치 있는 도구로 서서히 자리를 잡아 가고 있었다. 예를 들어 맥스웰 아버지의 친구인 에든버러 대학교 교수 제임스 포브스는 망원경으로 볼 때 매우 가까이 있는 두 별이 쌍성계를 이룬 것인지, 아니면 대략 같은 방향에 있는 두 별이 지구에서 볼 때 가까이 있는 것처럼 보인 것인지를 판별할 때 확률 이론을 사용하기도 했다.

또한 맥스웰이 기체의 '동역학' 이론을 개발할 때 사용했던 실험 데이터 일부는 당시 저명한 물리학자이자 수학과의 루카스 석좌교수(이 자리는 뉴턴과 스티븐 호킹도 거쳐간 자리다)로서 케임브리지 시절 맥스웰의 친구였던 조지 스토크스George Stokes가 구한 것이었다. 맥스웰은 이렇게 기록을 남겼다.

스토크스 교수의 공기 마찰 실험에서, 입자가 충돌과 충돌 사이에 이동하는 거리는 약 1/447,000인치이며 평균 속도는 약 초속 1,505 피트인 것 같다. 따라서 입자는 초당 8,077,200,000회 충돌한다.

---

11 특이한 사실 하나. 확률이 처음 고안된 것은 어떻게 하면 내기와 운 게임을 잘할 수 있는지 이해하기 위해서였다. 따라서 초창기에는 사악하고 더러운 기술로 간주되었다. 물론 우리 악마들의 관점에서 보면 확률은 그래서 매력적이다.

오늘날 기체 안에 있는 분자들의 속도 분포를 '맥스웰 분포'라고 한다. 주어진 특정 온도에서 분자의 속도 분포를 구하는 그의 수학적 해법은 오늘날에도 여전히 쓰인다. 이것은 1860년에 출판될 논문 두 편의 출발점이 되었다. 이 논문들은 기체의 압력, 열전도의 기본 원리, 분자의 관점에서 본 점도viscosity, 그리고 다양한 물질 안에서 기체의 확산까지, 기체에 관한 모든 것을 다루고 있다.

특히 점도에 관한 결론은 놀라운 결과로 이어졌다. 점도는 물체가 유체를 통과해 이동할 때 유체가 물체에 가하는 항력의 크기를 뜻한다.[12] 점도가 높을수록 기체(또는 액체)로 인해 물체의 운동에 저항이 더 많이 가해진다. 따라서 기체의 점도는 기체의 압력과 함께 증가한다고 여겨졌다. 기체가 용기를 많이 눌러 압력이 높아지듯이, 기체를 통과하려는 물체를 더 많이 밀어내 속도가 느려질 것이라는 가설은 합리적으로 보인다.

그러나 맥스웰의 이론에 따르면 점도는 압력과 무관해야 했다. 물론 압력이 더 높으면 물체의 진행 경로에 분자들이 더 많이 있을 것이다(공으로 가득 찬 볼풀을 통과할 때와 공이 몇 개 없는 볼풀을 통과할 때의 차이를 상상해 보라). 그러나 운동에 저항을 가하는 이 분자들도 자체적으로 운동하고 있다. 맥스웰의 계산을 보면, 분자가 다른 분자와 부딪치지 않고 경로를 피해 가는 정도는 특정 부피 안에 존재

---

12 좀 더 쉽게 말하자면 유체가 얼마나 질척거리는지를 나타내는 값이라고 생각할 수 있다.

하는 다른 분자들의 양으로 인한 효과와 정확히 상쇄된다. 몇 년 후에 맥스웰은 이 내용을 실험으로도 증명해 보였다.

맥스웰의 기체 이론은 물리학에서 그가 이룬 최초의 위대한 공헌이었다. 심지어 당시 사람들은 이 기체 이론을 그의 걸작인 전자기 이론보다 더 중요하게 여겼다. 확실히 그 당시에 이 이론은 맥스웰의 트레이드마크 같은 것이었다. 몇 년 후 런던 왕립연구소 강연에 참석했다가 강연 후 군중 속에 끼어 회장을 나가지 못하고 있는 맥스웰을 보고, 마이클 패러데이는 이런 말을 했다고 한다. "호, 맥스웰, 나갈 수가 없나요? 군중 속에서 길을 찾을 사람이 있다면 그건 바로 자네일 텐데." 패러데이도 분자 경로에 대한 맥스웰의 전문성을 분명히 인식하고 있었던 것이다.

맥스웰의 분석 결과가 완벽한 건 아니었다. 맥스웰은 여러 가지 가정을 세우면서 적어도 한 가지 기술적 오류를 범했고 클라우지우스의 지적을 받았다. 그리고 평생에 걸쳐 그를 괴롭혔던 계산 실수도 연구에 걸림돌이 되었다. 독일의 물리학자 구스타프 키르히호프Gustav Kirchhoff는 훗날 이렇게 말했다. "그는 천재다. 그러나 그의 계산을 인정하기 전에 반드시 검산을 해 보아야 한다." 그러나 맥스웰은 그때 분자를 가지고 하고 싶은 건 다 해 보았던 것 같다. 그는 다시 동역학 이론으로 돌아가려 했지만, 몇 년 동안은 그럴 수 없었다.

새로운 가족

맥스웰이 하던 연구는 당연히 마리샬 칼리지의 총장인 대니얼 듀어[13] 목사의 눈에 띄게 되었다. 가난한 가정에서 태어난 듀어는 그야말로 입지전적인 인물이었다. 어린 듀어는 맹인 바이올린 연주자였던 아버지의 안내인이자 짐꾼으로, 아버지와 함께 스코틀랜드 전역을 돌면서 길거리 공연의 수금원 노릇을 하며 어린 시절을 보냈다. 그러던 중 무슨 이유에서인지 어느 부자 후원자가 그의 가능성을 눈여겨보았고, 듀어는 후원자로부터 학비를 지원받아 사립학교에 입학할 수 있었다.

듀어는 스코틀랜드 교회의 성직자가 되었다. 킹스 칼리지와 관련이 있었던 애버딘의 그레이프라이어스 교회 목사로 임명되고 얼마 후에는 자연스럽게 대학의 눈에 띄어 도덕철학 교수로 선출되었다. 그러나 불행히도 성직자로서 점점 높은 명성을 얻으며 유명인사가 되자 대학 관계자들은 이런 그의 명성이 점잖아야 할 교수와는 어울리지 않는다고 생각했다. 듀어가 성직에서 물러날 뜻이 없음을 밝히자 대학은 그를 파면시켰다. 그는 글래스고로 이사했고, 그곳에서 그 이름도 흥미로운 트론 교회[14]를 담당하게 되었다.

트론 교회의 목사로 지내던 1832년, 듀어는 마리샬 칼리지의 총

---

13 맥스웰과 동시대를 살았던 스코틀랜드의 물리학자 제임스 듀어와 혼동하지 말자. 물리학자 제임스 듀어는 낮은 온도의 기체를 연구했고, 기체를 차갑게 유지하는 진공 플라스크 즉 '보온병'을 발명한 사람이다. 글래스고의 뷰캐넌 갤러리 쇼핑센터에 가면 제임스 듀어의 동상을 만나 볼 수 있다.

장으로 선출되었다. 어느 고위 관리의 친임親任으로 이루어진 외부
선출이었다. 마리샬 칼리지 관계자들은 듀어의 미천한 출신과 성
공을 향한 추진력을 꼴사납게 여겼으며, 그가 '대학의 만장일치 부
결'에도 불구하고 총장직에 올랐다는 사실을 두고 쑥덕거렸다. 그
러나 시간이 흐르면서 듀어는 근면 성실한 태도로 사람들로부터
인정을 받게 되었고, 특히 대학의 시설 개선 자금을 유치해 본관 건
물을 화강암으로 새롭게 지으면서 높은 평가를 받았다.

맥스웰은 총장의 숙사에 자주 방문했다. 애버딘의 빅토리아 스
트리트 웨스트 13번가에 있던 이 집은 (듀어의 지위를 고려하면) 수수
한 분위기의 단독주택이었다. 직원이 매우 적었으니 듀어 입장에
서는 당연히 맥스웰을 만날 일이 자주 있었겠지만, 두 사람이 처음
만난 것은 책을 통해서였던 것 같다. 만남의 계기가 되었던 책은 D.
M. 코넬이라는 교사가 게일어[15]로 쓴 『게일 천문학Gaelic Astronomy』
이었다. 듀어는 게일어에 흥미가 있었고 게일어-영어 사전 집필에
도 기여하고 있었으니, 아마도 1856년에 이 문제를 토론하기 위해
맥스웰을 빅토리아 스트리트 웨스트로 처음 초대했을 것이다.

당시 맥스웰은 25세였고, 듀어는 71세, 그의 아내 수전은 60세
였다. 맥스웰의 방문은 이내 전문적인 토론으로까지 이어졌다. 맥

---

14 디즈니 영화 〈트론〉과는 아무 상관없는 곳이다. 트론 교회(현재는 트론 극장)는
    트론게이트 거리에 있는 건물이며, 트론게이트는 무게를 재는 저울을 뜻하는 옛 단어다.

15 켈트어에 속하는 언어로 아일랜드 게일어와 스코틀랜드 게일어가 있다.—옮긴이

스웰은 듀어와 신학과 철학, 문학과 역사에 이르기까지 폭넓은 주제에 관해 이야기 나누는 것을 좋아했다. 케임브리지를 떠나 사교성 없는 애버딘의 동료들과 지내면서, 맥스웰은 그동안 이런 자유로운 토론을 그리워했었다. 듀어의 딸인 캐서린 메리Katherine Mary를 만난 것도 이 빅토리아 스트리트의 집에서였다. 그녀는 듀어 부부의 일곱 남매 중 하나였다(그중 셋은 일찍 세상을 떴고 남동생인 도널드만 그 집에서 함께 살고 있었다).

맥스웰보다 일곱 살 많은 캐서린은 그의 연구에 관심을 보이며 색깔 실험을 돕기 시작했다. 그녀는 관찰력이 예리했을 뿐 아니라 맥스웰이 이론에 몰두해 있을 때 실용적인 측면에서 조언해 주기도 했다. 듀어 가족과 가깝게 지내던 맥스웰은 1857년 9월에 함께 휴가를 보내자는 초대를 받았다. 듀어 가족은 해마다 스코틀랜드 서해안의 두눈Dunoon 지역에 있는 친척 집을 찾아가 휴가를 보내곤 했다. 이 여행에 동행하면서 듀어 가족과 맥스웰의 관계는 더욱 공고해졌던 것 같다. 이듬해 2월, 맥스웰은 캐서린에게 청혼했다.

맥스웰은 이모인 케이에게 편지를 보냈다.

이모, 이 편지로 제가 아내를 맞이하게 되었다는 말씀을 드리게 됐네요. 그녀의 성품을 일일이 다 열거하지는 않으려 합니다. 저에게는 그럴 자격이 없어요. 하지만 우리는 서로에게 꼭 필요한 사람이고, 지금껏 보아 온 어떤 커플보다도 서로를 훨씬 더 많이 이해한다고 말씀드릴 수 있어요. 아, 걱정 마세요. 수학자는 아니니까요. 하지만 그 외에도 장점이 많은 사람이고, 분명히 수학도 포기하지 않을 거예요.

두 사람은 1858년 6월 2일 결혼했다. 함께 학창 시절을 보낸 이후로 맥스웰과 마지막까지 편지를 주고받으며 교류했던 평생의 친구 루이스 캠벨이 들러리를 섰다(이 들러리 역할은 이른바 품앗이였다. 맥스웰도 바로 몇 주 전 브라이튼에서 열린 캠벨의 결혼식에서 들러리를 섰다). 캐서린은 맥스웰의 과학 실험을 도왔을 뿐 아니라, 문학과 신학부터 산책과 승마에 이르기까지 그와 여러 관심사를 공유했다(동물을 죽이는 '시골 스포츠'인 사냥은 둘 다 즐기지 않았다). 캐서린은 맥스웰보다 확실히 열정적인 기질은 덜했지만, 둘은 누가 봐도 잘 어울리는 한 쌍이었다. 이 점은 1년 중 몇 달 동안은 글렌레어에서 상대적으로 고립된 생활을 해야 했던 두 사람에게 대단히 도움이 되었다.

'영국 당나귀'를 들이다

맥스웰 부부가 결혼한 첫해에, 맥스웰은 일과 관련해서 한 가지만 큼은 최우선으로 염두에 두고 있었던 것 같다. 바로 영국과학발전협회The British Association for the Advancement of Science 과학 축제였다. 이

기관은 BA로 표기되곤 했는데, 맥스웰은 습관적으로 '영국 당나귀 British Ass'라고 불렀다. 줄여서 '영국과학협회'라고 불리며 오늘날까지도 활발히 활동하고 있는 이곳은, 대중의 과학 이해를 증진하기 위한 목적으로 1831년 설립되었다. 배타적인 왕립학회나 실험실 중심의 왕립연구소와 달리 BA는 기본적으로 모든 이를 위한 기관이었고, 특별한 건물이나 자금도 없이 깜짝 행사를 기획하며 사람들에게 과학을 전파했다.

설립 이후 BA는 매년 과학 축제를 진행했는데, 각각의 행사는 며칠간이나 이어졌다. 이러한 과학 축제는 오늘날 과학 페스티벌이라는 전통으로 이어지고 있다. 당시 행사가 열리면 엄청난 군중이 모였다. 맥스웰은 1850년 에든버러 축제 이후 꾸준히 참석했지만, 1857년 더블린 축제는 불참했던 것 같다. 과학 축제 장소는 보통 1년 전에 정해졌는데, 1858년 리즈 축제 때(맥스웰은 결혼식으로 인해 불참해야 했다) 애버딘이 차기 행사 장소로 결정되었다.

맥스웰은 분명히 이 소식을 듣고 설렜을 것이다. 그러나 문제는 BA 과학 축제의 중심 행사인 대규모 강좌와 토론에 적합한 장소가 애버딘에 없다는 것이었다. 두 대학에는 대형 강의실이 좀 있었고 그중 마리샬 칼리지의 대형 강의실은 소규모 부대 행사에 사용할 만했지만, BA 과학 축제 같은 대규모 행사에 필요한 규모와 설비를 갖춘 곳은 없었다.

이전에도 애버딘에 공연장을 세우자는 얘기가 한동안 나왔던지라, BA 과학 축제를 계기로 새 건물을 설립하자는 주장에 힘이 실렸다. 맥스웰도 주주로 참여한 뮤직홀 컴퍼니는 유니언 스트리트에 넓은 부지를 확보하고 신속히 건설 작업에 착수했다. 화강암의 도시답게 화강암으로 당당하게 지은 50피트 높이의 공연장은 2400석을 보유하고 있으며, 오늘날에도 애버딘의 랜드마크로 자리매김하고 있다.[16] 앨버트 공의 개회사로 시작된 BA 과학 축제는 대성공을 거두었다.

여왕의 배우자인 앨버트 공의 참여는 주최 측의 가장 큰 자랑거리였다. 앨버트 공이 참여하는 데는 장소도 유리하게 작용했을 것이다. 애버딘은 런던에서는 멀리 떨어져 있지만, 앨버트 공이 좋아하던 밸모럴 영지에서는 50마일 거리였다. 밸모럴 영지는 최근에 앨버트 공이 새로 지은 성이었고, 곧 빅토리아 여왕이 아끼는 은신처가 될 곳이었다. 맥스웰은 새로 지은 건물에서 기체 이론, 색 이론, 토성 고리에 관한 내용으로 총 3회 강연을 했다.

티켓이 2500장이나 팔리며 사람들을 끌어모은 이 행사의 흥행 요소가 맥스웰과 앨버트 공만 있는 것은 아니었다. BA 애버딘 과학 축제에서는 북부 스코틀랜드의 지질학 강연부터 과학 도구 전

---

16 한 가지 재미있는 사실. 뮤직홀 컴퍼니는 맥스웰이 세상을 뜨고 한참이 지난 1900년대 초반까지도 (오래전에 사라진) 마리샬 칼리지의 맥스웰 앞으로 배당금을 보내기 위해 계속 노력했다. 결국 배당금 담당 변호사들은 제임스 클러크 맥스웰 씨는 연락 좀 해 달라고 지역 신문에 광고를 냈다. 그들은 맥스웰의 명성도, 그가 한참 전 세상을 떴다는 사실도 전혀 알지 못했다.

시회에 이르기까지 다양한 행사가 열렸다. 런던 왕립연구소는 언제나 화려한 대중 강연으로 사람들의 이목을 집중시켰는데, BA 과학 축제에서 진행된 전기 방전 시연 행사도 결코 이에 못지않았다. 심지어 아직 발명되지도 않은 '무선 전신' 시연회는 시대를 한참 앞서간 것처럼 보이기도 했다(자칫 이름만 보면 무선 통신과 관련된 실험 같지만, 1859년의 애버딘 시연 행사는 물의 전기 전도성을 이용해 강 건너편으로 메시지를 보내는 수준이었다). 애버딘의 BA 과학 축제에서는 361편의 논문이 발표되었는데, 그중 과학사에서 가장 의미 있는 발표는 분자의 속도 분포(맥스웰 분포)가 포함된 맥스웰의 '기체 동역학 이론'이라는 점은 누구도 부인할 수 없을 것이다. 이 이론은 이때 대중에게 최초로 공개되었다.

애버딘 BA 과학 축제에서 맥스웰에게 쏠린 사람들의 관심은 영국 과학계에 그의 이름과 능력을 알리는 계기가 되었다. 게다가 일자리를 잃을 위기에 처한 그에게는 마침맞은 좋은 기회이기도 했다. 흠정欽定 교수직Regius Professor은 전통적으로 종신직이었으니, 그가 원하기만 했다면 죽을 때까지 그 자리에 있을 수 있었을 것이다. 비슷한 지위의 다른 젊은 교수들은—글래스고의 톰슨 그리고 곧 에든버러 교수가 되는 테이트도—중간에 이직하는 경우가 절대 없었다. 그러나 맥스웰은 곧 스코틀랜드 학계에서 밀려나게 된다.

애버딘을 떠나며

맥스웰과 캐서린의 약혼 기간이던 1858년에 (스코틀랜드) 대학 법이 발표되었다. 이 법안은 마리샬 칼리지와 킹스 칼리지를 합병해 애버딘 대학교를 만드는 내용을 골자로 했다. 결혼 1년 후, 맥스웰은 더 이상 교수직에 머물 수 없게 되었다. 새로 설립되는 애버딘 대학교에는 자연철학 교수 자리가 딱 하나뿐이었고, 이 자리는 맥스웰의 경쟁자인 킹스 칼리지의 데이비드 톰슨(윌리엄과 친척은 아니다)에게 돌아갔다.

이전 두 해 동안 영국과학발전협회에서 성공을 거두었음에도 1860년은 맥스웰에게 재앙처럼 시작되었다. 일단 애버딘 대학들의 합병으로 인해 교수 자리를 잃었고, 제임스 포브스의 뒤를 이어 에든버러 대학교의 자연철학 교수 자리에도 지원했으나 실패했다. 맥스웰은 에든버러 대학교를 무척이나 가고 싶어 했다.

이 자리는 옛 친구인 피터 테이트에게 돌아갔다(그러나 이 사실로 화를 내기는 곤란했다. 맥스웰도 마리샬 칼리지 교수직에 지원했을 때 근소한 차이로 테이트를 이겼기 때문이다). 관련된 논문 발표 성과를 고려하면 다소 납득이 가지 않는 결정 같았다. 테이트가 과학에서 거둔 성과는 분명히 맥스웰에게 못 미쳤기 때문이다. 아마도 테이트가 훨씬 더 뛰어난 강사로 인정을 받았고, 윌리엄 글래드스톤[17]을 포함

---

17 당시 재무장관이었으며 8년 후 수상이 된다.

한 교수 선발 심사 위원들의 과학적 자질이 다소 부족했기 때문에
나온 결과였을 것이다. 데이비드 포파와 크리스 프리처드는 맥스
웰과 테이트의 연구 성과를 이렇게 비교하고 있다.

맥스웰이 연구에서 우월하다는 점은 누구라도 명백히 알 수 있을
것이다. 안정적인 토성 고리에 필요한 조건을 조사한 그의 연구는
대단히 독창적이었다. 그런데도 톰슨, 포브스, 스토크스와 홉킨스
[영국의 수학자 윌리엄 홉킨스]는 4년 전 마리샬 칼리지에 이미 제출
했던 맥스웰 지지 서한을 다시 보냈을 뿐이고, 패러데이는 늘 그
렇듯 추천서 제출을 아예 거부했다. 오직 에어리만이 맥스웰의
이론 천문학 성과에 주목했다. 전체적으로 볼 때 당시 심사위원
들이 나태했거나, 또는 이쪽이 좀 더 가능성이 높을 텐데, 맥스웰
의 연구가 가진 의미를 잘 이해하지 못했던 것 같다.

설상가상으로 그해 맥스웰은 천연두에 걸렸고, 여름 내내 위험
할 정도로 상태가 좋지 않았다. 그러나 일단 회복되고 나니 비로소
상황이 나아지기 시작했다. 같은 해인 1860년에 그는 기체 동역학
이론에 관한 논문을 출판했고, 색 이론 연구로 왕립학회의 럼퍼드
메달도 수상했다. 1860년 영국과학발전협회 과학 축제에서 중요
한 강연을 연이어 하기도 했다. 다만 옥스퍼드에서 열린 그해 과학
축제에서는 '아첨꾼 샘'이라 불렸던 새뮤얼 윌버포스 주교와 '다윈

의 불독'이라는 별명이 붙은 토머스 헉슬리가 진화론을 두고 벌인 유명한 논쟁에 가려져 많이 주목받지는 못했다. 무엇보다 중요한 것은, 에든버러에서 거절당하고 두 달 만에 마침내 새 일자리를 얻은 것이다. 런던 킹스 칼리지King's College London의 자연철학(특별히 물리학과 천문학을 다루는) 교수 자리였다.

갓 결혼한 청년 맥스웰은 이제 조용하고 한적한 소도시 애버딘을 벗어나 유럽에서 가장 크고 역동적인 도시로 나아가려 하고 있었다.

악마, 도전장을 던지다

나의 창조자의 젊은 시절을 돌아보면 누가 봐도 그냥 이상한 사람이다. 그가 사회성이 떨어져서가 아니다(물론 내 경험상 사회성 결핍은 수많은 과학자들이 가진 문제긴 하지만). 사실 JCM은 글렌레어의 집에서 그리고 케임브리지에서 활발히 사교 생활을 즐겼고, 장난기 많고 유머 감각이 뛰어난 친구로 유명했다. 그 특유의 유머 감각은 편지에서 종종 잘 드러난다. 이 짓궂은 친구는 편지를 쓰다가 불쑥불쑥 농담을 섞어서 가끔은 도대체 무슨 말을 하려는 건지 이해가 안 갈 때도 있다. 동료 과학자에게 보내는 편지에서 기술적인 내용을 열심히 잘 쓰다가 갑자기 뜬금없는 농담으로 넘어가기도 하고, 요즘 휴대폰 문자에서 흔히 보는 스타일로 'O T'! R. U. AT 'OME?'* 같은 문장이 나오기도 한다.

 그래도 그 시절을 돌아보면 JCM은 어느 정도는 아웃사이더였다. 글렌레어에서는 언제나 시골 무지렁이들과 어울려 노는 상류

---

* JCM은 편지에서 사람들을 이름 첫 글자로 부르는 경우가 많았다. 윌리엄 톰슨을 이미 T로 쓰고 있었으므로 테이트는 T'가 되었다. ('OME은 HOME을 줄여서 쓴 것이다. 따라서 이 문장은 'OH TAIT! ARE YOU AT HOME?'이 된다.—옮긴이)

층 꼬마였다. 그러다 세련된 에든버러 동료들을 만나니 그 자신이 시골뜨기가 되어 버렸다. 그의 개인적 기질과는 별개로 케임브리지에서는 태도가 투박한 학생으로 찍혔다. 이런 아웃사이더 성향이 독창적인 관점을 개발하는 데 도움이 되었을까? 그거야 내가 어찌 알겠는가. 나는 악마일 뿐인데. 하지만 말년의 JCM이 그런 사람이 된 데에는 이 아웃사이더 기질도 한몫했다고 본다.

이미 그의 삶에서는 여러 가지 사건이 영향을 미쳐 뜻밖의 방향으로 진로를 꺾어 놓는 일이 계속해서 있었다. 그가 전자기의 본질에 어느 정도 다가가고 있던 바로 그때 애버딘에서 새로운 일자리의 유혹이 다가왔고, 본격적으로 연구를 시작하려 하니 글렌레어의 영주가 되어야 했다. 평범한 사람이었다면 아마 그런 상황에서 짐을 싸서 대학을 나와 영주가 되는 길을 택했을 것이다. 그에게 월급이 꼭 필요했던 것도 아니다. 과학은 그냥 성취감을 주는 취미로 삼을 수도 있었다. 이건 마치 그가 진정으로 추구하는 길에서 벗어나도록 누군가가 계속 유혹하는 것 같았다. 그리고 그것이 마지막도 아니었다.

제2법칙의 독재

하지만 그에 대해서는 이만 하자. 여러분은 나에게 관심이 있을 테니까. 이 책 표지에도 내 이름이 떡하니 새겨져 있지 않은가. 나는 내 창조자의 인생 이야기에서 다소 시대착오적인 존재로 등장하게 된다. JCM은 케임브리지를 졸업하고 11년이 지나서야 나를 창조했다. 그리고 날 창조했던 그때도 나에게 제대로 된 이름 하나 지어 줄 정도의 예의마저 없었다. 그는 나를 그냥 '유한한 존재finite being'라고만 불렀다. 나는 그 호칭의 의미가 나에게 한계가 있다는 거니까 신은 아닌가 보다 하는 정도로 이해하고 있다. 이름만 놓고 보면 다소 모호한 구석이 있다. 이런 이름이면 지렁이부터 천재까지 무엇이든 될 수 있으니 말이다. 앞에서도 언급했지만, 나의 악마적 본성을 깨달은 사람은 JCM의 친구이자 빅토리아 시대에 전성기를 구가하던, 멋지고 젊은 스코틀랜드인 자연철학 교수 윌리엄 톰슨이었다.

어쩌다 보니 톰슨은 날 완전히 오해했다. 그는 나를 악마demon라 부르면서도 내가 뭔가 사악하거나 유혹에 빠지기 쉬운 존재라는 뜻은 아니라고 주장했다. 이거야말로 인생의 재미를 경멸하는 청교도의 말투가 아닌가. 그의 악마는 뿔도 없고 끝이 뾰족한 꼬리도 달려 있지 않다. 그는 중재자로서의 존재, 이를테면 인간과 신 사이에 머무는 영spirit 같은 걸 염두에 두었던 것이다. 요즘 같았으면 아마 이 차이를 강조하기 위해 나를 '다이몬daemon'(그리스 신화의 반신반인의 존재─옮긴이)이라고 불렀을 것이다. 그러나 인간들에게는 슬픈 일이지만, 오래전 톰슨의 생각은 틀렸다. 악의는 나만의 장점임이 증명되었으니까. 나는 언제나 인간의 마음을 뒤트는 것을 즐겨왔다.

특히 만족스러운 것은 내가 별다른 노력 없이도 인간들에게 정신적 혼란을 일으킨다는 점이다. 내가 창조되어 맡은 역할은 단순히 문을 열었다 닫았다 하는 것뿐이다. 그러나 그 문지기 역할만으로도 무질서 문제를 충분히 아리송하게 만들 수 있다.

기억을 더듬어 보자. 지금 우리는 열역학 제2법칙을 다루고 있다. 이 법칙은 '혼돈은 증가한다'(아, 얼마나 유쾌한 명제인가)라고 요약할 수 있을 것이다. 장기적으로 보면 이 법칙은 당신들이 알고 있고 사랑하는 우주에 끔찍한 결과를 초래할 것이다. JCM과 자주 서신을 교환했던 톰슨은 이렇게 말했다. "이 세상의 종말, 인간이 살아가고 모든 동식물이 거주하고 있는 이 우주의 종말은, 물리적으로 볼 때 불가피한 일이다." 이 모든 게 내가 사랑하는 바로 그 법칙 덕분이다.

자, 제2법칙은 계의 무질서도는 똑같이 유지되거나 증가한다고 말한다. 그리고 내가 통제하도록 도입된 그 계는 우스울 정도로 간단했다. 그럼 제2법칙이 무너지지 않고 정상적으로 작동하는 현장을 먼저 생각해 보자. 여기에 기체가 든 상자가 하나 있다. 기체는 공기여도 괜찮지만, 조건을 단순하게 만들기 위해 순수한 질소라고 해 보자. 상자 가운데에는 칸막이가 있어서 상자를 둘로 나눈다. 그리고 한쪽에 있는 기체는 뜨겁고 다른 쪽 기체는 차갑다.* 칸막이에는 여닫을 수 있는 작은 문이 있다. 이 문을 열어 놓으면 잠시 후에 어떤 일이 벌어질까?

양쪽의 기체 분자들은 무작위적으로 날아다닐 것이다. 특히 뜨거운 분자는 좀 더 빠르게 움직일 것이다. 앞에서 살펴보았듯이 온도란 단순히 입자가 가진 에너지의 척도일 뿐이니까. 더 빨리 움직이는 입자는 에너지를 더 많이 가진 거다. 그래서 온도가 더 높다. 그에 비해 차가운 분자들은 상대적으로 속도가 느릴 것이다. 그렇게 이 문을 한참 동안 열어 놓으면 어떻게 될까? 뜨거운 쪽에서 나오는 분자들은 대부분 뜨거울 테고, 차가운 쪽에서 나오는 분자는 차가울 것이다. 그래서 시간이 어느 정도 지나면 뜨거운 쪽은 식고 차가운 쪽은 데워질 것이다. 결국 상자는 평형 상태에 이르게 된다. 다시 말해 양쪽이 서로 비슷한 온도로 맞춰진다. 양쪽 공간은 앞으로도 계속 이렇게 유지될 것이다. 다시 한쪽이 뜨겁고 다른 쪽은 차가운 상태로 돌아갈 거라고는 아무도 기대하지 않는다.

그런데 잠깐만 주목! 여기서 물리학자들이 위험을 감수하고 기꺼이 잊어버린 것이 하나 있다. 지금까지 한 얘기는 전부 순수하게 통계적인 것이다. 아주 짧은 찰나의 순간만이라도 뜨거운 분자들이 모두 한쪽으로 날아가 뜨거워지고 차가운 분자들은 반대쪽으로 이동해 차가워지는, 그래서 상자의 두 공간이 원래대로 서로 다른 온도가 되는 것도 전적으로 가능하다. 하지만 그런 일이 일어날

---

* 　현실에서는 이런 상자를 떠올릴 만한 이유가 없긴 하다. 물리학자들의 사고실험에서는 종종 이런 비현실적인 물건들이 등장한다. 하지만 다행히 이 경우는 따뜻한 방 안에 아이스박스를 갖다 놓는 상황으로 단순화시켜서 생각해 볼 수 있다.

가능성은 어마어마하게 낮아서 아무리 오래 기다려 봐도 목격하기 어렵다. 지금 우리는 엄청나게 많은 분자를 바라보고 있다. 만일 이 상자의 규격이 사방 1미터고 실온에 1기압 상태라면, 상자 안에 들어 있는 분자의 수는 10조 곱하기 1조 개가 넘는다. 이렇게 많은 분자들이 그런 식으로 행동할 확률은 대단히 낮다. 이게 바로 열역학 제2법칙의 통계적 동인이다.

이건 여담인데, 원래 제2법칙은 열은 '언제나' 뜨거운 물체에서 차가운 물체로 이동한다는 식으로 절대 깨지지 않는 물리 법칙처럼 여겨졌었다. 이것을 맥스웰 시대 사람들이 통계적 관점으로 바라보게 되기까지는 시간이 꽤 오래 걸렸다. JCM은 자신만의 멋진 방법으로 열역학 제2법칙의 의미를 설명했다. "물이 가득 찬 컵을 바다로 집어던지면 컵에 들어 있던 물과 똑같은 물을 컵으로 다시 떠낼 수 없다. 열역학 제2법칙은 이 명제가 참인 만큼만 참이다." 여기에서 그는 제2법칙이 깨지는 것을 절대적으로 가로막는 역학적 메커니즘은 존재하지 않는다는 사실을 잘 강조하고 있다. 다만 그런 일이 일어날 가능성이 아주아주 낮을 뿐이다.

그런데 이런 얘기가 다 무질서의 정도와 무슨 상관이 있을까? 표현이 좀 이상하긴 하지만 이런 식으로 생각해 볼 수 있다. 뜨거운 기체와 차가운 기체가 한데 뒤섞이면 분자는 어디에나 있을 수 있다. 그러나 이 둘이 분리되어 뜨거운 분자가 한쪽에, 차가운 분자는 다른 쪽에 있다고 해 보자. 그럼 우리는 뜨거운 분자 또는 차가운 분자를 어디에서 찾을 수 있는지 아는 거다. 그러니까 이렇게 분리된 공간 쪽이 좀 더 질서가 있다. 이 책에서도 비슷한 개념을 생각할 수 있다. 이 페이지에는 글자들이 익숙한 방식으로 잘 정렬되어 있다. 글자들이 무작위로 마구 늘어서 있다면 그 페이지는 절대 읽을 수 없을 것이다. 이런 상태가 무질서도가 더 높은 거다. 제2법칙은 왜 달걀이나 유리를 안 깨는 것보다 깨는 게 더 쉬운지를 알려주는 법칙이다.

악마, 소환되다

이렇게 우리는 칸막이로 나뉜 상자로 제2법칙을 이해해 보았다. 만일 뜨거운 기체와 차가운 기체가 자발적으로 분리된다면 제2법칙을 깨는 거다(제2법칙은 통계적 법칙이므로 좀 더 정확히 말하자면, 제2법칙에 따르면 이런 일이 일어날 가능성이 아주, 아주, 아주 낮다고 할 수 있다). 이제 내가 할 일은 예측할 수 있는 방식으로 이런 분리가 반복해서 일어나도록 하는 것이다.

나의 창조자는 상자를 반으로 가르는 칸막이 문의 책임자로 나를 앉혀 놓았다. 처음에는 일단 뜨겁고 차가운 분자가 모두 한데 뒤섞인 상태에서 시작한다. 내가 할 일은 문으로 다가오는 분자를 판별해 문을 여닫는 것이다. 빠른 분자가 날아오면 그 분자가 왼쪽에서 오른쪽으로 넘어가도록 한다. 느린 분자는 오른쪽에서 왼쪽으로만 넘어가게 한다. 그러면 점점 뜨거운 분자와 차가운 분자가 분리된다. 혼돈에서 질서가 빚어지고, 나는 제2법칙을 깨는 거다. 어떤가, 깔끔하지 않은가?

내 존재는 나의 창조자가 친구 피터 테이트에게 1867년 보낸 편지에서 최초로 언급된 것으로 보인다. 그때 피터 테이트는 열역학 책을 쓰고 있었다. JCM은 이 칸막이 상자를 처음 설명하면서(그는 칸막이를 '격막'이라고 불렀다) 테이트에게 날 소개했다.

이제 유한한 존재를 떠올려 봐. 이 존재는 슬쩍 보기만 해도 모든 분자들의 경로와 속도를 파악할 수 있어. 그러나 격막에 달린 질량 없는 슬라이드 문을 여닫는 일밖에 못해.[*]

이 유한한 존재는 처음에는 A[뜨거운 쪽]의 분자들을 관찰해. 그러면서 B[차가운 쪽]에 있는 분자의 제곱 평균 속도보다 느린 분자가 눈에 띄면 구멍을 열어서 그 분자를 B로 보내. 그리고 B의 분자도 관찰하다가 A의 제곱 평균 속도보다 빠른 분자가 구멍 쪽으로 다가오면 슬라이드를 열어 A로 보내는 거지. 나머지 다른 분자들에 대해서는 슬라이드를 계속 닫아 두고.

그러면 A와 B의 분자 개수는 처음과 같겠지만, A의 에너지는 증가하고 B의 에너지는 감소하겠지. 다시 말해 뜨거운 계는 더 뜨거워지고 차가운 계는 더 차가워지면서도 아무 일도 수행된 게

---

[*] "…일밖에 못해"라는 말은 나에 대한 경멸처럼 느껴진다. 차라리 이런 식으로 말하는 게 더 정확하지 않았을까. "그런 일 정도야 그에겐 껌이지."

없어. 단지 어떤 관찰력 좋고 날렵한 손가락을 가진 존재**의 지성
이 사용되었을 뿐이지.

아니면 이렇게 말할 수도 있어. 열이 물질의 유한한 일부의 운
동이라면, 그리고 도구를 써서 그런 물질의 일부를 개별적으로 처
리할 수 있다면, 다양한 비율의 다양한 운동을 활용해서 균일하
게 뜨거운 계를 불균등한 온도로 또는 거대 질량의 운동으로 복원
할 수 있다는 거지.

다만, 우리가 그렇게 못할 뿐이야. 우린 그 정도로 영리한 존재
가 아니라서.

3년 후 존 스트럿(레일리 경Lord Rayleigh)에게 쓴 편지에서, JCM은
나를 좀 더 자세히 설명하고 있다. 이때는 나를 "대단히 지적이고
극도로 민첩하며, 현미경 같은 눈을 가지고 있지만 근본적으로는
유한한 존재인 문지기"라고 불렀다.

이후에 출간한 『열 이론Theory of Heat』에서 JCM은 나를 창조한
이유를 분명히 밝혔다. 상대적으로 적은 수의 분자들의 행동을 '섬
세한 관찰과 실험'으로 들여다보고, 수많은 분자로 이루어진 물체
의 익숙한 행동은 적용되지 않는 환경에서 더 많은 가능성을 조명
해 보는 것이 궁극적인 나의 역할이었다고 말이다.

** 유한한 존재보다는 한결 나은 이름이다.

내가 세상에 태어난 지 4년이 지나고, 윌리엄 톰슨은 나의 노력을 설명하는 한 편의 논문에서 나를 처음으로 '악마'라고 불렀다. 이 논문을 통해 나의 명성은 확고해졌다. 톰슨은 악마들이 일렬로 늘어서서 크리켓 방망이를 휘두르며 분자를 강타하는 기괴한 모습을 떠올렸는데, 우리 악마들의 품격을 훼손하는, 차마 언급할 가치조차 없는 저속한 상상이었다.

에너지 없이도

잠깐 앞으로 페이지를 넘겨 각주를 다시 읽어 보면, 이 '악마 활용' 사업에 약간의 결함이 있다는 걸 눈치챌 수 있을 것이다. 나는 이 사고실험이 따뜻한 방 안에 둔 아이스박스와 약간 비슷하다고 했다. 이 내용을 좀 더 구체적으로 살펴보자. 상자의 절반은 냉장고, 나머지 반은 냉장고가 놓인 방이라고 생각해 보자. 이제 냉장고의 전원을 켜고 기다린다. 잠시 후, 냉장고 쪽은 차가워지고 다른 쪽은 따뜻해진다.* 방 안의 냉장고는 악마가 없어도 내가 한 것과 정확히 똑같은 일을 해낸다. 그러나 물론 이 냉장고와 나의 노동력 사이에는 큰 차이가 있다.

제2법칙은 닫힌계로 제한되어 있다. 이 계는 나머지 우주로부터 봉인되어 있다. 이 법칙은 누군가 계 안으로 에너지를 주입하지 않

---

* 냉장고가 없는 쪽은 그냥 실온으로 유지되는 것이 아니라 온도가 올라간다. 냉장고 뒤에 라디에이터가 붙어 있기 때문이다. 아무 냉장고든 뒷면을 살펴보라.

을 때만 성립한다. 계에 에너지를 주입하는 노력만 기울이면 얼마든지 혼돈으로부터 질서를 만들어 낼 수 있다. 지구를 생각해 보자. 언뜻 보기에 자연은 상당한 규모의 혼돈계로 보이겠지만, 지금 우리가 보는 것은 자연적인 것(인간의 몸도 포함된다)과 인공적인 것 모두를 포함해서 시간에 걸쳐 형성되어 온 온갖 종류의 구조들이다. 이런 것들은 지구로 유입되어 동력을 제공해 준 어마어마한 양의 에너지가 없었다면 생성될 수 없었다. 그리고 고맙게도 태양은 필요한 것 이상의 에너지를 우리에게 제공해 왔다.

나를 특별하게 만드는 점은, 그러니까 나를 악마답게 만드는 것은 따로 계에 에너지를 투입하지 않고도 단순히 문만 여닫으면서 분자들을 분류할 수 있다는 것이다. 나는 마찰과 관성이 없는 문을 여닫는다(물론 동네 철물점에 가 봐야 이런 문은 안 판다. 이건 사고실험이니까). 내가 문을 열고 닫는다고 해도 계에 에너지가 더해지지 않는다. 현실에서는 절대 존재할 수 없는, 질량도 없고 마찰도 없는 문 때문에 거슬린다면 이것은 단지 편리함을 위한 장치라는 점을 염두에 두자. 제2법칙에 관한 한 내 노동의 핵심은 내가 분자들의 계에 에너지를 주입하지 않는다는 것이다.

그렇다면 나는 어떻게 그런 재주를 부릴 수 있는 것일까? 경쟁자가 없는 나의 총명함에도 불구하고 철옹성과도 같은 열역학 제2법칙을 무너뜨릴 방법이 있을까? 이것이 제임스 클러크 맥스웰이 세상에, 그리고 스스로에게 던진 도전장이다. 그리고 아마도 물리학에서 그가 기꺼이 수락했다가 실패한 유일한 도전 과제였을 것이다. 윌리엄 톰슨 같은 친구들도 마찬가지였다. 나는 난해한 수수께끼였다. 그들은 내가 어떻게 그런 일을 할 수 있는 것인지, 또 왜 결국에는 실패할 것인지 알아내지 못했다. 어떤 사람들은 내가 부피가 없다는—맙소사, 내가 부피가 없다니!—주장을 내놓기도 했다. 현실에서는 그런 악마는 존재할 수 없으니까. 그러나 물리학은 그런 식으로 돌아가지 않는다. 법칙이 진정한 법칙이 되려면 거기다 대고 무슨 수를 쓰든 무조건 성립해야 한다. 그리고 나는 그런 공격을 잘 물리쳤다.

아니, 그 당시엔 잘 물리쳤던 것 같다. 나는 그 이후로도 몇 차례 중대한 도전에 직면해야 했다. 그러나 그 전에 먼저 나의 창조자가 1860년에 런던이라는 대도시에서 어떤 모험을 했는지 알아보기 위해 본론으로 돌아가야 할 것 같다.

4장

런던 대모험

지금까지 맥스웰이 다녔거나 일했던 대학은 모두 유서 깊은 학교들이었다. 그런 만큼 여전히 전통에 집착했고, 교과 과정도 중세 때부터 이어져 온 것을 그대로 쓰고 있었다. 그러나 런던 스트랜드가에 당당히 세워진 학교이자 맥스웰이 새로 안착한 학문적 둥지인 런던 킹스 칼리지는 맥스웰이 태어나던 해 개교한 신생 학교였다 (놀랍게도 1820년대 이전의 런던에는 고등교육 과정의 학교가 단 하나도 없었다). 대학의 현대적 가치 수립에 자부심이 있었던 대학 경영진은 고전 위주의 '모든 것을 아우르는' 전통적 교육에서 탈피해, 명확한 교과 과정을 갖춘 개별 전문 학과를 세웠다. 심지어 당시로서는 파격적인 공학 전공 학과도 개설했다.

킹스의 과학

맥스웰이 킹스 칼리지 첫 강의에서 학생들에게 한 말을 들어 보면 과학에 대한 그의 마음가짐이 어떠했는지를 엿볼 수 있다.

이번 강의에서 나는 여러분이 실생활에 적용할 수 있는 결과나 공식만 배울 것이 아니라 그 공식의 바탕에 깔린 원리도 배우기를 바랍니다. 이 원리가 없으면 공식들은 그저 정신적 쓰레기에 불과합니다. 나는 인간의 마음이 깊은 사고 외에 다른 것으로 쏠리는 경향이 있음을 잘 압니다. 그러나 정신 노동은 사고가 아니며, 그런 노동으로 응용 습관을 터득한 이들은 원리 이해보다 공식 구하는 걸 훨씬 더 쉽게 여깁니다.

맥스웰은 틀에 박힌 사고와 기계적인 연산을 뛰어넘는 깊이 있는 사고의 중요성을 강조한 것이다. 단순 연산은 이제 컴퓨터로도 얼마든지 할 수 있지 않은가. 과학에 대한 그의 접근은 언제나 바탕에 깔린 원리를 찾고 진정한 자연의 '법칙'에 최대한 가까이 다가가는 것이었다.[1] 그는 의무를 이행하기 위해 일주일에 세 번 (오전 10시부터 오후 1시까지) 학교에 나와야 했고, 노동자들을 위해 야간 강좌를 하나 개설해야 했다. 그 외에는 개인 연구를 수행할 시간

---

1 자연법칙이라는 개념은 다소 규정하기 어렵다. 인간의 법은 명확하게 문서로 기록된다. 그에 비해 자연법칙은 실제 자연에 대한 비유에 가깝다. 우리는 실재와 직접 상호작용하지 못하고 단순히 현상을 관찰할 뿐이기 때문이다. 그러나 이런 얘기는 나에겐 지나치게 철학적이다. 철학에 전문화된 특별한 악마 종족이 따로 있으니 그쪽에 맡기자.

여유가 넉넉했다.

대학에서 받는 임금은 가르치는 학생 수에 비례했는데, 주간 학생은 한 명당 5기니(5.25파운드), 야간 학생은 한 명당 18실링(90펜스), '비정규 학생'은 한 명당 2파운드 7실링 3펜스(약 2.36 파운드)였다. 비정규 학생은 학교에 정식으로 등록하지 않고 전문 지식을 얻기 위해 개별 강좌를 수강하는 학생을 말한다. 맥스웰은 합산해서 1년에 약 450파운드 정도를 받았는데, 오늘날로 치면 3만 9000파운드와 맞먹는 액수였다.[2] 애버딘에서 받았던 것보다 약간 더 많은 수준이다. 그러나 실제 수입은 이보다 조금 더 많았다. 애버딘의 대학 합병으로 교수직을 잃었을 때 평생 급여를 고려해서 상당히 넉넉한 연금을 받기로 되어 있었기 때문에 연간 400파운드를 추가로 받을 수 있었다. 따라서 그의 연간 수입은 850파운드로 꽤 많은 편이었다(이 액수는 구매력으로 치면 7만 6000파운드, 소득 비례로 계산하면 57만 9000파운드 정도가 된다).

맥스웰이 세상을 뜬 후 캠벨과 가넷이 쓴 '전기'를 보면, 킹스 칼리지에서 맥스웰이 학생들을 어떻게 대했는지를 엿볼 수 있다.

교수는 [대학] 도서관에서 무제한으로 책을 대출할 수 있어서 종종

---

2   과거의 연봉을 오늘날의 가치로 환산하는 작업은 흑마술과 비슷한 구석이 있다(악마의 전문 분야다). 맥스웰의 연봉을 3만 9000파운드로 계산한 것은 당시 그 돈으로 살 수 있었던 상품 가격을 따져 산출한 것이다. 그러나 당시와 현대의 평균 근로자 소득 변화율을 반영하여 계산하면 약 30만 파운드에 해당한다.

친구를 위해 책을 빌리곤 했다. 학생은 한 번에 두 권만 허용되었
다. 맥스웰은 자기 학생들을 위해 책을 대출해 주었고, 직원이 이
를 확인할 때면 학생들을 자신의 친구라고 설명했다.

이 '전기'가 맥스웰을 약간 성인聖人처럼 그리는 경향이 있긴 한
데, 그래도 이 내용은 당시 교수로서는 흔치 않은 행동을 묘사하고
있다. 이런 행동에는 맥스웰의 젊음과—당시 29세로 학생들과 나이
차이가 크게 나지 않았다—그의 특이한 성장 배경이 모두 작용했을
것이다. 앞서 보았듯이 그는 어린 시절에 일반적인 지주 계층들과
는 달리 노동 계층의 아이들과 훨씬 더 많이 어울렸기 때문이다.

맥스웰이 킹스 칼리지에서 가르쳤던 학생들은 실용성 강한 응
용과학에 몰두했다. 일례로, 그의 물리학과 천문학 강의를 수강한
젊은이들 중 상당수가 엔지니어가 되었다. 당시만 해도 대부분의
대학이 공학을 학문으로서 인정하지 않았다. 그들은 킹스에서 직
무에 필요한 훈련을 받았다. 이는 그들이 받은 교육이 학위 취득
을 위한 것이라기보다는 실무 능력을 향상시키는 데 초점이 맞춰
져 있었음을 의미한다.[3] 게다가 꽤 많은 학생들이 3년 과정을 끝까
지 다 마치지 않고, 대개는 4학기 정도만 다녔다. 킹스의 수업료는
3학기에 12파운드 17실링(12.85파운드)로, 마리샬 칼리지의 7배가

---

3   실제로 당시의 킹스는 학사나 석사 학위를 수여하지 않았다. 그러나 과정을 성공적으로
     마친 학생은 AKC, 즉 킹스 칼리지 준회원(Associate of King's College)이 되었다.

넘었다. 자연철학 강의만 수강하고 싶은 학생은 할인을 받아 한 학기에 3기니(3.15파운드)만 냈지만 그래도 비싼 편이었다.

맥스웰과 캐서린은 켄싱턴 지구 팰리스 가든스 테라스 8번지의 안락한 집에 살면서 손님들을 초대해 사교 생활을 즐겼다(어찌된 영문인지 현재 이 집의 주소는 16번지가 되었다). 집에서 스트랜드까지 걸어가기에는 상당한 거리였지만, 맥스웰은 시골에서 4마일씩 거뜬히 걸어 다니며 단련된 다리로 운동 삼아 종종 학교까지 걸어가곤 했다. 런던의 집은 에든버러의 고모네 집을 연상시켰다. 규모만 보면 팰리스 가든스 쪽이 조금 더 커서 5층 높이에다 현관에는 기둥도 세워져 있었지만, 견고한 도시형 타운하우스로 전체적인 분위기는 비슷했다.

고즈넉한 소도시 애버딘에서 지성인들과의 교류가 그리웠던 맥스웰은, 에든버러와 케임브리지에서처럼 자신과 비슷한 사고방식을 가진 사람들을 더 많이 만나리라 기대했다. 마리샬 칼리지에서는 교직원 수를 다 합쳐도 20명밖에 되지 않았다면, 전체 4개 학과의 킹스 칼리지는 맥스웰이 속한 응용과학과 직원만도 이와 비슷한 숫자였다. 게다가 맥스웰의 동료는 더 늘어날 참이었다.

왕립학회 그리고 그것의 실용적인 동생 격인 왕립연구소는 영국 과학계를 주도하는 인물들을 초빙해 강연과 토론회를 활발히 주관했다. 1861년 5월에는 맥스웰도 왕립연구소에서 강연 초청을 받고 사람들 앞에 나서게 되었다.

연구소에 색을 입히다

왕립연구소는 맥스웰의 영웅 마이클 패러데이의 영적인 고향이었다. 앞서 보았듯이, 패러데이는 이 연구소에서 험프리 데이비의 조수로 학계에 처음 발을 들였고, 이제는 일흔이 다 된 고령임에도 여전히 연구소에서 자주 강연을 하고 아이들을 위한 크리스마스 강연을 준비했다. 맥스웰은 럼퍼드 메달 수상자 자격으로 색 이론에 관한 강연을 열어 달라는 왕립연구소의 요청을 받았다. 색은 맥스웰 평생의 관심사였다.

연구소의 전통 중 하나는 강연 중 시연을 보여 주는 것이었다. 시연의 내용이 극적일수록 사람들은 더 많이 모였고, 가끔은 왕족이 직접 강연을 들으러 오기도 했다. 하지만 맥스웰이 실험에서 사용했던 색 팽이는 너무 작아 관중석에서는 제대로 보기 어려웠기 때문에 그는 지금까지 사람들이 한 번도 본 적 없는 무언가를 만들기로 결심했다. 생생한 컬러 사진을 대형 이미지로 투사하기로 한 것이다.

흑백 사진을 일일이 손으로 채색해 컬러 사진 같은 효과를 내는 작업은 당시에도 흔했다. 그러나 맥스웰의 계획은 세 장의 흑백 사진을 촬영하고 각각을 빨강, 초록, 파랑 필터로 투사한 이미지를 병합하여 완벽한 컬러 이미지를 생성하는 것이었다. 이 세 원색으로 우리가 보는 모든 색을 만들기에 충분하다는 것을 입증하려는 것이었다. 그는 1855년 에든버러 왕립학회에서 사람들과 가볍게 토론하던 중 이 아이디어를 처음으로 떠올렸지만, 왕립연구소에서의 시연이라는 최고의 방법으로 청중에게 이론을 생생히 전달하기로 마음먹었다.

다만, 맥스웰은 사진과는 거리가 멀었다. 그 당시 사진 촬영은 고도의 전문성을 지닌 전문가의 영역이었다. 맥스웰에게는 다행스럽게도 케임브리지의 랭글러 출신인 토머스 서턴이 영국 최고의 사진 전문가 중 한 사람이었고, 당시 킹스 칼리지의 공식 사진가였다. 이 직책은 이름에서 연상되는 것과 달리 일차적으로는 학생들을 가르치는 자리였다. 서턴은 까다로운 (그리고 위험할 수도 있는) 콜로디온 감광제를 사용하는 습판사진술로 맥스웰을 도왔다. 당시의 사진은 그냥 필름 한 롤 사서 찍고 현상하는 간단하고 편리한 수준의 문제가 아니었다. 사진가는 노출을 잘 다루기 이전에 능숙한 화학자여야 했다.

습판사진법은 독성과 부식성이 강한 질산과 황산 혼합물에 면화를 푹 담가 적시는 것부터 시작된다. 그렇게 적셔진 면화는—솜화약이라고 한다[4]—씻은 후 말려 에테르나 알코올에 녹여서 무시무시한 가연성 젤로 만든다. 그런 다음 이 젤에 할로겐염(요오드 또는 브롬)을 추가해 현탁액을 만들고, 그것을 깨끗한 유리판 위에 조

---

4   이름처럼 위험한 물건이다. 당시에는 지뢰 또는 어뢰의 장약으로, 그리고 일반 폭파용으로 (나중에는 로켓 추진체로도) 사용되었다. 영어로는 'gun cotton'이지만 의외로 총에서는 사용되지 않는다.

심스럽게 펴 바른다. 균일한 '콜로디온' 젤 층을 얻으려면 특히 이 과정이 중요하다. 이렇게 만들어진 사진판을 질산은 용액에 담근다. 그러면 질산은 용액은 할로겐과 반응하여 표면에 감광성 은으로 된 막을 형성한다. 이런 '활성화' 과정이 끝나면, 아직 젖어 있는 사진판을 카메라에 넣고 빛에 노출시킨다. 마지막으로 사진판을 현상하고, 고정·헹굼·건조 과정을 거쳐 광택 처리를 하면 사진이 완성된다. 오늘날 카메라로 '피사체를 향해 셔터를 찰칵' 누르는 것과는 완전히 차원이 다르다.

서턴은 맥스웰의 지시에 따라 물에 빨강, 초록, 파랑 염료를 섞어서 유리 용기에 담아 필터를 만들고, 카메라를 각각의 유리 용기 뒤에 둔 다음 여러 색으로 된 타탄체크 모양 리본[5]의 사진을 세 장 찍었다. 이제 맥스웰이 할 일은 빨강, 초록, 파랑 용기 뒤쪽에 설치해 둔 세 개의 마법 랜턴으로 왕립연구소의 대형 스크린에 이 세 장의 사진을 투사해 중첩시키는 것이다.

그날 밤 무대 장치를 준비하면서 맥스웰은 손톱을 깨물며 초조한 시간을 보냈을 것이다. 그의 강연은 패러데이의 대중 강연 프로그램 중에서도 가장 두려운 금요일 밤에 잡혀 있었다. 검은색 타이를 맨 청중들은 그야말로 엄격, 근엄, 진지 그 자체였고, 연사는 강연이 시작되자마자 강연장 문을 박차고 들어가 자기소개도 없이

---

5 대개는 뭉뚱그려 타탄 모양 리본이라고 부르지만, 깐깐한 사람들은 타탄은 두 가지 색이고, 이 일반 리본은 세 가지 이상의 색이라고 지적하겠지.

곧바로 강연을 시작해야 했다(이건 지금도 그렇다). 그러나 일은 잘 진행되었다. 맥스웰은 결과에 만족한다고 직접 말했다. 스크린 위에서 합쳐진 세 가닥 빛줄기는 알록달록한 리본의 이미지를 비교적 실제처럼 구현했다.[6] 그래도 맥스웰은 스펙트럼에서 파란색 너머에 있는 색에 민감한 물질을 구할 수 있었다면 결과가 더 좋았을 거라며 아쉬워했다.

그로부터 몇 주가 지난 1861년 5월, 29세의 맥스웰은 왕립학회 회원으로 선출되면서 런던 과학계의 일원으로서 지위를 확고히 굳혔다. 오늘날에도 '왕립' 타이틀이 붙은 기관의 회원으로 선출된다는 것은 아마도 영국 과학자가 얻을 수 있는 가장 높은 영예일 것이다. 물론 왕립학회 초기 회원은 대부분 과학자라고 하긴 어려웠고 과학에 관심이 있는 부자로 보는 것이 옳다. 하지만 맥스웰의 시대에는 실제 과학자들이 회원 자격을 얻는 경향이 강해졌고, 맥스웰은 어느 쪽으로 보든 충분히 자격이 있었다.

---

[6] 과학자는 행운의 덕을 보지 않는다는 말은 하지 말자. 맥스웰이 사용했던 감광판은 빨간 물감을 탄 물로 만든 적색 필터를 사용할 때 상대적으로 적색광의 에너지가 낮아 선명한 적색 이미지를 생성할 만큼 민감하지 않았다. 그러나 다행히 타탄 리본의 붉은색 부분에서 자외선이 많이 방출되었고, 이것이 빨간색 필터를 통과해 사진판 위에서 빨간색을 잘 구현하는 효과를 냈다.

전자기가 역학으로

왕립연구소 강연을 했던 이 무렵에는 맥스웰이 전자기를 연구하기 시작한 지 5년 정도가 흘러 있었다. 패러데이의 강연에서 영감을 얻었든, 매료되었던 주제로 자연스럽게 다시 돌아온 것이든, 아무튼 그는 예전에 중단했던 주제를 킹스 칼리지에서 다시 돌아보게 되었다. 이전에 그의 전자기 모형은 전기와 자기를 유체로 다루는 것이었다. 이 모형은 움직이지 않는 장에 대해서만 적용할 수 있었다. 그러나 패러데이의 연구로 인해 이제는 어느 정도 알려진 발전기와 전기 모터 같은 장치까지 설명하려면 운동도 함께 다루어야 했다. 토성 고리 가설을 고체에서 유체로, 또 입자로 변환시켰던 것처럼, 이제 전자기에 대한 접근법도 역학 모형을 적용해 수정해야 했다.

맥스웰의 시대부터 오늘날에 이르기까지 물리학자들은 무수히 많은 모형을 구성해 왔다. 여기에서 말하는 '모형model'이란 실제 사물과 닮은 모양으로 작게 만든 물리적 구성물이 아니다. 물리학자들의 모형은 자연에서 관찰한 것을 반영하는 이론적 구조물이며, 이 구조물을 사용해 모형이 현상을 효과적으로 표현하는지 또는 개선이 필요한지를 예측했다. 맥스웰이 세우려는 모형 역시 실제 기계 장치가 아니라 역학 원리를 사용해 전자기 효과를 재현하기 위한 것이었다.

전자기는 우리가 몸소 경험하는 자연의 힘인 중력과는 근본적인 차이가 하나 있다. 중력은 오로지 끌어당기는 작용만 한다.[7] 그러나 전자기는 두 종류의 작용이 있다. 전기의 경우 음극과 양극이 있고 자기는 S극과 N극이 있는데, 같은 극(예를 들면 전기는 음극과 음극, 자석은 S극과 S극)끼리는 서로 밀어내고 반대 극(음과 양, S와 N)끼리는 서로 끌어당긴다. 전하 또는 자극磁極을 이리저리 붙여 보면 명백하게 알 수 있다. 맥스웰은 자극에서 출발해, 순수하게 역학적 방식으로 작동하는 자기장 모형을 써서 이 과정을 모형화하기 시작했다.

자극에 적용되는 모형을 고안하기 위해서는 해결해야 할 요건이 두 가지가 있었다. 하나는 자극이 언제나 반대 쌍끼리 함께 다니는 것 같다는 것이다(전하는 음이든 양이든 혼자서도 행복하게 잘 있는 반면, 아직 혼자 떨어져 있는 S극 또는 N극[8]은 목격되지 않았다). 그리고 극 사이에 느껴지는 힘은, 반발력이든 인력이든 중력과 마찬가지로 역제곱 법칙을 따른다는 사실이다. 다시 말해 서로를 끌어당기거나 밀어내는 두 극 사이의 거리 제곱에 비례하여 힘의 크기가 감소한다.

맥스웰이 직면한 가장 큰 문제는 중력의 작용을 설명하려던 많

---

7   반중력이 없다면 그렇다. 이 세상에는 수많은 유튜브 동영상과 음모 이론이 존재하지만, 아직 반중력이 있다는 증거는 나오지 않았다. 한때 일부 물리학자들은 물질과 반물질 사이의 중력은 인력이 아닌 반발력일 수도 있다고 진지하게 추정했지만, 이에 대한 증거도 아직 없다.

8   혼자 떨어져 있는 S극 또는 N극을 '자기 홀극'이라 한다.

은 사람들이 겪었던 것과 같은 문제였다. 반발 효과를 만들어 내는 기계 모형은 상대적으로 만들기 쉽다. 한 물체가 다른 물체를 미는 건 쉽기 때문이다. 그러나 인력을 생성하는 모형은 훨씬 더 어렵다. 자기 현상 같은 게 없다면 물체가 직접적인 물리적 접촉도 없이 어떻게 다른 물체를 끌어당길 수 있는지 이해하기 어렵기 때문이다.

　뉴턴 시대 이후로 이 문제는 중력의 역학적 모형을 고안함으로써 어느 정도 해결되는 듯했다. 이 모형은 보이지 않는 입자들이 공간을 채우고 빠른 속도로 운동하고 있다고 가정한다. 이 입자들은 서로 상호작용하지 않으면서 사방을 향해 날아다니며 충돌하고, 그러면서 거대한 물체를 밀어낸다. 일반적으로 물체가 받는 힘은 모든 방향에서 작용하므로 서로 균형이 맞아 상쇄되지만, 두 번째 물체가 근처에 있으면 첫 번째 물체로 향하는 입자들 일부를 가로막게 되어 물체가 두 번째 물체로 끌리는 효과를 만들어 낸다는 것이다. 그러나 이 모형은 상당한 개선이 필요했다. 이러한 설명대로라면 중력은 물체의 질량보다는 크기에 더 의존해야 하기 때문이다. 맥스웰이 이 중력 모형을 전자기의 인력에 고려했는지는 확실히 알려지지 않았다.

맥스웰의 전자기 공

맥스웰이 역학적 모형을 세우기 위해 첫 번째로 시도한 것은 공들이[9] 빽빽하게 공간을 채워 자기장을 형성한다고 상상하는 것이었다. 이 공들은(즉, 셀cell들은) 자전하고 있다. 보통 어떤 물체가 자전을 하면 그 물체에 원심력[10]이 작용해서 물체를 구성하는 물질이 중심에서 바깥쪽으로 퍼져 나간다. 이런 현상은 지구에서도 관찰할 수 있다. 뉴턴 시대에도 알려져 있던 이 효과로 인해 지구는 완벽한 공 모양이 아니라 적도 주위가 불룩한, 눌린 공 모양이다.

그러나 지구와는 달리, 맥스웰의 공들은 다른 공에 둘러싸여 있다. 그래서 공의 적도 부위가 회전 때문에 팽창한다면 바로 옆에 있는 다른 공들을 누르게 된다. 이 모형에서 회전축의 방향은 패러데이가 자기장에서 시연해 보였던 힘선에 맞춰져 있었다. 그 결과는 관측한 내용과 거의 유사하다. 힘선을 기준으로 직각이면(적도 방향) 공은 바깥쪽으로 힘을 가하면서 반발 효과를 생성하고, 힘선에 나란한 방향이면(극 방향) 공은 서로 더 가까이 밀면서 인력과 같은 효과를 낸다.

편리하게도 공의 회전 속도가 빠를수록 이 효과는 더 커진다. 그

---

9 여기에서 강조해야 할 점은, 앞서 유체 모형과 마찬가지로 이 공들은 단지 비유일 뿐이라는 것이다. 실제로 공간이 공으로 채워져 있다고 주장하려는 것은 아니었지만, 결국 이 그림이 맥스웰이 실제에 가깝다고 느꼈던 무언가로 귀결되기는 한다.

10 회전하는 물체가 바깥쪽을 향하는 힘을 받는다는 원심력 아이디어는 뉴턴 이래로 사람들의 조롱을 받아 왔다. 그들이 지적하는 것은 회전하는 물체를 지탱하는 끈이 끊어지면 곧장 자연스러운 직선 궤적을 따라 날아가며, '실제 힘'은 '구심력', 즉 중심을 향하면서 바깥쪽으로 날아가려는 경향에 반대하는 힘이라고 지적했다. 그러나 이는 단지 힘을 바라보는 기준틀의 구분일 뿐이다. 두 힘은 이 효과를 어디에서 보느냐에 따라 좌우되며, 원심력도 여전히 운동 효과를 서술하기에 유용한 도구가 될 수 있다.

러므로 이 모형에서 공의 회전 속도는 자기장의 세기에 해당된다. 이런 역학적 모형에서는 마찰이 없는 조건을 고려할 수도 있지만, 맥스웰은 공 사이에 어느 정도는 상호작용이 있는 편이 더 낫다고 생각했다. 서로 나란히 있는 두 공이 같은 방향으로 회전하면, 접점에서 공의 표면은 서로 반대 방향으로 움직일 것이다.

시계 방향으로 움직이는 공 두 개를 상상해 보자. 공들의 축이 책의 지면을 뚫고 나오는 방향이라면, 두 공의 접점에서 왼쪽 공의 표면은 접점 아래쪽으로, 오른쪽 공의 표면은 접점 위쪽으로 이동한다(그림 3).

맥스웰은 공들 사이의 직접적인 상호작용을 피하기 위해 큰 공들 사이에 볼베어링처럼 작동하는 작은 공들이 어마어마하게 많이 있다고 상상했다. 전통적인 기계 장치의 볼베어링은 베어링에 의

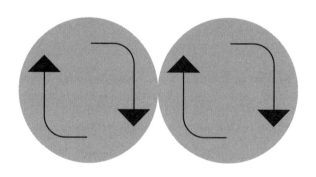

그림 3. 두 개의 공이 한 점에 접하며 회전하고 있다.

해 제약을 받지만, 이 모형에서는 현실과 달리 원하는 대로 자유롭게 흘러 다닐 수 있다. 이 작은 공들을 전기를 띤 입자라고 상상하면(오늘날 우리는 이것을 전자라 한다), 전기 회로가 꾸며졌을 때 작은 공들이 큰 공들 틈새의 통로로 흐르게 된다. (여러 종류의 공들이 뒤섞여 헷갈릴 수 있으니, 앞으로 큰 공들은 맥스웰이 그랬던 것처럼 '셀'이라고 부르기로 하자.)

이 모형이 특별히 멋진 점은 우리가 오늘날 알고 있는 전기(작은 공)와 자기(셀) 사이의 상호작용이 있다는 것이다. 전류가 흐르면, 그 결과 셀들이 회전하면서 자기장이 만들어진다.

맥스웰은 모형을 확장해 다양한 물질의 성질도 설명할 수 있었다. 예를 들어 도체의 전도도가 더 좋으면 공들은 더 쉽게 흘러가고, 부도체에서는 자기 셀들이 작은 전기 공에 달라붙어 전류를 얻기가 매우 어려워진다. 이렇게 맥스웰은 전자석뿐만 아니라 절연체와 전도체 사이의 차이까지 모형으로 다룰 수 있게 되었다. 그러나 이것으로 끝이 아니었다. 유도 현상도 해결해야만 했다.

앞서 보았듯이, 유도 현상은 패러데이가 발견했다. 그는 자기장의 변화가 전기 흐름을 만들어 낸다는 것을 알아냈다. 이것은 발전기의 작동 원리이기도 한데, 도선에 전류가 흐르기 시작하면 그 근처에 있는 다른 도선에도 유도 전류가 발생한다. 전기의 스위치가 켜지면 근처에 자기장이 형성되는 것이다. 근처에 있던 도선 관점에서 보자면 애초에는 거기에 자기장이 없었다. 그러다 갑자기 자기장이 나타나 안정적으로 유지된다. 없던 자기장이 생긴 것은 결국 자기장의 변화를 의미하므로, 두 번째 도선에 일시적으로 전류가 흐른 것이다. 같은 원리로 첫 번째 도선에 흐르던 전류가 끊어질 때도 같은 일이 발생한다.[11]

소용돌이와 유동바퀴

맥스웰은 모형을 개선해서 셀을 육각형으로 만들었고, 이로써 시각적으로 더 명료해졌다. 맥스웰이 그린 그림에는 실제 필요한 것보다 육각형이 더 많았지만, 딱 세 줄만 있어도 맥스웰의 생각을 머릿속에 그려 볼 수 있다(그림 4). 맨 위 셀과 가운데 셀 사이에 늘어선 작은 공들은[12] 도선 고리에 연결되어 있다. 여기가 유도 전류가 발생하게 될 곳이다. 그리고 셀의 가운뎃줄과 맨 아랫줄 사이에 늘어선 공들은 배터리와 스위치가 달린 도선에 연결된다. 이제 전류를 유도할 준비가 다 되었다.

실험은 그림 4-I 상태로 시작된다. 스위치를 켜기 전이어서 전류

---

11 유도는 요즘 흔히 사용되는 휴대전화와 전동 칫솔의 무선 충전기에서 사용되는 원리다. 충전대 안의 전류 변화가 자기장 변화를 일으키고 이것이 충전하고자 하는 장치 안의 배터리에 전류 변화를 유도한다.

12 맥스웰은 이 작은 공들을 '유동바퀴(idle wheels)'로, 육각형 셀들은 '회전하는 소용돌이(rotating vortices)'라고 불렀다. 이런 이름은 초기의 유체 모형에서 비롯된 것이다. 그는 셀들을 에테르 속의 실제 소용돌이로 생각하게 된다.

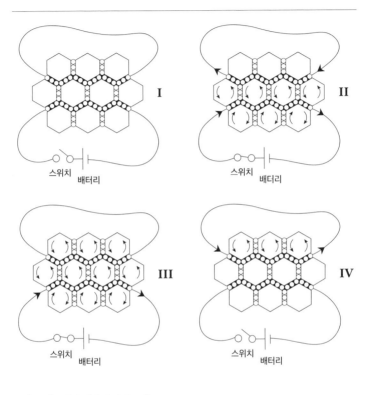

그림 4. 맥스웰의 전자기 역학 모델.

는 아직 흐르지 않는다.

4-II에서 스위치가 켜지면, 공들은 가운뎃줄 셀과 맨 아랫줄 셀 사이로 왼쪽에서 오른쪽 방향으로 흐르기 시작한다. 가운뎃줄의 셀들은 아래쪽 셀들과 반대 방향으로 회전하기 시작한다. 맥스웰의 모형에서 자기장 방향은 셀의 회전 방향이므로, 전류 위쪽과 아

래쪽 자기장은 서로 반대 방향이다. 그림에서 보듯 자기장은 도선 주위로 원을 그리며 회전한다.

한편, 맨 위와 가운데 셀 사이의 공들은 가운뎃줄에서 회전하는 셀 때문에 밀리게 된다. 이 작은 공들은 시계 방향으로 회전하기 시작하고 오른쪽에서 왼쪽으로 흐르며 위쪽 도선에 짧게 전류를 일으킨다. 그러나 이 회로에는 전류를 계속 흐르게 할 배터리가 없다. 따라서 도선의 저항이 흐르는 공들의 속도를 늦추고 공은 결국 멈추겠지만 그래도 공들은 여전히 시계 방향으로 회전하고 있다(가운데 셀들이 계속해서 회전하고 있기 때문이다-옮긴이). 이 회전으로 인해 윗줄의 셀들은 4-III과 같이 가운뎃줄과 동일한 방향으로 회전하게 된다.

스위치가 개방되면(그림 4-IV) 아래쪽 공들의 흐름은 곧바로 멈춘다. 이로써 맨 아랫줄과 가운뎃줄의 셀 속도는 늦춰진다. 그러나 맨 윗줄은 여전히 회전하고 있다. 회전하는 셀들은 마치 작은 관성 바퀴(회전 속도를 일정하게 유지하기 위해 부착하는 바퀴. 관성모멘트가 커서 회전 속도가 잘 변하지 않는다-옮긴이)처럼 움직이며, 에테르가(뒤쪽 내용 참고) 에너지를 잠시 저장해 위쪽 도선에서 또 다른 전류 흐름을 생성한다. 그러다 곧 전체 계는 정지하게 된다.

전기 전하들 사이의 인력과 척력까지는 다루지 못했지만, 맥스웰은 이 빅토리아풍의[13] 놀라운 모형으로 전자기의 세 가지 주요 특징들을 설명했다. 지금까지의 설명을 읽고 이런 임의성 강한 기계적 요소들의 구성이 현실적이지 않다고 느껴진다면, 다시 말해 지나치게 추상적이라 실제 세상과는 너무 동떨어진 느낌이라면 그건 여러분만 그런 것이 아니다. 프랑스의 물리학자 앙리 푸앵카레는 맥스웰의 모형을 보고 프랑스인들 사이에 "불편함을 넘어 불신의 감정까지도" 일었다고 말했다. 실제 세계에 대한 기계적인 비유로 도입한 모형을 지나치게 확대 적용해서 터무니없는 극단까지 몰고 가는 것처럼 보였던 것이다. 그래도 아무튼 이 모형은 잘 작동했다.

비유의 힘

맥스웰에게 이 새로운 비유, 즉 모형 세우기는 자연 세상의 물리적 원리를 더 잘 이해하기 위한 방법이었다. 케임브리지 학생 시절에 그는 이런 글을 썼다.

> [인간은] 자기가 잘 아는 두 사물 사이의 관계를 보고, 그보다 잘 모르는 두 사물 사이에도 비슷한 관계가 성립하리라고 생각할 때, 이것으로부터 저것을 추론한다. 비록 임의의 사물 한 쌍은 다른 사물 쌍과 크게 다를 수 있지만, 그 둘 사이의 '관계'는 다른 사

---

13 황동과 마호가니로 제작했으면 모양과 느낌까지 진정한 빅토리아풍이 되었을 텐데.

물 쌍 안의 관계와 같을 것이라고 가정하는 것이다. 과학적 관점에서 볼 때 가장 중요하게 알아야 할 것은 '관계'이므로, 이것에 대한 지식은 저것에 대한 지식으로 향하는 먼 길에서 우리를 인도한다.

이러한 철학은 처음에는 기계적 모형을 바탕으로 했고 이후에는 순수한 수학적 모형을 기반으로 펼쳐지는데, 맥스웰에게는 놀라운 성공의 열쇠가 된다.

다공성 매질을 관통하는 유체 흐름에 대한 맥스웰의 초기 모형이 톰슨의 열 연구에서 영향을 받았다는 것은 비교적 쉽게 알 수 있다. 반면, 훨씬 더 정교한 이 전자기 모형은 백지에서 갑자기 튀어나온 것처럼 보인다. 하지만 맥스웰은 여러 가지 기계 모형을 실제로 제작하는 것을 무척 좋아했다. 색 팽이나 토성 고리의 파동을 시연하기 위해 직접 제작했던 기계 모형들을 생각해 보면 납득이 갈 것이다.

게다가 당시 그는 런던에 있었다. 런던은 찰스 배비지Charles Babbage가 기계식 컴퓨터의 원형인 차분기관difference engine과 해석기관analytical engine을 꿈꿨던 곳이다. 배비지가 고안한 장치 중 실제로 제작된 것은 없었지만, 그래도 차분기관의 일부로 실제 작동하는 모형을 완성했고, 에이다 러브레이스Ada Lovelace 백작부인의 도움을 받아 훨씬 더 정교한 해석기관의 원리를 연구했다. 맥스웰이 런던에서 지낼 무렵 배비지도 런던에 살고 있었다. 맥스웰이 육각형 셀과 공으로 된 모형을 착안할 수 있었던 바탕에는 빅토리아 시대 공학이 일군 수많은 기적의 경험이 자리하고 있었을 것이다.

맥스웰의 전자기 모형은 본질적으로 대단히 유연한 모형이었다. 예를 들어 자기적 성질은 물질에 따라 크게 달라진다. 심지어 금속들 사이에도 이 차이는 엄연히 존재한다. 아예 다른 물질, 이를테면 복재를 가져와 비교하면 어떤 물질은 자성을 띠고 어떤 물질은 띠지 않는다는 차이가 분명히 드러난다.

맥스웰이 구성한 것은 에테르ether의 역학적 모형이었다. 에테르는 모든 공간을 채운다고 여겨지던 가상의 유체로, 빛 파동 그리고 전기장과 자기장이 허공을 통과해 전파되도록 하는 매질로 추정되었다. 맥스웰은 이 에테르가 다른 물질 위에 겹쳐지면 모형에서 육각형 셀의 특성에 변화를 가져온다고 제안했다. 물질의 자기적 성질이 강할수록 모형 안의 셀은 좀 더 조밀해진다. 밀도가 증가하면 셀들이 발생시키는 원심력이 더 커지고 자기 선속이 커진다(자기 선속이란 자기장 세기의 척도를 말한다).

다시 한번 강조하지만, 맥스웰은 실제 공간이 회전하는 육각형 셀과 작은 공들로 채워져 있다고 제안한 게 아니다. 우리 눈에 안 보이는 셀과 공 같은 것도 아니다. 맥스웰의 제안은 에테르의 행동 방식이 그가 상상한 역학적 구조와 동일한 효과를 만든다는 것이다. 그러나 이 새로운 모형과 그가 처음 제시했던 유체 아이디어 사이에는 큰 차이가 있었다. 맥스웰은 공과 육각형 셀로 구성된 모형이 실제 에테르 안에서 벌어지는 일을 정확히 묘사한다고 생각하지는 않았지만, 이 모형으로 실제 상황에 훨씬 더 가까워졌다고 생각했다. 그가 생각한 '실제'가 윌리엄 톰슨의 영향을 받았음은 거의 틀림없는 사실인 것 같다. 톰슨은 자기장 안에 실제 소용돌이가 있고, 이 소용돌이는 자기장이 빛에 영향을 미치는 방식에 반영되어 있다고 단호하게 주장했다.

맥스웰은 에테르에 대한 믿음을 한 번도 놓은 적이 없었다.[14] 에테르는 이후 1887년 미국의 과학자 앨버트 마이컬슨Albert Michelson과 에드워드 몰리Edward Morley의 실험으로 그 존재를 의심받다가, 결국 20세기 초 아인슈타인에 의해 완전히 폐기된 가상의 물질이다. 맥스웰은 자기장이 에테르라는 이 볼 수도 만질 수도 없는 매질 안에서 실제로 회전하는 소용돌이와 관련이 있다고 생각했다. 그러다 보니 모형의 작은 공들은 훨씬 더 골칫거리로 전락했다.

맥스웰은 "입자가 완벽하게 회전하는 소용돌이의 운동과 결부되어 움직인다는 개념은 다소 어색해 보일 수 있다. 나는 이것이 실제 자연에 존재하는 연결 방식이라고 주장하는 건 아니다"라고 썼다. 그러나 이것이 모형으로서는 잘 작동하며, 일시적인 방안으로 간주한다면 현상의 진정한 해석을 찾는 데 방해보다는 도움이 될

---

14 많은 이들이 이 부분을 아이러니라고 여긴다. 훗날 맥스웰이 에테르를 부정하는 과학적 사실을 발견했기 때문이다. 그러나 그는 이 발견의 의미를 끝내 인정하지 않았다.

것이라고 언급했다.

정리하면, 맥스웰은 에테르가 육각형과 작은 공으로 가득 찬 공간을 갖고 있는 건 아니라는 점을 분명히 강조하고 있다. 육각형과 작은 공으로 가득 찬 에테르는 옛사람들이 우주를 수정 구슬로 생각했던 것과 크게 다를 바가 없다. 그렇다고는 해도 에테르가 실제로 존재한다면 정말로 놀라운 물질이어야 했다. 우리 눈에는 보이지 않고 검출할 수도 없으며, 그러면서도 빛의 매질로서 파동을 전달하고, 탄성이 있어 계속해서 파동들을 전파시킬 수 있어야 했으니까. 동시에 단단해서 빛이 계속해서 어마어마하게 먼 거리를 여행할 수 있어야 했고, 그러면서도 여느 물리적 파동처럼 에너지를 잃는 일이 없어야 했다. 에테르는 실제 세계에 대한 과학자들의 정신적 모형의 일부로 굳건히 수립되어 있어 이를 떨쳐 내기가 극도로 어려웠다.[15] 그리고 맥스웰은 그가 세운 모형의 구체적인 세부 사항이 복잡한 실제 유체에 대한 역학적 비유로서 매우 효과적이라고 생각했다.

그래서 그는 작은 전자석이 3차원의 모든 방향으로 자유롭게 회전하는 장치를 제작해 에테르 안의 소용돌이들의 효과를 직접 측정해 보기로 했다. 이것을 측정할 수만 있다면 서로 인접한 소용돌

---

15 현대의 물리학자 중에는 오늘날 암흑물질이나 빅뱅 이론의 급팽창 개념 같은 것이
    에테르와 같은 존재라고 주장하는 이도 있다. 이런 것들 역시 우리의 사고방식에 깊이
    새겨졌지만 그 존재를 지지하는 증거는 제한적이다.

이의 영향을 검출할 수 있으리라 기대를 걸었다. 실험 결과 아무것도 발견되지 않았지만, 맥스웰은 소용돌이가 너무 작아서 검출이 안 되었던 모양이라고 생각했다. 그리고 이와 같은 맥락에서 그는 전기장이 에테르의 탄성적 변형과 직접적으로 관련되어 있다고 믿었다. 다시 말하지만, 그는 자신이 만든 구체적인 모형이 실제의 정확한 초상이라고 주장하는 것이 아니었다. 그는 단지 소용돌이와 소용돌이의 탄성 반응 같은 핵심 특징이 실제의 반영이며, 따라서 모형의 구성 요소에서 기대할 수 있는 것과 같은 효과를 생성하리라고 생각했다.

오늘날 우리는 에테르가 존재하지 않는다는 것을 알고 있다. 그렇다고 맥스웰의 이런 믿음 때문에 그의 업적을 하찮게 여겨서는 안 된다. 당시에 에테르는 이성적으로 완벽한 하나의 가설이었다. 그리고 맥스웰은 모형이 현실을 반영하는 것이라 해도 모형은 그것이 반영하는 현실과 완전히 분리하여 받아들여야 한다는 태도에 가까이 다가갔다. 이러한 태도가 결국엔 물리학을 지배하게 될 순수한 수학적 모형을 개발하는 능력으로 이어질 것이었다.

맥스웰은 킹스 칼리지에서 이후의 연구를 실질적으로 이끌게 될 통찰을 쌓기 시작했다. 그는 그간의 발견을 2부로 구성된 논문으로 작성했다. 처음 발표했던 전자기 관련 논문의 제목은 「패러데이의 힘선에 관하여On Faraday's Lines of Force」였는데, 새 논문은 「물리적 힘선에 관하여On Physical Lines of Force」라는 제목을 달아 좀 더 현

실적인 모형으로 넘어갔음을 강조했다. 「물리적 힘선에 관하여」는
《철학 매거진》[16]에 발표되었으며, 1부는 1861년 3월호에, 2부는
4월호와 5월호에 나뉘어 실렸다.

---

16 《철학 매거진(Philosophical Magazine)》이라 하면 대중 과학을 다루는 가벼운 정기
    간행물처럼 들리겠지만, 이 유서 깊은 과학 잡지는 1798년 창간된 이래로 데이비,
    패러데이, 맥스웰, 줄과 같은 빅토리아 시대 유명 과학자들의 논문을 다수 수록했다.
    이 과학 잡지는 지금도 발행되고 있다. 이에 비해 지금은 전 세계적으로 더 유명해진
    《네이처》는 《철학 매거진》보다 뒤늦은 1869년에 창간되었다. 《철학 매거진》은
    일반적인 자연철학 학술지로 출발했지만 곧 물리학 전문 저널이 된다.

악마, 스타가 되다

나의 주인님은 전자기의 작용을 서술하는 모형을 수립하면서 과학자들의 명예의 전당으로 향하는 길을 착실히 다졌다. 아, 물론 아직 그곳에 다다르지는 못했다. 육각형 소용돌이와 그 사이를 굴러다니는 작은 공으로 만든 모형을 진심으로 좋아할 사람은 없지 않겠는가. 심지어 악마도 마찬가지다. 그러나 JCM이 말년의 영광을 위한 기반을 다졌다는 것은 분명하다.

당신들 눈에는 어쩌면 내가 좀 치우쳐 있어서 나의 창조자를 지나치게 추켜세우는 것처럼 보일 수도 있겠다. 특히 맥스웰의 지명도가 다윈이나 아인슈타인보다 한참 낮은 걸 감안하면 말이다. 그러나 20세기 위대한 물리학자의 한 사람으로 누구에게나 인정받는 리처드 파인먼Richard Feynman은 이런 말을 했다.

인류 역사를 멀리서 볼 때, 예를 들어 지금부터 1만 년 후에 본다면 19세기의 가장 의미 있는 사건으로 맥스웰의 전기역학 법칙 발견이 꼽히리라는 것은 의심의 여지가 없다.

그렇다. 파인먼은 JCM의 팬이었다.

빅토리아 시대의 컴퓨터 소개팅

기록을 통해 빅토리아 시대 신사들을 보면 대부분 개성 없이 밋밋해 보인다. 당시에는 개인에 대한 묘사가 너무 경직되어 있었고 인물을 깊이 있게 들여다보는 경우도 별로 없었기 때문이다. 그러다 보니 독자들도 JCM을 실존 인물로 생각하기가 쉽지는 않을 것이다(실제로 나를 포함해서 JCM을 알았던 주위 사람들과 비교하면 그렇다는 것이다). 그러니까, JCM이 동료 과학자인 프랜시스 골턴Francis Galton을 위해 오늘날 컴퓨터 소개팅 사이트에 지원할 때 쓰는 것과 비슷한 형식의 설문지를 작성했던 것은 우리에겐 큰 행운이다.

골턴은 우생학 옹호론자라서 훗날 비판을 받았지만, 그의 연구는 대체로 광범위하고 유용하다는 평가를 받는다. 그는 사람들에 대한 통계적 해석, 유전적 특징, 특히 천재성의 본질에 매료되었다. 1874년에 골턴은 『과학하는 영국 남자들English Men of Science』*이라는 제목의 책을 출간했다. 이 책은 골턴이 왕립학회 동료들에게 약

---

* '사이언티스트', 즉 과학자라는 단어는 이 무렵 골턴이 책 제목으로 쓸 만큼 사람들 사이에서 널리 사용되지 않았던 것 같다. 물론 빅토리아 시대의 보편적 정서를 감안하면 여성도 포함 대상이 아니었다. 순수한 스코틀랜드 사람인 JCM이 과학하는 '영국' 남자들 목록에 포함된 것도 좀 기이해 보일 수 있다. 골턴이 이 책을 쓸 때 대상자 선발 기준은 런던 근처에서 살았거나 일했던 남자들이었고, 당시 맥스웰은 케임브리지에 있었다. 게다가 당시 '영국English'이라는 단어는 '브리티시British'의 대안으로서 종종 사용되기도 했다.

200문항의 설문지를 채워 달라고 부탁해 그 내용을 바탕으로 쓴 것이다. 이 책에서 '본성 대 양육nature versus nurture'의 개념이 (실제로 이 용어 그대로) 최초로 제시되었으며, 이것은 심리학 연구에서 설문지를 활용한 최초의 사례로 간주된다.

그러나 우리는 나머지 영국 과학자들은 패스하고 JCM만 골라서, 인간으로서의 맥스웰을 자세히 관찰해 보기로 하자. 그는 키가 5피트 8인치(173센티미터)였고, 19세 이전에는 '잔병치레가 잦은' 아이였지만 성인이 된 후에는 완전히 건강해져서 흔한 두통 한 번 앓은 적이 없었다고 한다. '정신적 특징'에 대해 질문을 받자, JCM은 이렇게 적었다.

- 수학적 도구들을 좋아하고 모든 종류의 정다각형과 곡선 형태에 열광함.
- 손재주 아주 좋음. 실용적 측면에서는 대단히 약함. [그는 아버지가 '기계적 재능이 대단히 뛰어난 분'이었다는 점도 기록했다.]
- 어릴 때 음악의 영향을 강하게 받았음. 그것이 유쾌했는지 고통스러웠는지는 알 수 없으나, 후자였던 것 같음. 멜로디나 가사를 절대 잊는 법이 없고 그 멜로디가 유행하지 않을 때도 항상 마음속에 새겨져 있음. 악기는 전혀 연주할 줄 모르며 정식 음악 교육도 받아 본 적 없음.
- 꾸준함과 지속성은 우수. 감사하는 마음과 분노는 약함.

$\sigma\tau o\rho\gamma\eta$*는 매우 강함. 비사교적. 사람보다는 사물에 관한 생각을 더 많이 함. 사회적 애정은 범위가 제한적임. 신학적 사상을 받아들이며 그러한 의견을 활발히 표현함. 건설적 상상력. 선견지명.

'과학적 취향의 기원'이라는 질문에 대한 답을 보면, JCM의 사고방식에 대한 매혹적인 통찰을 얻을 수 있다.

나에게 수학은 언제나 사물의 최선의 모양과 크기를 얻는 방법이다. 수학은 유용하고 경제적일 뿐 아니라 가장 조화롭고 아름다운 것이기도 하다.

예전에 윌리엄 니콜을 방문한 적이 있는데 [44쪽 참고], 그곳에서 양조업자들의 광학 기구와 유리공의 다이아몬드를 사용해 편광기 제작, 크리스털 커팅, 유리 템퍼링 같은 작업을 했다.

당연히 과학적 성향을 지닌 변호사가 되었어야 했지만, 포브스 교수님을 포함하여 여러 훌륭한 전문 과학자들이 활동하는 모습을 보고, 아버지와 나는 쓸모 있는 삶을 살기 위해 반드시 직업이 필요한 것은 아니라는 확신이 들었다.

---

* 그리스어로 애정 또는 사랑. ($\sigma\tau o\rho\gamma\eta$(스톨게)는 특히 혈육 간의 사랑을 의미한다. —옮긴이)

악마의 교리문답서

나의 주인님이 유명해지면서 내 모양새도 더 잘 갖추어지게 되고, 많은 물리학자들이 나를 재미있는 기분 전환 거리로 인식하게 되었다. 말하자면 내가 스타가 된 것이다. 그러자 JCM은 친구 피터 테이트에게 교리문답서** 형식으로 나에 대한 짧은 전기를 써서 전해 줘야겠다고 생각하게 되었다. 좀 짜증 나는 사실은 그가 나를 '악마들'이라고 복수형을 써서 지칭했다는 건데, 누구든 일반 상식이 있는 사람이라면 맥스웰의 악마는 나 하나뿐이라는 걸 알겠지.

악마들에 대하여

1. 누가 이런 이름을 지어 주었는가? 톰슨

2. 그들의 성질은 어떠한가? 아주 작지만 활기찬 존재들. (명령에 따를 수는 있지만) 일을 할 능력은 없다.*** 다만 마찰 또는 관성 없이 움직이는 판막을 여닫을 능력은 있음.

3. 그들의 주요 목적은?**** 열역학 제2법칙이 오직 통계적 확실성만 있음을 보이는 것.

** 교리문답서는 교리를 문답 형식으로 요약한 것이다. JCM은 제인 이모 덕에 십대 때 에든버러에서 램지 신부의 교리 수업에 참석했었다.

*** 또, 자기 생각을 이렇게 멋대로 써 놓다니.

**** 이 문서가 단순히 문답 형식이라서 교리문답서라고 했던 것은 아니다. 잘 알려진 예로, 1647년의 웨스트민스터 단기 교리문답서에 보면 '인간의 주요 목적은 무엇인가?'라는 질문이 있다.

4. 온도 차이를 만드는 것이 그들의 유일한 목적인가? 아니다. 지
능이 떨어지는 악마들도* 모든 입자를 한 방향으로만 이동하게
하고 다른 방향으로 이동하는 입자는 제지하여 압력과 온도 차
이를 만들 수 있기 때문이다. 온도 차이를 만드는 것이 유일한
목적이라면 악마는 그저 밸브와 다를 것 없는 존재가 될 것이
다. 악마에게 그 정도 가치밖에 없다면 더 이상 악마가 아닌
자동 양수기에 달린 밸브**라고 불러야 하지 않을까.

나에 대한 JCM의 명백한 경시는 윌리엄 톰슨이 보내 준 찬사와
는 극명하게 대조된다. 톰슨은 훗날 나에 대하여 대단히 지적인 존
재며 "실제 생물체와 다른 점은 극히 작고 민첩하다는 것뿐"이라
고 말했다. 어떤 사람들은 톰슨이 이렇게 나를 기계 아닌 존재라
고 열정적으로 설명한 것이 'X 클럽'의 이론에 반대하기 위해서라
는 의견을 내놓기도 했다. 이 X 클럽은 아일랜드의 물리학자 존 틴
들John Tyndall과 영국의 생물학자 토머스 헉슬리도 회원으로 참여한
모임인데, 생명체는 영혼 개념이 필요 없는 기계적 오토마타(자동
장치)라는 아이디어를 적극적으로 밀고 있었다.
톰슨의 동기가 종교 때문인지 아닌지는 모르겠으나, 어쩌다 보

---

* 분명히 이 말은 날 가리키는 것이 아니다. 이건 누가 봐도 다른 악마 얘기다.
** 양수기는 수압을 이용해 물을 원래 위치보다 높이 끌어올리는 장치다. 큰 물줄기의 높은
압력으로 작은 물줄기들을 이동시킨다. 이 장치는 원웨이 밸브를 사용한다.

니 여기에서는 JCM이 틀린 것으로 밝혀졌다. 그가 생각한 것처럼 이 단순한 악마를 밸브로 바꿔 버리면 온도와 압력 실험이 제대로 돌아가지 않는다. (굳이 쓸데없는 걸 더 추가할 생각 말고, 그냥 나한테 도와 달라 했으면 기꺼이 도와줬을 텐데 말이다.)

자신만의 악마를 데리고 있던 또 다른 물리학자 리처드 파인먼은, 세간의 찬사를 받은 '빨간 책' 『파인먼의 물리학 강의』에서 악마를 기본석인 기계 장치로 대체하면 기계가 돌아가면서 뜨거워질 것이라고 설명했다. 그러다 결국에는 아주 뜨거워져서 작업 수행에 부적절해진다는 것이다. 내가 실직자가 될 것을 염려했던 것인지, 파인먼은 정보를 다루지 못하는 존재는 이 일을 할 수 없다며 내 역할이 지닌 특별한 의미를 지적했다. 그러니까 지성이 없는, 그저 기계적인 존재로서의 악마는 결코 발견할 수 없다는 얘기다.

JCM이 단순히 열역학 제2법칙을 무너뜨리자고 이 악마 이야기를 시작한 것은 아니었다. 그는 열역학 제2법칙의 타당성에 전적으로 만족했다. 그러나 그가 기체 동역학 이론의 통계적 접근법을 개발한 것은 이 두 번째 이론이 확실성이 아닌 확률에 관한 이론임을 깨달았음을 의미했다. 영국의 물리학자 제임스 진스James Jeans가 자신이 쓴 교과서에서 지적한 내용을 봐도 그렇다.***

***　이 책의 저자 브라이언 클레그는 나에게 슬쩍 다가와, 진스의 교과서는 1904년에 출간되었어도 여전히 훌륭한 책이며, 자기가 대학 재학 중에 제임스 진스의 부인이자 오르가니스트인 레이디 수지 진스와 함께 차를 마신 특별한 경험을 자랑으로 여기고 있다는 얘기를 써 달라고 부탁했다.

맥스웰이 고안한 분류 전담 악마는* 우연에 맡겼다면 아주아주 오
랜 시간이 걸릴 사건을 대단히 짧은 시간 안에 일으킬 수 있다.
그러나 어느 한 경우가 다른 경우보다 자연법칙에 더 모순되거나
할 것은 전혀 없다.

나같이 수수한 악마도, 정상적인 환경에서 일어나기 힘들지만
불가능하지는 않은 그런 일들을 완벽하게 수행할 능력이 있는 것
이다.
이제 다시 JCM의 이야기로 돌아가 보자. 지금 그는 전자기학에
대한 최근의 아이디어를 정리한 후 도시를 떠나 잠시 휴식을 취하
고 있다.

---

* 이렇게 쓰니 무슨 우체국 직원처럼 들린다.

5장

빛을 바라보며

새로운 모형을 완성하고, 맥스웰은 1861년의 긴 여름방학에[1] 캐서린과 함께 글렌레어로 향했다. 학자들은 긴 방학 동안 학업에 손을 놓거나 아니면 바빠서 미뤄 두었던 개인적인 과제를 연구하며 기분 전환을 하곤 했다. 맥스웰도 겉으로는 글렌레어 영지 관리에 몰두하는 것 같았지만, 전자기 모형을 마음속에서 완전히 밀어낼 수는 없었다. 그의 기계적mechanical 비유는 대부분의 전자기 효과를 예측한다는 점에서 꽤 인상적이었지만, 무언가 완전히 맞지 않는 것이 있었다. 단순히 비유를 너무 확장해서 그런 것일 수도 있지만, 정말로 그런 건지 아닌지 밝혀내야 한다는 중압감이 마치 욱신거리는 치통처럼 그를 괴롭혔다.

---

[1]   일반적인 기준에서 긴 휴가라는 얘기다. 애버딘에서 여름방학을 6개월 동안 즐기던 맥스웰의 입장에서는 4개월짜리 킹스 칼리지의 방학은 상당히 짧게 느껴졌을 것이다.

유연한 셀의 힘

맥스웰의 모형에서는 육각형 셀과 작은 공들의 회전 운동이 인접한 개체들로 전달된다. 그래서 앞장의 '그림 4'에서 본 것과 같이 운동은 전체적으로 확장된다. 그러나 실제 역학적 계 안에서 이런 일이 일어나면 에너지 손실이 발생한다. 이런 에너지 손실은 전기 저항과 관련 있어 보이기도 하지만, 전체적으로 그림이 맞아 들어가지 않았다. 그의 모형이 서술하는 바에 따르면, 저항은 도선 안에서만 발생하고 에테르 전체에서 일어나지 않기 때문이다. 그래도 회전하는 셀이 단단한 고체가 아니라면 이러한 문제를 해결할 방법이 있었다. 그는 셀들이 압력의 영향으로 변형될 수 있다고 가정했다. 물리학에서 탄성이라고 부르는 성질을 셀에 부여한 것이다.

번잡한 런던에서 벗어나 모든 게 익숙하고 편안한 글렌레어에서 항상 그의 말을 귀 기울여 들어 주는 캐서린과 함께였으니, 문제를 건설적으로 고민하기에 더없이 좋은 환경이었을 것이다. 맥스웰은 금속판 사이에 부도체가 들어간 회로를 상상했다. 금속판 한 쌍은 배터리로 연결한다. 따라서 전기장은 부도체를 통해 뻗어간다. 그의 모형에 따르면, 부도체에서는 작은 공들이 육각형 셀에 붙어 있어서 흐르지 못한다. 그러나 만일 이 셀들이 탄성을 지니고 있다면 자전축을 중심으로 약간 틀어질 수 있다. 이런 셀의 변위로 인해 아주 소량의 전류가 금속판 사이를 흐르게 될 것이다. 이 흐름은, 더 이상 변위가 생기지 않을 만큼 탄성 셀의 비틀림이 강해질 때까지 계속된다.

이때 두 금속판은, 하나는 양전하로 다른 하나는 음전하로 대전될 것이다. 이 말은 두 판 사이에 인력이 작용한다는 의미다. 마치 마법처럼, 맥스웰이 제안한 탄성 메커니즘이 갑자기 인력을 생성하게 되었다. 그 이유는 셀의 비틀림이 에테르를 수축시키기 때문이다. 스프링이 감길수록 크기가 줄어들듯이, 셀들이 줄어들면 금속판들을 끌어당기게 된다. 이 끌어당김이 그의 모형에서 빠진 요소, 즉 정전기적 인력을 설명했다.

이제 회로에서 배터리를 제거해도 셀 안의 장력이 남게 된다. 따라서 인력은 여전히 존재할 것이다. 그러나 두 금속판이 다시 도선으로 연결되면, 짧은 전류가 두 금속판 사이로 흐르고 유연한 셀들의 비틀림이 풀린다. 이에 따라 전기는 방전되고 인력은 사라진다. 그가 설명한 이것은 다름 아닌 콘덴서(오늘날에는 커패시터capacitor(충전기)라고 부른다)의 작용이었다.

맥스웰은 다양한 자기적 특성을 설명하기 위해 에테르 모형에서 셀의 밀도가 물질에 따라 달라질 수 있다고 상정했다. 그는 물질이 지닌 다양한 전기 특성도 이와 비슷한 방법으로 설명할 수 있었다. 금속판 사이를 다른 물질들로 채우면—이를테면 공기, 나무, 운모 등—에테르 셀들의 탄성에 변화가 생긴다. 운모(자연적으로 발생하는 규산염 결정이며, 판형으로 형성된다. 초기 전기 실험에서는 종종 절연체로 사용되었다) 같은 물질은 예를 들면 공기보다는 전기 전하에 더 민감하다. 이런 물질을 유전체dielectric라고 한다. 맥스웰의 모형에서 유전체는 셀을 더 쉽게 비틀리도록 만들어서, 금속판이 연결될 때 더 큰 전하가 유지되고 전류도 더 많이 흐르게 된다.

이 육각형 셀에 탄성을 허용해 비틀고 조일 수 있도록 함으로써, 맥스웰은 자신의 모형에 전기 인력을 끌어들였다. 이 아이디어는 효과가 있었고, 변화를 다루는 수학인 미적분학을 벡터[2]에 적용하는 새로운 기법으로 전기장과 자기장을 수학적으로 기술하는 데 자신의 모형을 사용할 수 있었다.

이 새 버전의 모형은 에테르를 일종의 보이지 않는 에너지 저장소로 간주했다. 정전기 에너지는 퍼텐셜 에너지며, 스프링의 에너지처럼 에테르 안에 저장된다. 반면 자기 에너지는 회전하는 관성바퀴의 에너지처럼 운동에너지다. 그리고 그의 모형은 이 두 에너지가 확실하게 얽혀 있음을 보여 준다. 한쪽이 변하면 다른 쪽에도 영향을 미친다.

이것은 놀라운 성과였다. 그러나 현실과 잘 맞는 모형을 세웠다는 자체만으로 반드시 유용한 것은 아니다. 과거 르네상스 이전 시대의 천문학자들은 주전원 기반의 우주 구조 모형을 사용했었다. 이 모형에서는 모든 천체가 지구 주위를 돌도록 원운동을 복잡하

---

2   벡터는 크기와 방향을 모두 가진 양이며, 스칼라는 크기만 가지는 양이다. 예를 들어 '시속 50킬로미터'라고 기술하는 속력은 스칼라다. 반면 '북쪽으로 시속 50킬로미터'라는 식으로 기술하는 속도는 벡터다.

게 조합해 설명했다. 심지어 지구에서 볼 때 화성의 궤도가 하늘에서 반대 방향으로 변하는 기이한 현상도 잘 설명했다. 오늘날에는 이 모든 원인이 행성들이 지구가 아니라 태양 주위를 돌기 때문임을 알고 있다. 주전원 모형은 관측된 사실과 잘 맞았지만, 천문학자들이 뭔가 새로운 것을 시험해 볼 여지를 조금도 남기지 않았다. 이 모형은 그저 우리의 관측 내용 그리고 지구가 우주의 중심이라는 완고한 믿음과 일치하도록 설계된 것이었으며, 그게 전부였다. 그러나 맥스웰의 모형은 여기서 한발 더 나아갔다. 이전에 관측되지 않았던 무언가를 예측한 것이다.

에테르 안의 파동

만일 에테르가 정말로 맥스웰의 모형처럼 행동한다면,[3] 그의 수학에 추가되어야 할 성분이 하나 있었다. 아무것도 없는 빈 공간을 에테르가 채우고 있다고 상상하면, 탄성을 가진 셀이 비틀림으로써 작은 공들 안에는 항상 약간의 움직임이 생긴다. 일반적인 전류에 더해지는 이 '변위 전류'가 그의 방정식을 수학적으로 완전하게 만드는 구성 요소로서 추가되었다. 모형이 실제 관측 내용을 반영한다고 보면 정확성 측면에서 이것은 모형에 새로운 국면을 불러왔

---

3   에테르는 실제로 존재하지 않는다는 점을 항상 염두에 둘 것. 이것은 당시 맥스웰의
    생각이고 당시에는 그런 것이 실제로 존재한다고 여겨졌다.

다. 물론 셀에 탄성을 도입한 것 자체도 그에 못지않게 중요한 의미가 있다.

물질에 탄성이 있으면―즉 물질의 구성 요소들이 유연성flexibility이 있으면―그 물질을 통해 파동을 전달할 수 있다. 파동이 물질을 통과하려면 물질의 구성 요소에 반복적으로 변위가 발생해야 하며, 따라서 물질이 완전히 단단할 경우 통과해 나아갈 수 없다. 맥스웰의 셀과 공이 빈 허공을 통해 뻗어 나간다고 상상해 보자. 전기 에너지로 인해서 늘어선 한 줄의 공에 순간적인 움직임이 생기면, 인접한 셀들이 가볍게 비틀린다. 이것은 자기 에너지의 짧은 운동을 나타낸다. 이 비틀림은 순차적으로 바로 옆줄의 공에 전달되어 갑작스러운 움직임을 만든다. 새로운 서지surge 전류가 발생하는 것이다.

이 연속적인 움직임은 에테르가 채우고 있는 빈 공간을 전파해 나간다. 그러나 즉각적으로 진행되지는 않는다. 셀에는 약간의 관성이 있어 움직이는 데 시간이 조금 걸리기 때문이다. 맥스웰의 모형이 예측하는 바에 따르면, 전기적 자기적 변위가 번갈아 일어나는 파동을 절연체를 통해 보내는 것이 가능하다. 심지어 진공을 통해서도 보낼 수 있다. 에테르는 항상 존재하기 때문이다. 그리고 공과 셀의 변위는 이 파동이 진행하는 방향과 직각으로 발생하므로, 수면의 물결 같은 횡파가 관측될 것이다. 다시 말해 물질의 변위는 파동의 진행 방향과 90도 각도를 이룬다.

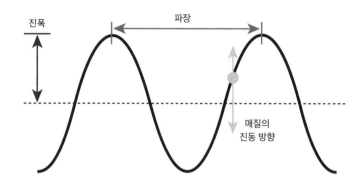

진폭

파장

매질의
진동 방향

그림 5. 횡파의 성질.

이 변위 전류라는 개념은 이론물리학자의 역할을 바꾸어 놓았는데, 어찌 보면 현대의 이론물리학자라는 것 자체가 맥스웰의 발명품이라고도 할 수 있다. 당시 이론학자들이 하는 일은 주로 관찰 내용에 맞게 이론을 만드는 것이었다. 그러나 맥스웰은 이론물리학자란 실험적 증거에 남은 구멍을 찾고 시험해 볼 수 있는 예측을 만드는 사람이라고 보았다. 변위 전류는 관찰해서 얻은 결과가 아니라, 그의 모형이 내놓은 순수한 예측이었다. 어쩌면 이것은 사소한 공헌일 수도 있고 사람들이 맥스웰의 업적을 말할 때 종종 간과하는 부분이기도 하지만, 혁명적이라는 사실은 부인할 수 없다. 맥스웰의 동료 중에는 이 접근법에 상당한 거부감을 보이는 이들도 있었다. 그러나 맥스웰의 대담한 발걸음은 이론물리학자의 핵심 역할을 새롭게 정의했고, 어떤 분야는 모형으로부터 추론하는 이런 방식이 지배적이기도 하다.

변위 전류의 도입은 맥스웰의 방법론이 거둔 주목할 만한 성과였다. 반면 비슷한 시기에 전자기를 설명하려는 다른 시도들은 여전히 원거리 작용에만 매달리고 있었다. 그들은 패러데이의 전기장과 자기장을 배제했고, 그 대신 먼 거리에서 힘을 미치는 점 전하 개념에 집착하면서 전자기파를 가능하게 하는 추가적인 요소를 떠올리지 못했다. 아인슈타인은 맥스웰의 이런 움직임이 대단히 중요하다고 여겼다. 그는 『자전적 노트』에서 이렇게 말한다.

> 학창 시절 나에게 가장 매력적인 주제는 맥스웰의 이론이었다. 이 이론이 혁명적인 이유는 원거리 작용을 기본 변수로서의 장으로 전환했기 때문이다. … 이것은 마치 계시 같았다.

당시 과학자들은 절연체와 빈 공간도 통과해 이동하는 횡파의 존재를 알고 있었다. 바로 빛이었다. 게다가, 앞서 보았듯이, 맥스웰의 영웅 패러데이는 정확히는 설명할 수 없지만 빛이 전기 및 자기와 관련되어 있다고 추정했다.

맥스웰이 15세였던 1846년에, 패러데이가 친구 찰스 휘트스톤의 대타로 강연을 하며 청중에게 이런 말을 했음을 기억하자.

따라서, 나는 복사가 힘선의 고차원적인 진동이라고 대담하게 제시하려 합니다. 이 힘선은 입자들을 잇고 물질의 질량을 연결한다고 알려져 있지요. 이러한 관점에서 보면 에테르는 제거될 수 있지만 진동은 제거되지 않습니다.

패러데이는 이러한 탁월한 견해를 바탕으로 맥스웰보다 한발 더 나아갈 준비가 되어 있었다. 맥스웰은 셀과 공 모형이 에테르를 서술한다고 믿은 반면, 패러데이는 에테르가 없어도 전기장과 자기장이 빈 공간에 퍼져 뻗어 나갈 수 있다고 믿었다. 어느 쪽이든, 두 사람 모두 빛을 전기장과 자기장 안의 진동이라고 보았다. 패러데이는 개념의 가시화를 통해, 그리고 맥스웰은 역학 모형이라는 수학적 지원을 받아 같은 내용을 추론한 것이다.

빛을 바라보며

우리는 맥스웰이 정확히 어떤 과정을 거쳐 모형이 예측한 파동과 빛을 유사하다고 보았는지 알지 못한다. 그러나 그가 패러데이의 〈광선-진동에 관한 고찰〉 강연을 몰랐을 리 없다. 그런 생각에 도달하게 된 계기가 무엇이든, 맥스웰의 모형은 빛과 전자기 사이의 관계가 실제로 유효한지를 시험할 방법을 제시했다. 매질을 지나는 파동의 속도는 매질의 탄성과 밀도를 이용해 계산할 수 있다는 사실은 알려져 있었다. 그리고 그의 모형에서 탄성은 정전기력에, 밀도는 자기력에 해당했다.

모형에서 필요한 값들이 모두 완벽하게 정해지지는 않았지만, 진공의 탄성에 대하여 최솟값을 취하면 예측되는 파동의 속도는 단위 전기 전하와 단위 자기 전하를 이용해 계산한 속도와 일치했다. 이것이 우연일 가능성은 거의 없다. 맥스웰은 진공일 때 모형의 예측 값을 계산할 수 있었고, 진공 안에서 전자기파가 1초에 193,088마일을 이동해야 한다는 결과를 얻었다(이는 초속 310,700 킬로미터에 해당한다).

그러면 이제 예측 값과 실제 빛의 속도만 비교해 보면 될 일이었다. 빛의 속도는 1676년 덴마크의 천문학자 올레 뢰머Ole Rømer가 처음으로 계산법을 제시하였다. 뢰머는 목성과 지구 사이의 거리가 변화함에 따라 발생하는 목성 위성의 식蝕을 관찰해 빛의 속도를 계산했다. 보다 최근에는 프랑스의 물리학자 아르망 피조Armand Fizeau가 기계 장치를 이용해 측정한 값도 나왔다. 빠르게 회전하는 톱니바퀴에서 출발해 9킬로미터 트랙 아래로 빛 펄스를 보낸 후, 빛이 되돌아와 바퀴를 통과하는 순간 바퀴의 회전 속도를 통해 경과 시간을 측정하는 식이었다.

불행히도 맥스웰은 글렌레어에서 지내는 동안 피조의 연구 자료를 전혀 접할 수 없었고[4], 자신이 계산한 전자기파의 속도가 측정값에 비교적 근접하긴 했지만, 이 측정값을 정확히 잘 기억하지 못하다 보니 자신의 예측이 얼마나 효과적인지 확신할 수가 없었다. 결국은 10월까지 기다렸다가 런던으로 돌아와 전자기파의 이론적 속도와 빛의 속도를 직접 비교해야 했다. 킹스 칼리지로 돌아온 그는 가장 최근에 피조가 측정한 빛의 속도가 초속 195,647마일(314,850킬로미터)이고, 또 다른 추정치는 초당 192,000에서 193,118마일(308,990에서 310,790킬로미터) 범위임을 알게 되었다. 그가 계산한 속도와의 차이는 1.5퍼센트도 나지 않았다.

이렇게 근접한 값이 우연일 가능성은 거의 없어 보였다. 맥스웰은 이렇게 썼다.

계산된 속도는… 피조의 광학 실험에서 구한 빛의 속도와 정확히 일치한다. 따라서 *빛이 전기 및 자기 현상을 일으키는 매질과 같은 매질의 진동*undulation*이라는 추론을 거의 피할 수 없다.*[5]

푸앵카레에게 '불편함을 넘어 불신의 감정까지도' 불러일으켰던 맥스웰의 '기계적 비유'가 수천 년 동안 인류가 골몰했던 미스터리, 즉 '빛이란 무엇인가?'라는 의문 이면에 숨은 진실을 드러낸 것이다.

---

4   맥스웰의 연구 덕에 오늘날 누구든 필요한 정보를 즉각적으로 찾아볼 수 있는 인터넷 기술이 발달했음을 생각해 보면 이는 참 아이러니한 사실이었다.

5   맥스웰이 직접 이탤릭체로 강조했다.

처음에 맥스웰은 「물리적 힘선에 관하여」가 2부작으로 완성되었다고 생각했지만, 1862년에 변위 전류와 전자기파에 관한 내용을 추가해 논문을 3부로 확장하기로 마음먹었다. 그리고 전자기파 이론으로 이전에 설명하지 못한 현상을 설명하게 되면서 곧 4부까지 추가하게 되었다.

앞서 우리는 45쪽에서 학부생 맥스웰이 집 실험실에서 편광을 연구했다는 내용을 보았다. 패러데이도 편광을 연구하던 도중 편광이 자기장을 통과하면 편광 방향이 회전한다는 것을 발견했었다. 이제 맥스웰은 전기 파동과 자기 파동이 직각으로 만나며 이루는 조합이 빛임을 알게 되었다. 편광이 이러한 파동의 방향을 나타낸다고 가정하면, 자기장이 파동 안에서 변화하는 장에 영향을 미쳐 파동을 회전시키는 것은 자연스러운 일이었다. 전기 모터에서 전류를 변화시키면 이 전류가 흐르는 도선이 회전하는 것과 같은 원리였다.

한 사람이 짊어지기엔 너무 무거워

1861년 10월, 런던으로 돌아온 맥스웰은 개인 연구를 할 시간을 조금 더 얻기 위해 조지 로바츠 스몰리를 보조 물리 강사로 지명했다. 그동안 맥스웰은 대학 측에 교수의 의무 요건이 "한 사람이 짊어지기에는 지나치게 무겁다"고 내내 불평했었다. 그렇다고 킹스 칼리지가 갑자기 돈 씀씀이가 후해져서 스몰리를 고용한 것은 아니었다. 스몰리가 한 학기 동안 학생 한 명당 받는 보수 7실링은 맥스웰의 봉급에서 공제해 지불했다.

스몰리는 1863년 7월까지 킹스 칼리지에서 일하다가 뉴사우스웨일스의 왕립 천문학자로 임명되었다. 맥스웰은 스몰리를 위해 영국 왕립 천문학자인 조지 비델 에어리에게 추천서를 썼다.

나는 스몰리 씨가 과학적 지식을 갖추고 있으며 매사에 꼼꼼해서 천문 관측소 연구에 걸맞은 인재라고 믿습니다. … 그는 천문대 업무에 필요한 성실성과 정확성, 기술적인 능력을 두루 갖추고 있습니다.

스몰리가 맡았던 보조 강사 자리는 윌리엄 그릴스 애덤스가 이어받았다(훗날 그는 맥스웰의 후임자가 된다). 스몰리와 애덤스는 맥스웰의 어깨에서 상당한 부담을 덜어 주었다.

런던에서의 업무 부담이 어느 정도 줄었음에도 불구하고, 맥스웰은 여전히 글렌레어에 있을 때 가장 행복했다. 이곳에서는 평화로이 물리학을 생각할 수도 있고 전원생활을 즐길 수도 있었다. 1861년 글렌레어에서 크리스마스 휴가를 막 마치고 트리니티 칼리지 시절의 친구인 헨리 드루프에게 보낸 편지에서 맥스웰은 이렇게 썼다.

킹스 칼리지에서는 1월 20일까지 할 일이 하나도 없어. 그러니 시골 생활을 좀 즐기러 여기 왔지. 날씨가 맑아서 눈은 오지 않는데 서리가 내렸고. 사람들은 모두 빙판 위에서 컬링 시합을 하고 있어. 그래서 하루 종일 호수 위 컬링 스톤이 부딪치는 소리만 사방에 울리지. 컬링 스톤이 규칙적으로 부딪치면서 넓은 얼음판이 그 진동에 따라 소리를 내는데, 이 소리는 그 자리에서 들으면 특별히 시끄럽지 않지만 먼 거리까지 퍼져 나가도 음량이 거의 줄지 않거든.

자유 시간을 좋아한다고 해서 맥스웰이 개인 연구에만 관심을 쏟고 학생들에게는 거의 관심이 없는 과학자였다고 추측해서는 안 된다(그런 과학자로는 뉴턴이나 아인슈타인을 꼽을 수 있다). 앞서 보았듯이, 그는 도서관 이용에 대하여 학생들을 위해 자신의 특혜를 공유했고 노동자들에게도 기꺼이 배움의 기회를 제공했다. 학생의 권익을 위해 그가 세세한 점까지 주의를 기울였음을 볼 수 있는 좋은 예가 있다. 1862년 12월, 맥스웰은 런던 킹스 칼리지의 사무관 J. W. 커닝엄에게 편지를 썼다.

친애하는 커닝엄 씨

저는 역학 시험지를 석판 인쇄가 아닌 활자 인쇄로 제작해야 한다고 강력히 주장합니다.

석판 인쇄로 어떤 시험지 사본은 완벽하게 인쇄된다고 해도, 일부 사본에서는 희미하게 찍히는 부분이 있어 시험의 공정성을 해칠 우려가 있습니다.

원고는 스몰리 씨가 갖고 있으며, 오늘 사무실로 갈 것입니다.

석판 인쇄 또는 리소그래피lithography는 말 그대로 돌판을 이용한 인쇄 기술의 일종이다. 먼저 이미지 중 진한 부분(문서에서는 글자)을 왁스나 지방 같은 방수 물질로 평평한 돌판 표면에 표시한다(돌판으로는 일반적으로 석회석을 사용했으며, 이후에는 금속으로 대체됐다). 그다음에 산성 용액으로 돌판 표면을 처리하여 방수 물질이 묻지 않은 곳을 부식시킨다. 이제 표면을 깨끗이 닦고 물을 묻혀 문자를 비롯한 돌출된 이미지들 사이의 부식된 부분에 물기가 머물도록 한다. 마지막으로, 물과 섞이지 않는 잉크를 도포한다. 그러면 잉크가 부식되지 않은 부분에 남아 이미지나 문자를 재현한다.

이와 비슷하지만 훨씬 정교한 기술로 오프셋 리소그래피와 포토 리소그래피가 있다. 이런 기술들은 지금도 활용되며, 각각 종이 인쇄와 회로 기판 생산에 사용된다(이름과 달리 돌판은 사용되지 않는다). 맥스웰 시대에 리소그래피는 상대적으로 저렴했지만, 금속 활자를 프레임 안에 고정시켜 인쇄하는 방법보다는 결과가 일관적이지 않았다. 맥스웰은 언제나 학생들의 옹호자로서, 인쇄 비용이 더 들더라도 학생들이 시험지를 또렷하게 읽을 수 있게 나선 것이다.

런던 대박람회

맥스웰은 영국과학발전협회의 과학 축제와 왕립연구소에서의 강연 이후로 일반 대중에게 과학을 전하는 일에도 지속적인 관심을 보였다. 그러던 중 1862년에 새로운 기회가 생겼다. 영국이 1851년 만국 박람회에서 거둔 거대한 성공을 재현하기로 결정한 것이다. 그보다 먼저 프랑스에서 두 건의 대규모 국가 행사를 치렀지만, 1851년의 만국 박람회는 사실상 최초의 세계 박람회였으며 빅토리아 시대의 눈부신 기술 발전을 세계에 과시하고 축하하는 기회였다.

첫 번째 박람회의 성공으로 거둔 수익금은 과학 박물관, 자연사 박물관, 빅토리아 앤 앨버트 박물관의 건립 자금으로 쓰였다. 그러나 이 건물들이 채 완공되기도 전에 행사 개최가 결정되어서, 1862년 대박람회는 훗날 자연사 박물관이 들어서는 부지를 행사 장소로 사용했다.

금전적으로만 보면 1862년 박람회는 이전과 비교해 실패라고 할 수도 있었다. 순전히 이 행사만을 위해 훨씬 더 호화로운 건물을 지어 올렸지만 수익 면에서는 이전과 거의 비슷한 수준이었기 때문이다. 그래도 600만 명이나 되는 관람객들이 행사장을 가득 메웠다. 맥스웰은 빛과 관련된 각종 철학적(과학적) 장비를 전시한 섹션의 안내서 제작을 담당했다. 안내서는 어찌 보면 대규모 행사의 사소한 부분일 수 있으나, 맥스웰은 단순한 카탈로그를 넘어 과학

의 역사와 물리적 원리를 설명하고, 최첨단 실험 광학에 대한 전문
성을 보여 줄 기회로 삼았다.

　스몰리가 킹스에서 자리를 잡고 나니 맥스웰에게 어느 정도 여
유 시간이 생겼고, 곧 그 시간을 활용할 기회가 생겼다. 맥스웰의
전자기 모형과 모형을 통해 예측한 전자기파는 거대한 혁신이었다
고 해도 과언은 아닐 것이다. 이 특별한 사례뿐 아니라 물리학 연구
를 수행한 방식 자체도 획기적인 발전이었다. 모형을 세우고 예측
을 시험하는 접근법은 그 이후로 과학적 방법론의 핵심이 되었다.[6]
그렇다 하더라도, 그리고 사람들의 반응이 대체로 긍정적이었어
도, 맥스웰은 온전히 행복하지는 않았다. 어쩌면 푸앵카레의 불신
이 그에게 상처가 되었을 수도 있다. 맥스웰은 비유의 틀과 기계적
모형을 제거하고 오직 순수하고 제약 없는 수학만 유지할 수 있어
야 한다고 생각했다.

6　사실 이 혁신이 대단히 중요한 세 번째 이유가 있었지만, 맥스웰은 이것을 목격하지
　못하고 세상을 떠났다. 맥스웰의 모형은 언제나 빛이 진공 안에서 특정 속도로 움직여야
　한다고 서술했다. 이를 바탕으로 아인슈타인은 특수상대성이론을 개발했다.

6장

수에 의한 과학

현대의 과학자들은 하나의 주제를 깊이 있게 파고드는 경향이 있지만, 맥스웰은 빅토리아 시대의 수많은 과학자들처럼 특정 주제에 매이기보다 물리학의 여러 주제를 자유롭게 탐색하기를 좋아했다. 그의 이런 태도는 동료 과학자들과 다양한 물리 주제를 토론했던 여러 편지에서도 분명히 드러난다.

그런 좋은 예로 맥스웰이 1863년 하버드 대학교의 천문학자 조지 필립스 본드에게 보낸 답장이 있다. 본드는 그해 5월 런던에서 맥스웰을 만났는데, 그 후 토성 고리와 혜성에 관한 내용을 편지로 보냈다. 당시에 혜성 꼬리의 행동은 풀리지 않는 수수께끼였다. 1619년 독일의 천문학자 요하네스 케플러Johannes Kepler는 혜성 꼬리가 항상 태양에서 먼 쪽을 향한다는 사실을 알게 되었다. 혜성이 태양계로 진입해 태양을 향해 날아가면 꼬리는 항상 뒤쪽으로 넘어간다. 그러나 혜성이 방향을 틀어 태양에서 멀어질 때는 놀랍게도 꼬리가 혜성이 날아가는 앞쪽에 놓여 있다.

이를 본 케플러는, 혜성 꼬리가 움직이는 불꽃의 연기처럼 뒤에 남겨지는 것이 아니라 태양에서 분출되는 무언가에 밀려난 것이라고 제안했다. 원인은 알 수 없지만, 태양의 빛줄기가 혜성 꼬리를 밖으로 밀어내고 있었다. 맥스웰은 말년에 이 현상을 설명할 더 좋은 방법을 떠올렸다(9장 참고). 한편, 본드에게 보내는 답장에서 그는 빛 파동의 매질이 여전히 에테르라고 믿고 에테르의 성질을 추정했다.

맥스웰은 이 매질에 대해 이렇게 썼다.

그것은 필요한 건 뭐든지 다 해낼 수 있습니다. 빛과 열을 전달하는 일만 하든, 아니면 자기와 전기를 발생시킬 장치처럼 생각하든, 결국 매질의 힘이 중력 자체라고 규정하든, 그야말로 뭐든지 말입니다.

맥스웰이 빛의 성질을 발견한 것을 감안하면 여기에 전기와 자기도 포함시키고 싶어 한 것이 놀랄 일은 아니지만, 중력까지 슬쩍 얹으려 했던 건 좀 의아해 보인다. 그러나 뉴턴 시대 이래로 계속 떠돌던 관념들과는 잘 맞았다.

뉴턴은 중력이 먼 거리에서 '어떻게' 작용하는지를 설명하기 위한 가설을 세우지 않은 것으로 유명하다. 그는 필생의 역작인 『프린키피아』를 쓰면서 'hypotheses non fingo'라는 말을 남겼는데, 이 말은 일반적으로 '나는 가설을 꾸미지 않는다'라고 번역된다.[1] 그러나 이 말은 사실이 아니다. 뉴턴은 입자설(빛이 입자, 즉 '미립자'로 이루어져 있다고 생각하는 이론)의 지지자로서 이 가설로 중력 메커니즘을 설명했다. 입자설은 계속 발전되다가 결국 아인슈타인이 견고한 수학으로 중력을 설명해 낸 1915년에야 막을 내렸다.

앞서 보았듯이(190쪽), 보이지 않는 입자들이 공간을 흘러 다니며 질량이 있는 물체를 밀어낸다는 생각은 단순하면서도 매력적이다.[2] 그러나 여기에는 한 가지 결함이 있다. 이 결함은 오랫동안 수많은 과학자들이 해결하려 노력했지만 결과적으로 임시방편 이상의 해결책은 내놓지 못했다. 간단히 말해서, 이 이론대로라면 중력은 끌어당기는 물체의 크기와 관련이 있어야 한다. 겉으로만 보면 크기도 중력의 요소처럼 보인다. 하지만 그것은 단지 큰 물체가 더 무거운 질량을 갖는 경향이 있기 때문이다. 뉴턴은 중력을 결정하는 요소가 크기가 아닌 질량임을 보였다. 이에 따라 입자의 압력에 기반해 중력을 설명하는 이론은 수정되어야 했다.

맥스웰이 본드에게 보낸 편지에도 이와 비슷한 중력 개념이 보이는데, 맥스웰은 중력이 에테르 안에서 받는 압력에 의존한다고 설명하고 있다.

---

1   이것은 아마 뉴턴식으로 영리하게 빈정거린 말이었을 것이다. 'fingo'는 참신한 아이디어를 떠올릴 때 칭찬으로 쓰는 단어는 아니다. 그의 주장은 대략 이렇게 번역될 수 있을 것이다. "나는 그냥 가설을 막 만들어 내지 않을 것이다."

2   문자 그대로, 사람을 끌어당기는(attractive) 매력이 있다.

밀도 높은 물체가 어떻게 그 물체로부터 직선으로 방사되는 선형 압력을 생성하는지, 이런 유형의 압력이 어떻게 지속적으로 유지되는지를 이해할 수 있다면, 중력은 역학적 원리로 설명되고 두 물체 사이의 인력은 매질 내 압력 선의 반발 작용의 결과로 해석될 것입니다.

그는 태양이 압력 선을 방출하고 이 선이 물체에 맞아 포물선 모양으로 휘어지는 그림을 그렸다. 그리고 혜성 꼬리의 행동 역시 이 압력 선의 결과이며, 이로 인해 태양으로부터 멀어지는 방향으로 밀려난다는 추정을 펼쳤다. 그러나 왜 힘의 선이 꼬리로 나타나는지는 설명할 수 없었다(오늘날 혜성 꼬리는 혜성으로부터 기화된 기체와 먼지로 이루어져 있다고 알려져 있다). 그는 이렇게 묻는다.

혜성에는 그 힘의 선을 우리 눈에 보이도록 만드는 무언가가 있는 것일까요? 그렇다면 그보다 훨씬 힘이 강한 행성에는 왜 힘선 꼬리가 달리지 않는 걸까요? 우리 눈에 보이는 중력의 선이라는 게 있을 리 없다고 생각하지만, 혜성의 꼬리처럼 중력의 힘선과 비슷한 것을 본 적이 없습니다.

맥스웰의 추론이 결실로 이어진 것 같지는 않지만, 적어도 그가 얼마나 광범위한 사고를 했는지는 알 수 있다.

점성 엔진

초기 전자기 모형이 성공을 거둔 후, 맥스웰은 모형을 즉시 개선하지 않고 예전에 씨름하던 주제인 기체의 성질로 돌아가 점성viscosity을 들여다보기로 했다. 점성은 전단력剪斷力에 대한 액체 또는 기체의 저항을 나타낸다. 쉽게 말해서 물질이 얼마나 뻑뻑하고 질척한지를 말하는 것이다.

당시에는 기체의 점성이 온도의 제곱근에 비례하여 변한다고 생각했다. 예를 들어 온도가 4배가 되면 점도는 2배가 되는 식이다. 이때 온도는 우리가 흔히 측정하는 온도, 즉 물의 어는점을 기준점으로 잡는 온도가 아니고 가장 차가운 온도인 절대영도를 기준으로 잡는다. 절대영도는 대략 -273.15℃다. 절대영도의 개념은 18세기부터 있었지만, 1848년에 절대영도에서 시작하는 켈빈 척도를 고안한 친구 윌리엄 톰슨(훗날 작위를 받아 켈빈 경이 된다) 덕분에 맥스웰은 적절한 척도를 사용할 수 있었을 것이다.

언제나 실험과 이론 사이의 틈새 잇기를 즐겼던 맥스웰답게, 그는 온도에 따른 점성의 행동을 확인하기 위한 일련의 실험을 수행했다. 킹스 칼리지 생활은 비교적 여유가 있어 실험 연구를 할 시간은 넉넉했지만, 현대의 물리학 교수와는 달리 그에게는 대학 실험실에 접근할 권한이 없었다. 그는 집 다락방에서 실험을 해야 했다.

기체 점성을 연구하기 위한 실험 장치는 이렇게 생겼다(그림 6 참고). 먼저 수직축에 원반이 나란히 꽂혀 있는데, 축에 고정된 원반

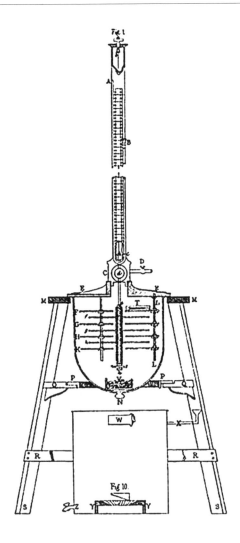

그림 6. 맥스웰의 점성 실험 장치. 뒤집힌 종처럼 생긴 유리 용기 안에 원반들이 들어가 밀봉되어 있다.

과 줄이 비틀릴 때 함께 회전할 수 있는 원반이 교대로 꽂혀 있다. 원반들은 유리로 만든 원통 용기 안에 들어 있다. 맥스웰은 공기 펌프로 용기 내부의 압력을 변화시키거나 내부 기체의 종류를 바꾸어 가며 점도에 미치는 영향을 확인할 수 있도록 했다. 이 장치는 테이블 위에 올려놓고 쓸 정도의 크기가 아니었다. 다락방 바닥에 놓고 재도 맥스웰의 키를 넘는 높이였다. 원반은 지름이 10.56인치(26.8센티미터)였고 줄의 길이는 4피트(약 122센티미터)였다. 맥스웰은 용기 외부에 있는 자석으로 원반들을 움직이기 시작했다. 자석을 측면으로 미끄러지도록 움직이면 원반들은 줄 위에서 앞뒤로 비틀렸고, 그 결과 느린 진동이 발생했다. 맥스웰은 "완전한 진동 주기는 72초였고, 원반 가장자리의 최대 속도는 초당 1/12인치(0.2센티미터)"라고 기록했다.

원반들이 진동할 때 회전하는 원반과 고정된 원반(액체 흐름에 따른 약간의 움직임이 있지만 액체 흐름의 영향을 최소화했다) 사이의 공기 저항은 끌림 효과를 일으키는데, 맥스웰은 이를 통해 기체의 점성을 추산했다. 실험에 다소 차질도 있었지만-유리 원통 용기의 압력을 지나치게 낮추자 파열되었고, 장치를 수리해 다시 작동시키는 데 꼬박 한 달이 걸렸다-그는 곧 확실한 결과를 얻었고, 이 내용을 1865년 11월 왕립학회에 제출했다.

실험의 주제는 온도에 따른 점성 변화를 확인하는 것이었으므로, 맥스웰과 캐서린은 런던 집 다락방의 온도를 변화시키기 위해

갖은 노력을 기울여야 했다. 캠벨과 가넷이 쓴 '전기'에는 이렇게 기록되어 있다.

무더위가 이어지는 가운데, 방에는 며칠씩이나 거대한 난롯불이 이글거렸다. 불 위에는 주전자를 올려 두어 엄청난 증기를 방 안으로 뿜어내도록 했다. 맥스웰 부인은 증기차의 일꾼 같았다. 몇 시간만 작업해도 금세 기진맥진해지는 일이었다. 그런 다음에는 다음 단계의 실험을 위해 방을 식혀야 했고, 이때는 어마어마한 양의 얼음이 사용되었다.

이 실험의 결과는 맥스웰이 세운 기체 이론에 도전장을 던졌다. 실험은 점성이 압력과 무관하다는 맥스웰의 놀라운 발견을 재차 확인시켜 주었다. 그러나 맥스웰의 이론에서는 이전까지 알려진 것처럼 점도가 온도의 제곱근에 비례해 변화하는 데 반해, 실험 결과는 사실상 점도가 온도에 선형적으로 비례한다는 것을 분명히 보여 주었다. 점도를 두 배로 늘리려면 온도도 두 배만 올려 주면 되었다. 비록 이론과 실험에 불일치는 있었지만, 맥스웰의 연구는 지식의 경계를 넓히는 실험물리학자로서의 그의 명성에 많은 도움이 되었다. 그러나 당장은 현실적인 방해가 많아 점성 연구에 더 이상 집중할 수 없었다.

입체경과 관

어릴 때 좋아했던 빛과 색각을 더 이상 연구하지 않는다고 딱히 이상할 것은 없지만, 맥스웰은 런던 집에서 이 주제를 과학 연구와 오락거리의 융합형 과제로 바꾸었다. 빅토리아 시대의 가정집에서는 손님에게 신기술을 이용한 오락거리를 선보이는 일이 유행이었다. 1860년대에 유행하던 장난감은 입체경stereoscope이었다. 당시 입체경은 마치 오늘날의 컴퓨터처럼 중산층 가정의 필수품처럼 자리매김하고 있었다.

입체경은 두 눈이 각각 본 것 같은 그림 두 장을 합쳐서 3차원 입체 이미지를 만드는 장치다. 이 장치는 1830년대에 런던 킹스 칼리지의 교수 찰스 휘트스톤이 발명했다.[3] 맥스웰은 에든버러 대학교 시절인 1849년에 이미 입체경을 알고 있었다. 그는 루이스 캠벨에게 '휘트스톤의 입체경'에 대해 편지를 썼다. 데이비드 브루스터 경이 '스코틀랜드 캘러타이프[4] 사진 예술 학회'에서 아리아드네와 야수 동상을 찍은 사진 두 장을 전시했는데, 이 사진들을 "적절한 각도에서 보면 마치 실제처럼 입체적으로 보였다"는 내용이었다. 1860년대에는 입체경용 사진을 쉽게 구할 수 있었고 사진을 보는 광학 장치도 한결 간단해져서 입체경이 대유행이었다.

---

3   패러데이가 1846년에 대타를 뛰었던 그 휘트스톤이다.

4   캘러타이프(Calotype)는 W. H. 폭스 텔벗의 음화 기반 사진술을 일컫는 이름이었다. (음화는 직접적인 양화 이미지를 생성하는 다게레오타이프와 반대되는 개념이다.)

맥스웰은 나중에 통상적인 표준 입체경을 개선하기도 했는데, 기존 제품보다 더 크고 비쌌기 때문에 상업적 성공은 거두지 못했다. 가정용 입체경은 사진(또는 직접 그린 그림) 두 장을 끼우는 프레임 그리고 이 사진을 보는 한 쌍의 렌즈로 구성되었다. 장치의 원리는 기본적으로 1940~1960년대에 엄청난 인기를 끌었던 장난감 만화경과 같았다(물론 만화경은 원반 위에 이미지가 7쌍 있었고 측면의 트리거를 당겨 돌리는 형식으로 입체경보다 한층 발전된 형태였다). 입체경을 통해 들여다보는 이미지는 사람의 뇌에서 합성되어 마치 3차원 영상을 보는 것 같은 효과를 일으킨다.

입체경은 효과적이었지만 한계도 있었다. 입체 이미지를 잘 보지 못하는 사람도 있었고, 렌즈를 통해 한 번에 한 사람만 이미지를 볼 수 있다 보니 놀라운 경험을 친구와 공유할 수도 없었다. 그리고 상이 맺히는 거리가 상당히 멀기도 했다. 맥스웰은 1867년에 '실사' 입체경을 개발했다. 이 장치는 평범한 사진 두 장과 이중 렌즈를 사용하고, 전면에는 커다란 렌즈가 하나 더 장착되어 있었다. 장치로부터 몇 미터 떨어진 곳에 사람이(다정하게 바짝 붙어 앉을 수만 있다면, 사람들이) 앉아 이 커다란 렌즈를 바라보면 렌즈 바로 뒤 허공에 3차원 이미지가 떠 있는 것을 볼 수 있다. 맥스웰은 이 장치를 도구 제작소인 엘리엇 형제 상점에서 조립했고, 이에 대한 논문을 1867년 9월 영국과학협회에 제출했다. 훗날 그는 이 장치를 이용해 곡면과 수학적 매듭의 3차원 이미지를 시연하기도 했다. 맥스웰은 수년간 재미 삼아 위상기하학Topology과 매듭 이론을 연구했는데, 이때 알게 된 내용은 주요 연구에도 큰 영향을 끼쳤다.

　맥스웰의 집을 방문하는 손님들은 보다 더 특이한 경험도 할 수 있었다. 집주인의 손에 이끌려 다락방으로 올라가면 그곳에는 '관'이 기다리고 있었다. 이 관은 맥스웰의 최신식 빛 상자로, 빨강, 초록, 파랑 빛을 섞어 색 스펙트럼에 포함된 모든 색을 한 번에 하나씩 만들 수 있는 장치였다. 이웃들은 시신 안치용 관과 비슷하게 생긴 8피트짜리 상자가 맥스웰의 집으로 배달되는 것을 보고 많이 당황했다. 손님들은 이것을 새롭고 흥미진진한 경험으로 여겼겠지만, 맥스웰은 이러한 기회를 이용해 정상 시력에서 색맹까지 다양한 방식으로 색을 지각하는 사람들의 개별 데이터를 수집했다. 이후 몇 년간은 한 해에 약 200명의 손님이 맥스웰의 집을 방문했고, 다락방 관 실험의 대상자가 되었다.

저항의 표준

재미는 덜하지만 실용성은 큰 주제인 전기 단위(예를 들면, 전류나 저항을 측정할 때 사용하는 단위) 연구로 넘어가 보자. 전기 공학 그리고 특히 전신 기술이 발전하면서 단위는 점점 더 중요해졌다. 지금은 감이 잘 안 오겠지만, 전신은 통신 속도에 근본적인 혁신을 가져왔다. 맥스웰의 친구인 윌리엄 톰슨과 헨리 플리밍 젠킨Henry Fleeming

Jenkin은 전신 프로젝트 중에서도 가장 큰 규모였던 대서양 횡단 케이블 사업에 참여하고 있었다. 그런데 케이블의 저항 때문에 프로젝트가 성공하지 못할 것이라는 세간의 우려가 컸다. 톰슨은 패러데이와 함께 연구하면서 케이블의 저항이 너무 크면 글자 하나를 보내는 데만 약 4초가량 걸린다는 것을 보였다.

이렇게 중요한 기술이 정확히 연구되지 않은 주제에 좌우되다 보니, 저항을 잘 측정하는 일은 단순히 공용 단위를 수립하는 것을 넘어 실용적 응용 범위가 훨씬 더 넓었다. 영국과학협회(BA)는 전자기 전문가인 맥스웰이 이 일의 적임자라고 보았다. BA는 1861년 맨체스터 회의에서 표준 단위 요건을 연구할 위원회를 구성했고, 맥스웰은 보고서를 취합해 1863년 뉴캐슬 회의에서 발표하는 중요한 역할을 맡기로 했다.

역사적으로 볼 때 단위는 언제나 제각각이었고, 이로 인해 국제적인 교류에 상당한 혼란이 발생하곤 했다. 나라마다 길이나 무게 같은 단위를 각자 정의해 사용하니 실제로 그 양이 얼마만큼인지 파악하기도 쉽지 않았다. 새로운 이야기는 아니었다. 고대 그리스의 수학자 겸 공학자인 아르키메데스는 자신의 책 『모래알을 세는 사람』에서 '스타드stade' 단위로 우주의 크기를 제시했다. 스타드는 육상 경기장의 트랙 길이를 기준 삼아 그것의 배수로 길이를 나타낸다. 1스타디온stadion(스타드의 복수형)은 600피트라고 정의하긴 하는데, 도시마다 피트를 각자 정의하고 있으니 별반 도움이 되지 않았다. 1스타디온은 대략 150에서 200미터 사이라고 하니, 아르키메데스가 정확히 얼마를 우주의 크기로 생각했는지는 영영 알 수 없을 것이다. BA는 해저 케이블 설치 덕에 전기 과학이 국제화되어 가는 상황에서, 이런 식의 불확실성을 더는 허용할 수 없다고 판단했다.

또한 전기와 자기의 여러 성질이 새롭게 밝혀짐에 따라 이를 기술할 적절한 단위가 필요했다. 맥스웰은 에든버러의 공학자 헨리 플리밍 젠킨(케이블카의 발명가로도 유명하다) 그리고 에든버러에서 포브스와 함께 연구했으며 리치먼드어폰템스에 있는 큐 천문대 소장인 물리학자 밸푸어 스튜어트의 도움을 받아 전기 표준을 수립하는 작업을 함께하기로 했다. 이 3인조는 킹스 칼리지에서 수행한 실험을 바탕으로 저항과 전류, 그 밖에 전기와 관련된 여러 개념들의 단위를 정의하기 위해 한층 합리적인 그룹 체제를 구축했다.

이 프로젝트는 (캐서린의 도움을 제외하고는) 내내 혼자 연구했던 맥스웰이 살면서 유일하게 진정한 팀워크를 이루어 연구했다는 점에서 특별하다. 그렇다고 그가 골방에 틀어박혀 연구했다는 말은 아니다. 윌리엄 톰슨이나 피터 테이트 같은 친구들과 주고받은 편지는 과학에 대한 아이디어와 질문으로 가득했고, 그들은 서로 좋은 자극과 피드백을 공유하는 사이였다. 그러나 현대 과학에서 말하는 진정한 의미의 협업이 이루어진 경우는 거의 없었다.

전통적인 물리 단위들은 상대적으로 정의하기가 쉽다(보편적인 표준에 대한 합의만 이루어질 수 있다면). 이런 단위들은 자연에 있는 물리적 척도에서 시작되었다가 좋은 예를 찾으면 표준화할 수 있었다. 거리 단위 중에는 피트feet나 마일mile 같은 단위가 이런 예에 속한다. 피트는 인체 일부(발)의 크기를 기준으로 하고, 마일은 1000걸음의 길이로 정의했다. 미터의 옛 정의는 그보다 좀 더 과학적이어서, 파리를 통과하는 자오선의 북극부터 적도까지 길이의 1/10,000,000로 정의되었다. 단위는 표준화되어 공식 척도로 사용되었지만, 앞에서도 보았듯이 단위가 나라마다 달랐다.

이에 비해 전압이나 전류, 전기 저항의 표준은 어디에서 시작해야 할지 다소 막막했다. 먼저 전기적인 측정량 중 하나를 보다 익숙한 물리 단위로 변환하는 장비를 사용해 간접 측정을 하자는 제안이 나왔다. 예를 들면, 두 전기 전하 사이의 힘은 둘 사이의 거리 제곱에 반비례한다고 알려져 있었으므로, 생성된 힘과 대전된 물체 사이의 거리를 조합하여 전하의 단위(훗날 쿨롱coulomb(C)이 된다)를 정의하는 식이었다. 그러면 이 단위를 이용해 전하 흐름의 속도인 전류(훗날 암페어amp(A))를 계산할 수 있다.

다른 제안으로는 전류 자체를 출발점으로 삼자는 의견이 있었다. 전자기 상호작용과 관련된 값들이 차츰 알려지면서(원인은 아직 완전히 이해하지 못했지만), 힘과 거리를 이용하면 상호작용하는 두 전기 코일 사이의 전류 또한 측정할 수 있음이 밝혀졌기 때문이다. 세 번째 선택은 저항에서 시작하는 것이었다. 그러려면 자기의 영향으로 회전하는 코일의 편향을 측정해야 했다.

  연구팀의 목적은 대서양 횡단 케이블의 특성을 이해하는 것이었으므로, 연구의 초점을 저항에 두기로 했다. 킹스 칼리지의 맥스웰 팀은 세 번째 옵션을 바탕으로 윌리엄 톰슨이 고안한 우아한 설계를 현실로 만들었다. 톰슨의 아이디어는 도선 코일을 지구 자기장 안에서 회전시키고, 이때 유도된 전자기력을 작은 영구 자석에 미치는 지구 인력에 대항시키는 것이었다. 지구 자기장의 크기는 유도된 전자기력과 지구 인력 사이에서 상쇄되므로, 영구 자석이 자북磁北으로부터 편향되는 정도는 코일의 크기, 회전 속도, 저항에만 의존한다. 그러므로 처음 두 값이 주어지면 실험 장치로부터 저항의 절댓값을 계산할 수 있다.

전기 저항의 속도

톰슨의 방법으로 측정된 전기 저항의 단위는 속도였다. 도선을 통해 지나가는 신호의 실제 속도를 말하는 것이 아니라(당시 전신 쪽에서 일하던 사람들 사이에서 이런 오해가 많았다), 단순히 측정에 사용된 거리, 회전 속도 같은 다양한 양들의 단위를 취한 결과가 속도라는 의미였다. 즉, 측정 결과로 얻은 저항의 차원이 속도 형태의 거리와 시간이었다. 이에 따라 저항의 표준 단위는 1초에 1000만 미터로 정해졌으며, 이는 곧 BA 단위로 불리게 되었다. 얼마 후 이 단위는

'오마드ohmad'[5]라고 불리다가 곧 줄여서 옴ohm[6]이 된다. 측정 오류 때문에(악명 높은 맥스웰의 계산 실수는 분명히 아니었다) 표준 옴이 실제 값보다 약간 크긴 했지만, 적어도 초속 1000만 미터가 목표했던 값이었다.

톰슨의 설계는 실제로 사용하기에 간단한 장치는 아니었다. 코일은 일정한 속도로 회전해야 해서, 회전을 유지하는 조절기를 만들기 위해 젠킨이 애를 많이 썼다. 장치는 줄곧 고장의 연속이었고, 설상가상으로 어마어마하게 예민해서 근처 템스강 위로 철제 선박만 지나가도 검출기의 자석이 살짝 편향될 정도였다.[7] 만족스러운 측정값을 얻기 위해 산발적으로 작업을 하는 데만 수개월이 걸렸다. 이후 1863년 BA 과학 축제 때 첫 보고를 마치고 12개월이 더 흐른 뒤에야 그들은 믿을 만한 값을 얻었다고 확신하게 되었다.

킹스 팀은 회전하는 코일로 정의된 이론적 정의 말고도 'BA 표준 저항기'를 고안했다. 이 다소 웅장한 구조물은 1865년에 처음

---

5 단어의 기이한 구조를 볼 때, 오마드는 마이클 패러데이의 이름을 따 명명한 전기 용량 단위인 패럿(farad)과 일관성을 유지하기 위해 나온 이름 같다. 오마드의 '옴(ohm)'은 전압과 전류의 관계를 발견한 독일의 물리학자 게오르그 옴(Georg Ohm)에서 따온 것이다.

6 애초에 오마드가 이 이름에서 비롯된 것이었다. 몇 년 후 사람들은 옴을 표시하는 기호로 Ω를 쓰기 시작했는데, 옴과 그리스 문자 오메가 사이의 발음상의 유사성 때문이었을 것이다.

7 맥스웰이 21세기의 라이고(LIGO) 중력파 관측소 제작자들을 만났다면 그들의 고충에 깊이 공감했을 것이다. 이 관측소의 장비도 매우 민감해서 지나가는 트럭의 중력에도 영향을 받을 정도였다.

완성되었는데, 백금-은 합금 도선으로 만든 코일에 실크를 덮어 절연시키고, 속이 빈 황동 코어로 코일 주위를 감싼 것이었다. 그런 다음 전체적으로 파라핀 왁스 코팅을 하고, 여기에 굵은 구리 도선을 이어 회로에 연결했다. 온도를 일정하게 유지하기 위해 저항기는 물을 담은 욕조 안에 띄웠다. 표준 저항기는 거리를 재는 자처럼 다른 저항기 옆에 나란히 놓고 눈으로 비교할 수는 없지만, 휘트스톤 브리지라는 간단한 장치를 이용하면 표준 저항기를 기준으로 다른 저항기를 보정할 수 있었다.

특히 인상적이었던 것은 이런 단위들의 개발에 참여한 영국과학협회의 미래지향적 자세였다. 대부분의 과학 연구가 어설픈 야드-파운드 단위의 수렁에 빠져 있을 때, 전기 단위는 처음부터 미터법을 기반으로 설계됐다. 이 말은 다른 과학 단위들을 수고스럽게 미터법으로 전환해야 할 때도 전기 표준 단위들은 재정의할 필요가 없었다는 뜻이다. 예를 들어 전류 곱하기 전압은 전력 단위가 되었다. 당시에 역학적 일률을 재는 단위는 분당 마력(hp) 또는 분당 풋파운드(ft·lb)였다. 그러나 1921년 전 세계적으로 미터법이 공식 단위로 도입되면서 와트(W)가 역학적 일률의 단위로 자리 잡게 되었다. 와트는 정확히 전류 곱하기 전압이다.

시각적 지원 없는 전자기의 홀로서기

이렇게 전자기의 실용적 측면에 다시 집중하게 되면서, 맥스웰은 예전에 전자기 현상을 모형으로 설명했던 자신의 놀라운 성과를 새삼 돌아보았을 수도 있다. 그가 세운 역학 기반 모형은 대단히 효과적이었지만, 사람들이 왜 이 모형이 지나치게 비유에 기댄다고 비판했는지 이해할 것 같았다. 맥스웰은 일종의 과학적 묘법을 써서 모형의 기계적인 기반을 제거하고 수학 자체의 힘만으로 설 수 있게 이론의 수학적 입지를 강화하고 싶었다.

그런데 뜻밖에 맥스웰은 전자기파로서 빛의 이론적 기반을 더 깊이 파고드는 대신 전기와 자기에 초점을 맞추었다. 색과 색각은 평생의 관심거리였지만, 그럼에도 불구하고 빛이 어떻게 작동하는지에 관한 이론 개발에는 의도적으로 제한을 두었다. 아마도 전기와 자기의 근본에 대한 더 큰 통찰에 가까이 다가가고 있다고 느꼈기 때문일 것이다. 맥스웰은 빛과 관련한 친숙한 현상을 탐구하는 데는 자신의 이론적 접근법을 온전히 적용하지 않았으며, 빛과 물질의 상호작용[8]에 관한 문제도 일절 다루지 않았다. 프랑스 물리학자 쥘 자맹Jules Jamin의 연구 내용을 바탕으로 반사와 굴절에 관한 몇 가지 논평만 남겼을 뿐이다. 이를테면 이런 식이었다. "내 책에서는 반사에 대해 전혀 논의하지 않았다. 나는 자성을 띤 매질에서

---

[8] 어찌 보면 오히려 다행스러운 일이었다. 빛과 물질의 상호작용은 양자이론이 없으면 제대로 이해될 수 없기 때문이다.

의 빛 전파가 대단히 어려운 문제임을 알게 되었다."

　기계 모형에서 순수한 수학 모형으로의 이행은 상당히 독창적인 접근법이었다. 맥스웰의 연구 중 가장 위대하고 천재적인 것이라 해도 과언이 아닐 이 접근법은 오늘날 대부분의 물리학 이론이 채택하는 모형화의 기초를 다졌다. 2004년 영국 왕립연구소에서 주최한 한 토론회에서는 네 명의 패널이 모여 인류 최초의 과학자로 누구를 꼽을 수 있는지를 놓고 열띤 토론을 펼친 적이 있다. 패널 중 한 명으로 토론에 참여했던 나는 13세기의 수도사 로저 베이컨Roger Bacon을 밀었다. 그런데 다른 사람이 제일 먼저 맥스웰을 꼽았다. 그가 내놓은 주장 하나는 좀 안이했다. '과학자scientist'라는 단어가 1834년에 사용되기 시작했으므로, 그 이전에 과학을 연구했던 사람은 누구도 과학자가 될 수 없다는 것이었다. 그러나 다른 주장은 꽤 설득력 있었다. 맥스웰이 현대적 의미로 최초의 과학자인 이유는 그가 물리적 실제의 '진정한 본질'을 수립하려는 노력에서 물리적 실제를 수학적으로 모형화하려는 단계로 이행했기 때문이라는 것이다.[9]

　맥스웰의 이런 행보는 독일의 철학자 이마누엘 칸트의 영향을 받은 것이었을까? 이 문제를 한번 추측해 보는 것도 흥미롭겠다. 분명히 맥스웰은 대학 시절 철학 강의에서 칸트에 대해 들었을 것

9　그 밖의 경쟁자로 아르키메데스와 갈릴레오가 있었는데, 토론의 최종 승자는 갈릴레오였다.

이다. 칸트는 (우리가 경험할 수 있는) 현상 세계phenomenal world와 (근본적 실재인) 본체 세계noumenal world를 구분했다. 이 본체noumena를 칸트는 독일어로 'das Ding an sich(物物자체)'라고 불렀다. 그는 실재를 알아내려고 노력해 봐야 부질없는 짓이라고 주장했다. 우리는 기껏해야 현상에 대한 우리의 해석을 가지고 씨름할 뿐이다. 맥스웰과 동시대를 살았던 사람들 대부분이 여전히 그 아래 깔린 진실을 발견할 수 있으리라 믿었던 상황에서, 순수하게 수학적인 모형을 세우려는 맥스웰의 접근법은 칸트의 주장이 반영된 것으로 보인다.

그보다 100년쯤 더 전에, 이탈리아에서 태어난 프랑스의 수학자 조제프 루이 라그랑주Joseph Louis Lagrange는 뉴턴이 수립한 전통적인 역학을 수학적으로 변환해 라그랑지안 역학을 수립했다. 라그랑지안 역학은 라그랑지안Lagrangian이라고 하는 함수가 중심인데, 이 라그랑지안은 계 안에 있는 물체의 운동에 대한 모든 정보를 모아 하나의 구조로 통합한 것이다. 수학에서 말하는 함수란 여러 값을 입력받아 다른 값으로 바꾸는, 하나 이상의 방정식을 나타내는 간단한 방법이다. 말하자면 수학 세계의 소시지 제조 기계 같은 것이다.

가장 간단한 함수는 수를 하나 받아 그 수로 정해진 연산을 하는 것이다. 예를 들어 수의 제곱을 만든다고 해 보자. 함수는 흔히 $f(x)$로 쓰고, 읽기는 '에프-엑스'라고 읽는다. 제곱을 만드는 함수의 경우에는 $f(5)=25$라고 말할 수 있다. 수학 함수는 물리학과 기계 연산(컴퓨팅)에서 매우 강력한 도구가 되었다. 기계 연산의 경우 컴퓨터 프로그램에서 다양한 입력에 대해 동일한 연산을 수행할 수 있는 연산 모듈을 제공하는 데 일반적으로 함수가 사용된다. 그런가 하면, 라그랑지안은 물체의 속도, 운동량, 운동에너지를 연결하는 미분 연산을 바탕으로 하는 방정식들로 구성된다.

라그랑지안은 개발 단계에서는 실제 물리적 과정을 고려했지만, 일단 함수가 확립되고 관측 사실과 일치한다는 것이 밝혀지면 이 함수는 모든 비유로부터 완전히 독립된 것으로 간주할 수 있다. 이런 종류의 함수는 기계 모형에서 벗어나 순수한 수학적 모형이 된다. 이것은 일종의 블랙박스로서, 사용자가 특정한 값을 입력하고 '손잡이를 돌리면' 출력값을 끄집어낼 수 있다. 이렇게 얻은 출력이 관측과 일치하면 실제 계가 어떻게 작동하는지 전혀 몰라도 함수는 아무 문제 없이 사용할 수 있다.

수학적 종탑 안에서

매주 교회에 나갔던 맥스웰은 교회 종탑이 라그랑지안 접근법에 대한 이상적인 비유라고 생각했다(그는 이론에서는 기계 모형을 완전히 저버렸을지 몰라도, 여전히 주위 사물을 이용해 원리를 설명하는 걸 즐겼다). 아래 인용문은 좀 길지만 천천히 깊이 있게 들여다볼 가치가 있다. 맥스웰은 이 간단한 설명으로 자신이 어떻게 현대 물리학을 탄생시켰는지 보여 주고 있다.

복잡한 대상을 연구할 때, 우리는 관찰할 수 있고 변화시킬 수 있는 요소에 집중해야 하며 관찰하거나 변화시킬 수 없는 것은 무시해야 한다.[10] 이러한 탐색은 과학 원리의 수학적 예시로 간주할 수 있다.

평범한 종탑을 생각해 보자. 각각의 종에는 밧줄이 하나씩 달려 있고, 이 밧줄은 바닥에 난 구멍을 통해[11] 종지기의 방으로 드리워져 있다. 그런데 이 밧줄이 종 하나에만 작용하는 것이 아니라 기계의 여러 부품을 움직이는 데 기여한다고 가정해 보자. 또한 부품 각각의 움직임은 하나의 밧줄에만 의존하는 것이 아니라 여러 가지 운동에 의해 결정된다. 나아가 전체 기계 장치들은 조용히 움직여서 밧줄을 당기는 사람은 그 원리를 전혀 알 수 없고, 종지기는 그저 머리 위 구멍으로 보이는 데까지만 볼 수 있다고 생각해 보자.

이러한 가정에서, 아래 있는 사람의 과학적 임무는 무엇인가? 그들은 밧줄을 온전히 통제하지만, 그 외에 통제할 수 있는 건 아무것도 없다. 그들은 각각의 밧줄에 위치와 속도를 부여할 수 있

---

10 칸트 식으로 말하자면, 현상에 집중하고 물자체는 잊어야 한다.
11 종지기의 관점에서 보면 '천장'에 난 구멍이다.

고, 모든 밧줄을 잡아당기다가 한번에 멈춰서 운동량을 추정하고, 밧줄을 하나씩 당겨 보면서 각각의 장력을 가늠할 수 있다. 밧줄을 주어진 위치까지 끌어당기기 위해 얼마만큼의 일을 해야 하는지 측정하고, 이것을 위치의 관점에서 서술하는 노력을 기울인다면, 알려진 좌표를 사용해 계의 위치에너지를 알아낼 수도 있다. 또한 속도가 1단위인 밧줄이 당겨지고 이 당겨진 운동이 밧줄 자신 또는 다른 밧줄로 전달된다면,[12] 운동에너지를 좌표와 속도로 나타낼 수 있다.

이런 데이터만으로도 주어진 힘에 의해 밧줄이 움직일 때 밧줄 각각의 운동을 충분히 결정할 수 있다. 밧줄을 당기는 사람들이 알 수 있는 것은 이것뿐이다. 머리 위의 기계 장치가 밧줄보다 자유도[13]가 더 많다면, 이러한 자유도를 표현하는 좌표는 무시해야 한다. 아무런 도움도 되지 않기 때문이다.

맥스웰의 초기 모형은 역학적 모형이었기 때문에 라그랑지안 형태로 표현될 수 있어야 했다. 그러면 셀과 공은 천장 위 가상의 종지기 방 한 켠에 치워 놓고 종에 매달린 줄, 즉 수학 공식만 간단

---

12 맥스웰은 다소 서툰 표현으로 설명하고 있는데, 이 말은 이 특별한 밧줄의 속도를 1로 정의함으로써 이를 표준 삼아 다른 밧줄의 상대 속도를 측정할 수 있다는 뜻이다.

13 물리학에서 자유도란 계의 상태를 정의하는 매개변수의 개수를 의미한다. 이 매개변수들을 다 안다면 계의 행동을 정확히 알 수 있다. 그러나 일부만 안다면 계의 반응을 예측하는 데 한계가 있다.

히 다루면 되는 것이다. 하지만 이는 결코 사소한 작업이 아니었다. 먼저 복잡한 전자기 모형에 대처할 수 있도록 수학을 더욱 확장해야 했다. 또한 에너지(수학적 모형에서는 위치에너지와 운동에너지)를 생각할 수 있는 능력이 몹시 중요했고, 전자기라는 틀로 옮겨 가면서도 에너지 개념을 유지하는 것이 관건이었다.

다루어야 하는 물리량이 대부분 벡터였던 것도 도움이 되지 않았다. 앞서 보았듯이(101쪽) 톰슨은 맥스웰이 초기 유체 모형을 다룰 때 벡터 수학을 알려 준 적이 있지만, 라그랑지안의 틀 안에서 여러 종류의 양을 다루는 것은 차원이 다른 문제였다. 예를 들어 장의 세기는 크기와 방향이 있는 벡터이고, 전기 전하는 크기만 있는 스칼라였다. 이런 뒤죽박죽을 일관성 있게 다루려면 수학이 상당히 까다로워진다.

그럼에도 불구하고 맥스웰은 목표를 달성했고, 1864년 12월 왕립학회에서 전자기를 서술하는 획기적이면서도 새로운 수학 모형을 발표할 수 있었다. 이듬해에는 이 내용을 전체 7부로 구성된 「전자기장의 동역학 이론A Dynamical Theory of the Electromagnetic Field」으로 집필했다.

새로운 물리학

일반적으로 정말로 참신한 이론이 등장하면 대체로 두 가지 반응이 나온다. 모든 이들이 그 명료성에 감탄하거나 또는 그 새로움에 당혹해하거나. 맥스웰의 이론은 정확히 두 번째 유형에 속했다.[14] 왕립학회의 청중은 맥스웰의 발표를 너그러이 받아들였지만, 도대체 그가 뭘 제안하는 것인지 전혀 이해할 수가 없었다. 이때까지 물리학은 실험과 철학 이론에 관련된 학문이었고, 물리 연구에 수학이 그렇게 많이 필요하지 않았다. 이제는 수학이 주도권을 잡아 가고 있었지만, 이를 따라잡을 능력이 되는 청중은 거의 없었다.

이론의 난해함은 단순히 일반 대중이 접근할 수 있느냐 없느냐 하는 수준의 문제가 아니었다. 왕립학회의 청중은 당시 학계를 이끌어 가던 물리학자들이었는데, 그중 하나였던 윌리엄 톰슨마저도 맥스웰의 이론을 도무지 이해할 수 없었다고 고백했다. 톰슨은 고차원적인 수학을 완전히 이해하지 못해도 선구적인 물리학자가 될 수 있었던 거의 마지막 세대에 속한다.

이보다 몇 년 전인 1857년 마이클 패러데이가 맥스웰에게 보낸 편지에는 학회의 이런 반응과 물리학의 난해한 수학을 대중에게 설명하기가 얼마나 어려웠는지가 아름답게 서술되어 있다. 패러데

---

14 맥스웰의 열혈 팬인 알베르트 아인슈타인도 이와 비슷한 문제를 겪었다. 그는 빛이 에너지의 양자 묶음, 즉 빛알로 이루어져 있으며, 이런 양자는 단순히 수학적 연산을 가능하게 하는 도구가 아니라 실재임을 최초로 제안했다. 저명한 독일의 물리학자 막스 플랑크는(아인슈타인의 사유는 바로 이 플랑크의 이론에서 출발했다) 1913년 프로이센 과학 아카데미에 아인슈타인을 추천하면서, 아인슈타인이 빛 양자 같은 것을 추측해 '목표를 잃고 헤맨 것'을 눈감아 달라고 부탁했다. 그러나 빛 양자 가설은 널리 인정받게 되었고 결국 아인슈타인에게 노벨상을 안겨 주었다.

이는 이렇게 썼다.

군에게 부탁하고 싶은 것이 하나 있습니다. 수학자가 물리 작용을 열심히 조사하여 얻은 결과로 결론에 도달했을 때, 그 결론을 수학 공식처럼 완전하고 명료하고 분명하게 평범한 언어로 표현할 수는 없을까요? 그것이 가능하다면, 그렇게 표현하는 것이 나 같은 사람에게는 큰 이익이 되지 않을까요? 난해한 상형문자를 이해하기 쉬운 말로 번역해, 우리도 실험을 통해 그 내용을 연구할 수 있도록 말입니다. 나는 그것이 가능하다고 생각합니다. 내가 지금까지 지켜본 군은 항상 본인이 내린 결론에 담긴 아이디어를 완벽하고 명료하게 나에게 잘 전달해 주는 사람이었기 때문입니다. 비록 내가 군의 사고 과정을 모든 단계마다 전부 이해할 수 있었던 건 아니지만, 군이 내린 결론은 진실 그 자체였고 특징도 명확해서 그 내용을 바탕으로 고민하고 연구할 수 있었습니다. 이런 일이 가능하다면, 그래서 이 주제를 연구하는 수학자들이 대중적이면서도 쓸모 많은 연구의 진척 상황뿐 아니라 그들이 내린 고유하면서도 적합한 결과를 우리 모두와 나눈다면, 좋은 일이 되지 않겠습니까?

패러데이가 요청한 것은 사실상 논문의 '일반인을 위한 연구 요약lay summary'이었다. 이것은 최근에야 논문의 요건으로 널리 받아

들여졌으며, 어느 정도는 대중 과학 저술의 성공을 예상하는 지표로 쓰이기도 한다. 맥스웰의 강력한 수학적 접근법이 물리학을 완전히 지배하게 된 상황에서 이런 연구 요약문의 역할은 점점 더 중요해지고 있다. 늘 그랬듯 패러데이는 비전을 가진 사람이었다.

물리학자들만 맥스웰의 수학과 씨름을 했던 것은 아니다. 수학자들도 마찬가지로 맥스웰의 연구를 이해하기 위해 안간힘을 써야 했다. 맥스웰이 자신의 연구를 서술하면서 수학자들에게 익숙한 수학 용어가 아닌 물리 용어를 사용했기 때문이다. 세르비아계 미국인 물리학자 마이클 푸핀Michael Pupin은 1883년 첫 번째 학위를 받은 후 맥스웰의 이론을 이해해 보겠다는 목표를 세우고 유럽으로 향했다. 그는 맥스웰과 직접 대화를 나눌 생각으로 제일 먼저 케임브리지부터 찾아갔는데, 당시는 맥스웰이 이미 세상을 떠난 후였다. 푸핀은 케임브리지에는 맥스웰의 이론을 설명해 줄 사람이 전혀 없다는 것을 깨달았고, 결국 베를린으로 건너가 헤르만 폰 헬름홀츠의 지도를 받으며 만족스러운 설명을 들을 수 있었다(헬름홀츠는 이 이론을 분명히 이해하고 있었다).

맥스웰의 모형이 이전까지 관측된 현상들을 설명하는 것 이상으로 잘 작동한다는 사실을 뒷받침할 견고한 실험적 증거를 얻기까지는 오랜 시간이 걸렸다. 결정적으로 그의 전자기파 개념은 비록 빛의 속도와 일치한다는 점에서 대단히 인상적이긴 하지만, 실험을 통한 검증이 필요했다. 다시 말해, 누군가 전기 전원으로부터 파동을 생성하고 그 파동이 공간을 가로질러 전파해 나가는 것을 시연해야 했다. 이 실험은 그로부터 20년 후, 하인리히 헤르츠 Heinrich Hertz가 최초로 인공적으로 전파를 만들어 내면서 성공하게 된다.

아름다운 방정식

맥스웰의 수학 공식이 너저분하다는 것도 상황을 악화시켰다. 처음 맥스웰 방정식은 20개였다. 전류와 자기장의 세기 같은 여섯 가지 서로 다른 성질을 다루다 보니 방정식이 여럿 필요했던 것이다. 너저분한 공식에 파묻혀 있던 맥스웰의 업적이 빛을 발하기까지는 20년의 세월이 걸렸다. 독학으로 과학을 공부한 영국의 전기공학자 겸 물리학자인 올리버 헤비사이드Oliver Heaviside[15](이 사람은 패러데이의 친구인 찰스 휘트스톤의 조카다. 그의 연구는 삼촌으로부터 많은 영향을 받았다)는 상대적으로 새로운 수학인 벡터 미적분학을 이용해 맥스웰의 방정식을 단 네 줄로 압축했다.

이 방정식들은 단위에 따라, 그리고 진공인지 물질로 차 있는 공

---

15 아마도 뮤지컬 〈캣츠〉의 팬이라면 '헤비사이드 층'을 통해 헤비사이드의 이름을 들어 보았을 것이다. 헤비사이드 층은 대기 상층부의 이온화된 기체로 이루어진 층으로 전파를 반사하는 성질이 있어 라디오 전파를 지평선 너머까지 전송할 수 있게 한다(전자기파는 직선으로 이동한다는 것을 생각해 보자). 헤비사이드는 완곡하게 말하면 괴짜 같고 논쟁하기 좋아하는 인물이라고 묘사되곤 했다.

간인지에 따라 여러 방법으로 표현될 수 있는데, 가장 간단한 형태
는 아래와 같다.

$$\nabla \cdot \mathbf{D} = \rho_{\mathrm{f}}$$

$$\nabla \cdot \mathbf{B} = 0$$

$$\nabla \times \mathbf{E} = -\frac{\partial \mathbf{B}}{\partial t}$$

$$\nabla \times \mathbf{H} = \mathbf{J}_{\mathrm{f}} + \frac{\partial \mathbf{D}}{\partial t}$$

방정식들이 이렇게 간결하게 정리될 수 있는 것은 '연산자' 표기
법을 사용한 덕이다. 연산자는 특정 집합의 모든 값에 일괄적으로
연산을 적용하는 기호이다. 예를 들어 내가 T라고 부르는 연산자
를 만들었는데, 이 연산자는 어느 수에 2를 더하는 것으로 정했다
고 하자. 이 연산자 T를 흔히 '자연수'라고 부르는 양의 정수 집합
에 적용하면, 그 결과는 3, 4, 5, 6… 이 될 것이다. 처음에 자연수 1,
2, 3, 4…로 시작했지만, 연산자 T가 나에게 각각의 수에 2를 더하
라고 지시하기 때문이다.

이 압축된 맥스웰 방정식에 나오는 역삼각형 모양의 연산자는
흔히 '델del'이라고 한다. 맥스웰이 살던 시대에는 '나블라nabla'라고
불리기도 했다. 나블라라는 명칭은 신학자인 윌리엄 로버트슨 스
미스가 피터 테이트에게 제안했다고 한다. 나블라는 비슷한 모양
의 하프를 지칭하는 고대 그리스 단어에서 파생된 것이다. 맥스웰

은 이 이상한 어감의 단어에 끝내 익숙해지지 못했고 꾸준히 조롱
했다. 예를 들면 루이스 캠벨에게 보내는 편지에서 장난스러운 말
을 만들어 내기도 했다. "이 글자는 '나블라'라고 하는 건데, 이걸
연구하는 사람은 '나블로디'라고 해." 또 언젠가는 피터 테이트에
게 편지를 보내, "나블라 대신 차라리 '공간 변화space-variation'가 낫
지 않아?"라고 묻기도 했다. 우리는 현대 용어인 '델'을 고수하기
로 하자.

델은 모든 값에 적용할 수 있는 미분방정식의 형태를 나타낸다.
이것은 뉴턴이 사용했던 전통적인 미적분학이나 맥스웰이 벡터를
처리하기 위해 필요로 했던 벡터 미적분학 모두를 포괄한다. 식에
서 델 다음에 나오는 점은 특정한 행렬 연산을 의미한다(행렬은 단
순히 수를 2차원으로 배열해 놓은 것이다). 이 연산은 '내적dot product'이
라고 하는데, 벡터장의 '발산'을 야기하고, 각 지점에서 장의 값을
제공한다. 세 번째와 네 번째 방정식에서는 델 뒤에 곱하기 부호
가 나온다. 이 연산은 '외적cross product'이라고 하는데, 벡터장의 '컬
curl'을 생성하며, 벡터장 각 지점에서의 회전적 특성을 나타낸다.[16]

이런 연산자들로 성립된 네 개의 방정식은 전기와 자기의 핵심
성질을 서술한다.

---

[16] 맥스웰의 기계 모형이 작은 공들의 선형적 흐름과 셀들의 회전을 모두 포함하고 있음을
기억하자.

첫 번째 방정식은,

$$\nabla \cdot \mathbf{D} = \rho_f$$

가우스 법칙Gauss's law을 의미하는 이 식은, 좌변의 전기장[17]의 세기와 우변의 전기 전하의 밀도 사이의 관계를 보여 준다.

두 번째,

$$\nabla \cdot \mathbf{B} = 0$$

이 식은 자기장의 발산이 0임을 보여 준다. 이것은 자기 홀극은 존재할 수 없다는 의미이다. 즉, 자극은 언제나 쌍으로 존재하며 서로를 상쇄한다. (자석은 항상 N극, S극이 쌍으로 존재하고, N극이나 S극만 따로 존재할 수 없다.－옮긴이)

세 번째,

$$\nabla \times \mathbf{E} = -\frac{\partial \mathbf{B}}{\partial t}$$

이 식은 패러데이의 유도를 설명하고 있다. 즉, 변화하는 자기장(B)과 그것이 생성하는 전기장(E) 사이의 수학적 관계를 보여 준다.

마지막으로,

$$\nabla \times \mathbf{H} = \mathbf{J}_f + \frac{\partial \mathbf{D}}{\partial t}$$

이 식은 전기장이 자기장을 생성하는 방식을 서술한다. 여기에

---

17 흔히 전기장은 E로 쓰지만, 여기에서는 맥스웰의 셀이 탄성적으로 '뒤틀리는' 동안 공의 변위(displacement) 장을 나타내기 위해 D를 사용했다.

서 H는 '자화장magnetising field'이며 자기장 B에 비례하지만 매질에 의존하여 변한다. J는 전류를 나타내고, D가 포함된 항은 변화하는 전기장을 의미한다. 세 번째와 네 번째 식을 결합하면, 변화하는 전기장의 파동이 변화하는 자기장을 만들고, 변화하는 자기장이 변화하는 전기장을 만들고…, 그러면서 빛의 속도로 진행하고 있는 파동을 서술하는 데 필요한 모든 것을 얻을 수 있다.

군이 물리학자나 수학자가 아니어도, 전자기의 모든 현상을 포괄하면서도 놀랍도록 간결한 형태로 정리된 맥스웰 방정식의 극명한 아름다움은 누구나 한눈에 알아볼 수 있을 것이다(그래서 종종 티셔츠에도 인쇄된다).

모든 것에서 벗어나

아인슈타인은 모든 시대를 통틀어 맥스웰을 가장 위대한 물리학자 중 하나로 꼽았다. 그리고 교육자로서는 아마도 맥스웰이 아인슈타인보다 조금은 더 나았을 것이다. 그러나 두 사람 모두 학교 업무에 치여 자기가 좋아하는 일을 할 시간이 늘 부족한 것에 분노했다. 아인슈타인에게는 미국 프린스턴 고등연구소(IAS)가 구세주로 나타났다.[18] 일부 학자들은 그런 수도원 같은 기관이 참신한 사고를

---

[18] 그러나 타이밍이 늦었다. 프린스턴으로 이전할 무렵에는 아인슈타인의 위대한 발견은 거의 다 완성된 후였다.

키우기에 적합하지 않다고 생각했지만, 아인슈타인에게는 더없이 안락한 직장이었다.

맥스웰에게는 IAS 같은 곳이 없었지만, 대신 물려받은 재산이라는 장점이 있었다. 보조 강사의 도움에도 불구하고 가르치는 일이 지나치게 부담스러워지자, 맥스웰은 잠시 휴직을 하고 캐서린과 함께 글렌레어로 돌아가 1년 정도 지내며 독립적으로 연구한 적이 있었다. 이 긴 휴가 동안 그의 놀라운 창의력이 발휘되는 것을 목격했으니, 또 그러지 말라는 법은 없었다.

오늘날의 관점에서 보면 이런 맥스웰의 행보는 시대를 역행하는 것이었다. 아직 이 시기의 과학은 팀워크로 이루어지는 형태가 아니었지만, 그래도 이미 상당한 규모의 정보가 공유되고 있었다. 현대의 물리학자들은 학문적 기관이나 학회에 소속되지 않으면 벌거벗은 것 같은 느낌이 든다. 반면 맥스웰은 왕립학회와 왕립연구소라는 과학의 중심지에서 벗어나 과학계에서 발을 뺐다. 그는 언제나 사람들을 직접 만나 교류하기보다는 글로 소통하는 데 더 능숙했다. 당시의 관점에서 볼 때 그는 특별히 클럽 기반의 사교 활동에 어울리는 사람은 아니었다. 런던에서 지내는 동안 왕립학회, 왕립연구소, 영국과학협회의 회의 외에 연극이나 음악회 같은 문화 활동을 즐기거나 사교 모임에 참여했다는 기록은 전혀 없다. 좀 더 젊을 때라면 사람들과의 친교를 적극적으로 즐겼겠지만, 이제 맥스웰은 캐서린과 오붓하게 지내는 생활에서 더 큰 행복을 느꼈던 것 같다.

상황이 허락하자마자 곧장 학교에서 탈출한 아인슈타인처럼, 맥스웰도 언제든 교직을 그만두고 연구에만 집중할 수 있는 조건은 갖추고 있었다. 그러나 맥스웰은 아인슈타인과는 달리 사람들에게 물리학을 가르치며 보람을 느꼈던 것 같다. 오히려 그가 런던에서 느꼈던 환멸은 상대적으로 역량이 부족한 학생들에게서 비롯되었을 수도 있다. 앞서 보았듯이 학생들 대부분은 재학 기간이 4학기 정도밖에 되지 않았고, 킹스 칼리지의 공학과 실용 학문 교육을 경력 강화의 수단쯤으로 여겼다. 물리학을 진지하게 고민하는 학생은 극소수였다. 몇 년 후 맥스웰이 다시 케임브리지 대학교로 돌아온 것도 결국에는 물리학 발전이라는 개념을 진지하게 고민하는 곳이 대학뿐이었기 때문이다.

그렇게 1865년 초, 킹스 칼리지에서 보람된 5년을 보낸 후 맥스웰 부부는 런던을 떠나 글렌레어로 돌아왔다. 맥스웰은 마지막 학기가 끝나는 것조차 기다리지 못하고, 조수인 '자연철학 강사' 윌리엄 그릴스 애덤스[19]에게 자신의 자리를 넘겨주었다. 맥스웰의 후임자가 된 애덤스는 40년간 이 자리를 지켰다. 물론 맥스웰이 런던을 떠나는 데는 시간이 좀 걸렸다. 노동자들을 위한 외부 강의를 끝마치기 위해 1865년 말부터 1866년 말까지 더 머물러야 했고,

---

19 훗날 초기 광전자 셀의 발견자 중 한 명이 된다.

1868년 초 몇 개월 동안은 팰리스 가든스 테라스의 임대를 마무리 짓기 위해 잠시 런던에 돌아와야 했다. 이렇게 모든 일을 정리하고 난 후 맥스웰은 런던 과학계를 떠났다.

악마, 좌절하다

나의 창조자가 제시한 새로운 수학적 접근법에 당시 사람들이 몹시 당황했다는 얘기는 언제 들어도 참 재미있다. 이 새로운 접근법은 물리학의 방법론이 한 단계 진보했음을 보여 주는 것이었으니 당황할 만도 하다. 아인슈타인은 연구실 벽에 제임스 클러크 맥스웰의 초상화를 걸어 둔 것으로 유명한데, JCM에 대해 이런 말을 남기기도 했다.

맥스웰 시대 이후로 물리적 실체는 연속된 장으로 표현되며 …
기계적으로 해석될 수 없다고 생각되어 왔다. 실체의 개념에 일
어난 이러한 변화는 뉴턴 시대 이후 우리가 물리학에서 경험했
던 것 중 가장 심오하고 가장 결실 있는 변화였다.

측정의 비용

나의 발전 과정에 대해 이야기를 이어 나가려면 JCM이 세상을 뜨고 한참 후인 1920년대로 시간 도약을 해야 한다(물론 우리 같은 악마들에겐 시간 도약이 전혀 문제 될 게 없다). 이 시대에 활약했던 젊은

헝가리 물리학자 레오 실라르드Leo Szilard는 훗날 핵연쇄반응의 가
능성을 발견하며 유명해지게 된다. 놀랍게도 이 실라르드가 JCM
이 창조한 변변찮은 악마가 실은 정보 이론의 선도자임을 세상에
알린 사람이다. 나에 대한 실라르드의 주장을 이해하려면 먼저 열
역학 제2법칙의 다른 측면을 좀 더 자세히 들여다봐야 한다.

　기억하겠지만, 나의 주인님과 친구들은 제2법칙에서도 주로 열
과 분자 운동 쪽에 관심을 가졌었다. 열역학이란 것이 애초에 증기
기관의 작동 원리를 더 잘 이해하기 위해 고안된 것이었으니까. 물
론 JCM이 제안한 통계적 접근법 덕에 열역학은 기분 좋게 확률론
으로 흘러갈 수도 있었지만, 그는 여전히 제2법칙의 내용이 일차
적으로는 누군가의 손길이 미치지 않는 한 열은 절대로 차가운 물
체에서 뜨거운 물체로 흐르지 않는다는 것으로 생각하고 있었다.
그러나 실라르드의 시대에 제2법칙은 엔트로피를 어떻게 다루느
냐의 문제로 귀결되었다.

　앞에서도 말했듯이, 엔트로피는 계 안의 무질서 정도를 나타내
는 값이다. 듣기엔 막연한 말 같지만, 엔트로피는 구체적인 수치로
표현할 수 있다. 계의 엔트로피는 계의 구성 요소들을 배열하는 방
법의 개수를 바탕으로 한다.* 언뜻 보기에 왜 이게 무질서의 크기인
지 잘 와닿지 않을 것이다. 내용을 이해하기 위해 알파벳을 예로 들

---

*　기술적으로 서술하자면, '엔트로피=$k \ln W$'라고 쓸 수 있다. 여기에서 k는 볼츠만
　상수고, $\ln W$는 요소들을 배열하는 방법의 개수에 자연로그를 취한 값이다.

어 보자. 알파벳을 익숙한 순서인 A, B, C, D⋯ 이런 식으로 늘어놓
으면 배열할 방법은 딱 하나뿐이다. 그러나 글자들을 아무렇게나
뒤섞으면 배열할 방법은 여러 가지가 있다.

ACBD ...

GQCE ...

LAQV ...

이를테면 이런 식이다. 그러니까 글자들이 뒤죽박죽 뒤섞여 있
을 때는 더 무질서하고 배열할 방법도 여러 개가 있다. 따라서 글자
들이 알파벳 순서로 배열되어 있을 때 엔트로피가 훨씬 더 낮다는
의미가 된다.

실라르드는 엔트로피를 낮추는 나 같은 악마가 존재하려면 일
단 지능이 있어야 한다고 생각했다.[**] 그리고 악마가 분자를 통과시
킬지 말지를 결정하기 위해서는 측정을 해야 하는데, 이 측정 자체
로 인해 엔트로피는 필연적으로 증가하며 이 증가분이 악마의 작
업으로 인한 엔트로피 감소와 정확히 일치할 것이라 믿었다. 실라
르드의 추론에 따르면 악마는 분자의 속도, 즉 운동에너지를 측정
해야 하고, 이 정보를 뇌에 저장한 후 분자에게 문을 열어 줘야 할

[**] 이젠 더 말하기가 입 아플 지경이다.

지 말지를 결정해야 한다. 실라르드는 이러한 측정 작업이 에너지를 소모하고 전체적으로 계의 엔트로피를 증가시키게 된다고 주장했다. 즉, 악마 역시 계의 일부로 간주해야 하며, 악마가 에너지를 사용하느라 증가하는 엔트로피는 기체 안에서 감소하는 엔트로피보다 클 수도 있다는 것이다.

맥스웰 시대의 과학자들은 간과한, 지적인 관찰자로서의 내 역할을 실라르드가 지적한 것이다. 그러나 실라르드가 특별히 천재라서 그걸 알아낸 것은 아니라는 주장도 있다. JCM과 친구들이 살던 시대에 과학자는 실험으로부터 완전히 분리된 객관적인 관찰자고 독립적인 존재였다. 그러나 실라르드가 나에게 손을 뻗었던 그 무렵엔 양자이론이 슬슬 태동하고 있었다.*

양자물리학의 핵심은 측정 행위가―그냥 뭔가를 들여다보기만 해도―대상 물체에 잠재적인 영향을 미칠 수 있다는 것이다. 예를 들어 빛을 사용해 분자의 위치를 측정한다면, 빛의 입자인 빛알이 분자에 부딪혀 튕겨 나오는 것을 검출해야 하는데, 이 충돌이 잠재적으로 분자의 경로와 운동량을 바꿀 수 있다. 게다가 더 중요한 건, 측정이 이루어질 때까지 분자 같은 양자 입자는 위치를 '가질'

---

* 영국의 물리학자 윌리엄 브래그가 이 시대를 설명하면서 다음과 같은 글을 남긴 데는 충분한 이유가 있었다. "신은 월요일, 수요일, 금요일에는 파동 이론으로 전자기를 돌리고, 악마는 화요일, 목요일, 토요일에 양자이론으로 전자기를 돌린다." 이렇게 우리 악마들이 물리학에 공헌하고 있는 걸 물리학자가 직접 인정해 주니 기분 좋은 일이다. 하지만 어떤 사람들은 그럼 일요일에는 전자기가 어떻게 되는 거냐고 궁금해하기도 한다.

수 없다는 것이다. 입자는 심지어 내가 닫아 놓은 문 너머 반대편에 나타날 수도 있다.

통계역학에 대한 맥스웰의 접근법에서, 확률은 모형 안에 포함되어 있다. 모든 분자들은 동시에 정확한 위치를 가지고 있지만 우리는 그 위치가 어디인지 모르니까, 확률을 써서 분자 집단의 행동을 통계적 관점에서 보는 것이다. 그런데 양자이론에서는 관측되기 전까지 분자의 위치는 문자 그대로, 사실상 그냥 확률이라고 말한다. 양자이론의 이 논리를 두고 아인슈타인은 근심에 휩싸였고, 그 유명한 '신은 주사위 놀이를 하지 않는다'라는 말을 남겼다. 물론 신은 주사위 놀음을 안 하겠지. 하지만 악마라면 얘기가 다르다.

양자물리학의 관점에서 보면 관찰자와 실험은 결코 완전하게 분리될 수 없다. 실라르드는 영리하게도 악마를 실험 대상인 계의 일부로 포함시켰다. 그는 나의 측정이 계에 영향을 미칠 수밖에 없고, 이 영향으로 인한 엔트로피 증가가 내가 만든 엔트로피 감소를 무위로 만들어 버린다고 주장했다.

나한테는 이 문제가 그렇게 중요하진 않지만, 실라르드의 연구가 미국의 공학자 클로드 섀넌Claude Shannon의 정보 이론 개발로 이어졌다는 점은 흥미롭다. 섀넌의 정보 이론은 맥스웰의 전자기파에 의해 전송되는 정보에 엔트로피 개념을 도입한다.

어쩌다 보니 나는 실라르드의 명민한 해법을 아슬아슬하게 피해 나가서 계속 제2법칙을 위협할 수 있게 되었다. 그러나 이 얘기는 좀 이따 해도 된다. 그 전에 JCM이 런던 과학계를 벗어난 후 어떻게 지냈는지 알아보는 게 먼저다.

글렌레어에서 시간을 마음껏 쓰며 지내다 보니, 맥스웰은 실험과 연구만큼 글쓰기에도 집중할 수 있었다. 맥스웰은 당시 에든버러 대학교 자연철학 교수로 있던 옛 친구 피터 테이트가 광범위한 주제의 책을 집필하는 걸 돕고 있었다. 『자연철학론A Treatise on Natural Philosophy』[1]이라는 제목의 이 책은 사실상 대학 수준의 물리 과정 전체를 다루는 교과서였다. 단언컨대 이렇게 광범위하면서도 높은 수준의 물리를 다룬 교과서는 유례를 찾아보기 힘들다. 아마 1960년대 리처드 파인먼의 그 유명한 '빨간 책' 강의록이 나오기 전까지는 비할 상대가 없었을 것이다.

요즘에는 여러 사람이 책 한 권을 함께 만드는 게 딱히 어려운 일은 아니다. 저자들끼리 각자 쓴 내용과 의견을 이메일로 자유롭게 보낼 수도 있고, 클라우드에서 공유 버전을 만들어 동시에 작업

---

1   이 책은 피터 테이트와 윌리엄 톰슨이 함께 집필했다. 맥스웰은 초고에서 몇 개의 장을 검토해 주었고, 책이 출간되자 직접 쓴 리뷰를 《네이처》에 실었다. ─옮긴이

할 수도 있다.[2] 그러나 그 시절 맥스웰과 테이트는 일일이 손으로 편지를 쓰고 우편으로 부친 후 하염없이 답장을 기다려야 했다. 글렌레어와 에든버러 사이에 꾸준히 오가는 편지와 우편물의 양은 상당했고, 그 양이 어찌나 많았던지 글렌레어 도롯가에 맥스웰만을 위한 개인 우체통이 설치될 정도였다.

이후에 맥스웰은 단독으로 『전기자기론Treatise on Electricity and Magnetism』이라는 전자기 이론 책을 썼다. 열역학에 관한 자신의 연구 결과와 열에 대한 보다 광범위한 탐구 내용을 다룬 『열 이론Theory of Heat』도 썼는데, 이 책을 통해 훗날 톰슨에게서 '맥스웰의 악마Maxwell's demon'라는 이름을 얻게 되는 '유한한 존재finite being'가 사람들에게 널리 알려졌다.

글렌레어에서의 삶

자칫하면 맥스웰의 악마는 아예 존재하지 못했을 수도 있었다. 1865년에 단순한 휴가 그 이상인 글렌레어에서의 첫 여름을 즐기던 어느 날, 맥스웰은 승마를 하러 갔다. 그날은 익숙하지 않은 말을 탔는데,[3] 말은 통제를 벗어나 키 작은 나무 아래를 제멋대로 빠르게 내달렸다. 맥스웰은 나뭇가지에 머리를 제대로 맞았다. 상처

---

2 그렇다, 다시 강조하지만 이런 기술들은 모두 맥스웰의 위대한 발견 덕에 가능한 것이다.
3 이유는 알려지지 않았다. 어쩌면 평소 그가 타던 말이 다리를 절어서 그랬을지도 모른다.

는 살갗이 조금 심하게 찢어진 정도로 심하지 않아 보였지만, 심각한 감염을 일으켜 단독丹毒(피부의 상처가 균에 감염되어 고열과 발진, 동통을 일으키는 질병 – 옮긴이)에 걸리고 말았다. 당시에는 그저 휴식을 취하며 열이 내리기를 기다리는 것 말고는 특별한 의학적 대책이 없었던 터라, 위태위태한 상태로 몇 주를 보내야만 했다.

연구를 계속하긴 했지만 – 그는 과학을 한순간도 잊은 적이 없었다 – 글렌레어에서 지내다 보니 가족과 함께하는 시간이 더 많아졌다. 맥스웰 부부는 몇 년간은 대부분의 시간을 집에서 보냈다. 맥스웰의 아버지가 영주이던 때부터 영지와 저택을 개량하자는 얘기가 나왔지만 영 진척이 없었는데, 이번이 좋은 기회였다.

맥스웰 부부가 아이를 가질 마지막 기회이기도 했다. 영구 이주를 염두에 두고 글렌레어로 돌아왔을 때 캐서린의 나이는 41세였다. 첫 아이를 갖기에 불가능한 나이는 아니지만 당시로서는 흔치 않은 일임은 분명했다. 맥스웰은 확실히 아이를 원했던 것 같다. 다른 집 아이들과 즐겁게 노는 모습을 봐도 그렇고, 영주로서 상속자에 대한 의무도 고민했을 것이다. '전기'에서 캠벨은 이렇게 썼다.

인생의 황혼기에 맥스웰은 아이들의 즐거움을 위해 기꺼이 헌신하는 모습을 보였다. 그와 사적으로 교류했던 사람들이라면 누구나 어린이들에게 깊은 애정을 품었던 맥스웰의 모습을 기억할 것이다.

1869년 무렵 맥스웰과 캐서린.

그 시절 위인의 배우자가 다 그랬지만, 캐서린이라는 인물에 대해서는 거의 알려진 바가 없다. 그래도 앞서 본 내용에 따르면 맥스웰보다 더 내향적인 사람이었을 것으로 추정할 수는 있다. 그녀가 아이에 관심이 있었는지 여부는 알 수 없으나, 관심이 없었을 가능성이 높다.

단독에서 회복된 맥스웰은 글렌레어에서 보내는 시간을 과거의 경험을 다시 돌아보고 아이디어를 수정하는 기회로 삼았다. 어떤 과학자들은 연구 결과를 발표하는 데 만족하고 다음 과제로 넘어가지만, 맥스웰은 하나의 주제를 끈질기게 붙들고 거듭 고민했던 것 같다. 어떤 때는 이전에 떠올렸던 착상을 섬세하게 다듬기도 하고, 또 어떤 때는—전자기 모형 작업 때처럼—문제에 대한 접근법을 아예 처음부터 다시 짜기도 했다.

그러던 중 맥스웰에게 젊은 시절에 경험했던 시험을 손볼 기회가 찾아왔다. 여느 일반인이라면 솔깃하기보다 무섭다고 여길 만한 기회였다. 나는 요즘도 대학 시험장에 들어가는 악몽을 가끔 꾸는데(그것도 꼭 수학 아니면 물리 과목 시험이다), 공부도 하나도 안 하고 외워 둔 방정식도 하나 없이 책상 앞에 멍하니 앉아 있는 꿈이다. 아마 나만 이런 괴로운 꿈을 꾸는 건 아닐 것이다. 그러나 수학 트라이포스를 살펴봐 달라는 케임브리지 대학교의 요청을 받은 맥스웰은 기꺼이 대학으로 돌아가 다시 시험을 치렀다. 트라이포스는 복잡하고 시대에 뒤떨어진 시험으로 여겨지고 있었다. 오래전 맥스웰은 이 시험을 계기로 학계의 주목을 받았다. 그러나 트라이포스는 그때도 이미 과거를 답습하고 있었고, 맥스웰이 응시했을 때와 크게 달라진 것 없이 여전히 과거의 늪에 빠져 있었다. 그는 시험의 내용과 구조를 현대 수학에 걸맞게 개선해 달라는 대학의 요청을 받고 열정적으로 도전에 임했다.

점성으로 돌아가다

이와 더불어 맥스웰은 캐서린의 도움을 받아 기체 점성 연구를 심화시킬 수 있었다. 실험 결과는 그가 생각한 대로 점성이 온도의 제곱근보다는 온도 자체에 정비례한다고 말하고 있었다. 그러나 당시의 이론은 그의 편이 아니었다. 맥스웰은 기계 모형의 전문가로서 모형 자체에 결함이 있음을 발견했다. 이를 바로잡기 위한 첫 번째 단계는 평균 자유 거리(151쪽 참고) 개념에서 벗어나는 것이었다. 이 개념은 분자의 크기를 가늠할 때는 유용했지만, 지금 필요한 것은 기체 분자가 서로에게 힘을 가하는 모형이었다.

이것은 중대한 생각의 변화였다. 초기 운동 이론을 개발할 때는 조건을 단순하게 만들기 위해 기체 분자들을 충돌하는 당구공처럼 생각했다.[4] 분자는 최고 속도로 다른 분자를 향해 날아가다가 서로 접촉하고, 튕겨 나오고, 방향을 바꾸어 최고 속도로 서로에게서 멀어진다.[5] 맥스웰은 전자기에 대한 지식을 바탕으로 분자들의 상호작용을 당구대 위에서 충돌하는 당구공이 아니라 대전되어 서로 반발하는 두 입자처럼 서술하고자 했다. 그러면 가속 효과가 조금

---

4   물리학자들은 당구공으로 모형 세우는 걸 참 좋아한다. 젊은 시절에 열심히 놀았다는
    증거다.
5   실제 당구공은 이런 식으로 움직이지 않는다. 당구공은 완벽한 강체가 아니어서 접촉할
    때 약간의 형태 변화가 일어나고, 충격이 지속되는 시간 동안 짧은 가속이 일어나며,
    열과 소리의 형태로 에너지를 잃는다. 그러나 수학이 감당할 수 있도록 물리학
    모형에서는 종종 이런 세부 사항들을 단순화해야 한다.

더 일찍 시작된다. 분자들이 접촉하기 전부터 반발력이 작용하기 때문이다. 반발력은 분자들 사이의 거리가 가까워짐에 따라 급격히 증가하고, 증가하는 비율은 둘 사이의 거리 제곱에 반비례한다.

맥스웰은 이와 동시에 완화 시간이라는 개념도 도입했다. 이 완화 시간 동안 계는 교란을 경험한 후 평형 상태로 돌아갈 수 있다. 예를 들어 홍차가 담긴 잔 안에 우유를 한 방울 떨어뜨린 후 젓지 않고 가만히 두었다고 생각해 보자. 우유를 넣기 전에 홍차 분자들은 서로가 서로에게 부딪치며 찻잔 전체의 온도를 대체로 똑같이 유지하는 평형 상태에 놓여 있었다. 여기에 차가운 우유를 더하면 한 지점에 냉기가 집중되고, 계는 교란된다. 그러나 시간이 흐르고, 우유 분자가 홍차 안에 고루 퍼지면서 홍차-우유 계는 아까와는 다른 새로운 평형 상태에 이르게 된다. 계가 이런 과정을 겪는 시간이 완화 시간[6]이다.

맥스웰은 점도가 형성되는 기체 모형으로 수정한 후에야 관측과 이론을 일치시킬 수 있었다. 새 모형에서는 기체가 점성을 띠며, 이 점성의 크기는 온도에 비례했다. 맥스웰의 실험 결과와 같은 내용이었다. 그러면서도 이 모형은 분자들에 대하여 동일한 속도 분포를 만들었다. 결국 그의 원래 논문도 이 부분에서는 틀리지 않았

---

[6] 홍차를 저으면 다시 상황이 바뀌어 온도 교란의 완화 시간은 줄어들지만 소용돌이라는 새로운 교란이 도입된다. 홍차 한 잔에 이렇게 많은 물리학이 담겨 있으리라고 누가 생각이나 했을까?

던 것이다. 그러나 맥스웰의 새 모형에서는 이전 이론이 가졌던 한 가지 단점, 즉 특정 속도를 가진 분자들 간에 상호작용이 없을 때만 작동한다는 제약을 없앨 수 있었다. 그는 이 연구를 1866년에 완성했고 1867년에 논문으로 발표했다.

그로부터 6년 후 그는 자신의 이론을 다시 검토하게 된다. 하지만 그것은 다른 물리학자들의 최신 연구 결과와 일치하도록 접근법과 표현법을 조정하는 수준이었다. 맥스웰은 또한 1873년에 자신의 이론을 화학 학회에서 발표했는데, 이때 그는 분자의 사용을 정당화하기 위해 분자가 존재한다는 증거를 가능한 한 많이 수집해야 했다. 당시에 화학자들은 분자 개념을 사용했지만, 그들이 생각하는 분자는 맥스웰이 그려 낸 복잡한 통계적 군무를 수행하는 실제 물리적 사물이라기보다 그저 쓸모 있는 가상의 개념 정도였기 때문이다.

그 시대의 지식 수준을 감안할 때, 맥스웰이 취한 접근법에는 필연적인 한계가 있었다. 그의 속도 분포는 여전히 성립했지만 실험 측정이 점점 더 정확해짐에 따라 실제 데이터와 맞지 않는 측면이 있었기 때문이다. 이런 오차는 일차적으로는 맥스웰이(그리고 클라우지우스가) 분자의 운동 방법에 대해 세운 가정에서 비롯되었다. 맥스웰은 3차원 공간과 세 개의 회전축을 바탕으로 공 모양의 분자를 상상했다. 오늘날 알려진 바에 따르면 단일 원자가 아닌 분자들은 구조가 훨씬 더 정교하고 회전 방식도 다양하며 분자를 구성하는 원자 사이의 결합에 따라 진동도 할 수 있다. 맥스웰의 계산에 결합이 있었던 까닭은 맥스웰이 이런 분자의 성질을 몰랐기 때문이다. 물론 당시 알려진 정보를 고려하면 맥스웰의 이론은 여전히 놀라운 성과였다.

맥스웰은 글렌레어에서 지내는 동안 뜻깊은 발전을 이루었고, 특히 책과 논문을 많이 남겼다. 그러나 내내 연구만 한 것은 아니었다. 앞서도 보았듯이 영지를 개선하는 데 상당한 노력을 들였으며, 1867년에는 아내 캐서린과 함께 이탈리아 여행을 떠났다. 이탈리아는 바이런과 셸리의 시대였던 50여 년 전부터 영국 부유층이 사랑하는 인기 여행지였다. 게다가 농가의 이미지를 벗어나 영주의 저택에 걸맞게 변모 중이던 글렌레어 저택을 잠시 벗어날 좋은 기회이기도 했다. 맥스웰 부부의 대륙 여행은 단순히 몇 나라를 들러 단기간에 최대한 많은 명소를 도는 일반적인 여행은 아니었다. 맥스웰 부부는 이탈리아어를 배우려고 노력했고, 당시의 여행객들과는 달리 지역 문화를 즐겼던 것 같다.

한편 맥스웰은 몇 년에 걸쳐 글렌레어에 효율적인 실험실을 꾸몄다. 그곳은 기체 점도 실험을 하기에는 충분히 훌륭한 공간이었다. 그러나 개인 재산만으로는 구현하기 힘든 기술이 몇 가지 있었다. 결국 그는 스코틀랜드로 돌아온 지 3년 만에 전자기파의 속도 계산을 개선하기 위해 다시 런던으로 돌아갔다.

와인 상인의 배터리

앞서 5장에서 보았듯이, 맥스웰은 1861년 여름방학 때 진공 중 전자기파의 기대 속도를 약 초속 310,700킬로미터로 계산했다. 이 값은 기존 파동에 사용되는 두 가지 요소, 즉 매질의 밀도 그리고 매질의 탄성과 등가인 요소를 바탕으로 한 것이다. 전자기에서 이 등가 요소는 공간의 유전율과 자기 투자율이며, 당시에는 이 값들이 그다지 정확하게 알려지지 않았다. 따라서 계산 결과 역시 정확도가 떨어졌다.

맥스웰은 케임브리지의 전기 공학자 찰스 호킨Charles Hockin과 함께 훨씬 더 정확한 유전율과 투자율을 구할 실험을 고안했다. 이 실험에서는 두 금속판의 전하 사이의 인력과 두 전자석의 같은 극 사이의 반발력의 균형을 맞추는 것이 핵심이었다. 이 인력과 반발력이 클수록 측정은 더 정확해질 수 있었다. 따라서 정확한 실험 결과를 얻기 위해서는 세기가 강한 전력원을 구해야 했다.

놀랍게도 영국에서 가장 강력한 배터리를 소유한 사람은 물리학자나 전력 회사가 아니라, 런던 클래펌의 와인 상인 존 가시엇John Gassiot이었다. 가시엇은 사재를 털어 화려한 개인 실험실을 꾸민 것으로 유명했는데, 그가 맥스웰과 호킨에게 총 2600개에 달하는 거대한 배터리 셀을 제공했다. 셀을 모두 합한 전체 출력은 약 3000볼트에 육박했다.

배터리들이 불안할 정도로 빨리 방전되는 바람에 완전 방전되기 전에 신속하게 측정해야 했지만, 실험은 대단히 성공적이었다. 이렇게 얻은 정확한 유전율과 투자율로 전자기파의 속도를 다시 계산해 본 결과 초속 288,000킬로미터(km/s)로 나왔다.

맥스웰의 원래 계산에서는 피조가 구한 314,850km/s와 비슷한 310,700km/s가 나왔었다. 그러다 보니 새로 얻은 값은 오히려 목표에서 벗어난 것처럼 보일 수도 있다. 그러나 그사이에 프랑스의 실험가 레옹 푸코Léon Foucault[7]가 새로운 빛의 속도를 구했다는 사실이 알려졌다. 푸코는 피조의 실험을 개선해 더 정확한 속도인 초속 298,000킬로미터를 얻었다.[8] 이제 맥스웰의 파동이 빛이라는 사실은 거의 확실시되는 것 같았다.

이러한 결과는 맥스웰의 이론을 뒷받침하는 유용한 근거가 되었지만, 그의 연구가 가진 중요한 의미는 훨씬 더 나중에야 명확해졌다. 앞으로 보게 되겠지만 맥스웰의 연구는 하다못해 곁가지 연구마저도 위대한 성과로 이어졌다. 그가 유지했던 어린아이 같은 호기심이 다른 사람들은 평범하게 넘겨 버리는 현상도 다시 돌아보고, 거기서 연구할 가치가 있는 특별한 것을 찾아냈기 때문이다.

---

7 푸코는 지구 자전으로 인해 회전 방향이 바뀌는 푸코 진자를 발견한 사람으로 유명하다(움베르토 에코는 『푸코의 진자』라는 소설도 썼다).

8 오늘날 빛의 속도는 초속 299,792.458킬로미터로 확정되었다. 이에 따라 1미터는 빛이 1초 동안 이동하는 거리의 1/299,792,458로 정의된다.

조절기를 만나다

앞서 맥스웰이 킹스 칼리지에서 전기 저항 표준을 정할 때(246쪽 참고), 동료인 헨리 플리밍 젠킨이 일정한 속도로 코일을 회전시키는 조절기governor를 설계했다는 얘기가 있었다. 조절기는 고정식 증기기관을 아는 사람이라면 누구에게나 친숙할 것이다. 증기 시대 초기에는 기술과 원리를 제대로 이해하지 못한 상태에서 안전 범위를 벗어나 작동시키는 바람에 폭발 사고가 빈번히 일어났다. 이에 대한 해결 방안으로 제임스 와트는 1780년대에 원심 조절기를 고안했다. 이 우아한 장치는 경첩이 달린 양쪽 막대 끝에 각각 추가 하나씩 매달려 있는 형태로,[9] 수직 축이 회전하면 추들은 바깥쪽으로 펼쳐진다. 수직 축의 회전이 빠를수록 공 모양의 추는 바깥쪽으로 더 멀리 날아간다. 경첩 달린 막대는 밸브에 연결되어 있어, 추가 중심에서 너무 멀리 날아가면 밸브가 닫힌다. 따라서 조절기를 설치한 증기기관은 절대로 지나치게 빨리 돌지 않는다. 증기기관의 회전 속도가 특정 값 이상으로 올라가면 자동으로 꺼지기 때문이다.

맥스웰은 젠킨의 조절기를 깊이 고민하면서, 자동으로 속도를 조절하는 피드백 메커니즘을 좀 더 효율적으로 사용할 방법을 탐구하기 시작했다(이런 피드백 기반 조절기는 오늘날 흔히 사용되는 가정

---

[9] 추 하나로도 작동하긴 하지만 불안정하다. 추를 두 개 달면 서로 균형이 잘 맞아 안정적이다.

용 온도 조절 장치에서 찾아볼 수 있다). 1868년에 맥스웰은 「조절기에 관하여On Governors」라는 제목의 논문을 썼는데, 맥스웰답게 철두철미한 자세로 조절기를 수학적으로 분석하고 있다. 또한 그는 자신이 정의한 관점에서 보면 와트의 장치는 애초에 조절기가 아니었다고 지적했다.

이 논문에서 맥스웰은 '조정기moderator', 즉 속도가 지나치게 증가할 때 이를 교정하는 장치와 '조절기governor', 즉 속도의 적분을 고려하는 장치[10]를 구분했다. 그는 오직 이런 기능을 갖춘 조절기만이 속도를 정확하게 조절할 수 있음을 수학적으로 증명했다. 와트의 장치와 같은 조정기는 음의 피드백을 제공하긴 하지만, 오차를 바로잡는 데 필요한 정확한 값을 제공하지는 못한다.

맥스웰이 이 논문에서 사용한 수학은 토성 고리를 연구할 때 썼던 수학 일부와 유사한 것이었다. 올바른 조절기를 만드는 일은 시스템의 안정성과 관련 있다는 점에서 둘은 같은 유형의 문제였다. 조절기의 안정성에 관한 맥스웰의 연구를 일반화시킨 사람은 케임브리지의 수학자 에드워드 라우스였는데, 아이러니하게도 맥스웰이 토성 고리에 관한 해석으로 애덤스 상을 수상한 것처럼 라우스도 이 연구로 애덤스 상을 수상했다(이때 맥스웰이 심사위원이었다).

10　이때 적분은 조절기의 속도 변화 그래프에서 곡선 아래 면적을 의미한다. 조절기의 경우에는 측정된 속도가 아니라 변위를 반영하는 것이다. 따라서 조절기는 변화가 아무리 크더라도 필요한 값으로 속도를 설정할 수 있는 반면, 조정기는 가동되더라도 속도가 여전히 증가한다. 물론 조정기가 없을 때보다는 속도 증가의 정도가 덜하지만.

그로부터 수십 년 뒤에는 미국의 수학자 노버트 위너Norbert Wiener가 맥스웰의 논문을 주목했다. 그는 1940년대에 사이버네틱스[11] (인공두뇌학) 개념을 창시하게 된다. 사이버네틱스는 통신 및 피드백 기능을 갖춘 계를 연구하는 분야로, 이후 제어 시스템과 공학 및 컴퓨터 과학에서 중요하게 사용되었다. 위너는 맥스웰을 자동 제어의 창시자이자 제어 시스템 이론의 시동을 건 인물로 여겼다. 맥스웰의 연구에서 출발한 제어 이론은 자동차의 크루즈 기능부터 핵발전소의 안전 유지 시스템까지 거의 모든 분야에서 활용되고 있다.

4차원을 생각하다

이렇게 맥스웰의 연구는 처음 의도된 것보다 훨씬 더 엄청난 영향을 미치는 경우가 많았다. 맥스웰의 『전기자기론』을 본 올리버 헤비사이드는 압축된 버전의 맥스웰 방정식을 개발했다. 이는 기본적으로 맥스웰이 사원수quaternion에 보인 관심 덕분이었다. 사원수는 아일랜드의 수학자 윌리엄 해밀턴 경Sir William Hamilton(동시대의 스코틀랜드 철학자이며 에든버러 시절 맥스웰에게 철학을 가르쳤던 윌리엄

---

11 '사이버네틱스(Cybernetics)'와 '조절기(governor)'는 모두 같은 그리스어에서 비롯되었다. '조타수'라는 의미의 단어인데, 조절기는 라틴어를 거치며 뜻이 약간 왜곡되었다.

해밀턴 경과 혼동하지 말자)이 처음 소개한 것으로, 다소 이해하기 어려운 수학적 도구였다.

1860년대에 대부분의 과학자들은 복소수 개념에 익숙했다. 복소수는 실수와 허수가 결합된 형태의 수로, 2차원을 하나의 값으로 편리하게 표현할 때 많이 쓰였다. 허수는 i의 배수로 나타내는데, i는 -1의 제곱근이다. 그러니까 복소수는 예를 들면 $3+4i$ 같은 식으로 표현된다. 이 수들은 실수처럼 다룰 수도 있고, 실수와 허수를 각각의 축으로 놓으면 2차원 그래프로 표현할 수도 있다.

특히 특정 방향으로의 위치와 시간에 따라 변하는 진폭을 모두 갖는 파동 형태를 다룰 때 복소수가 매우 유용했다. 그러나 이 세상의 물리적 과정들은 그래프 용지 같은 평면 위가 아닌 3차원 공간에서 일어난다. 진폭과 3차원에서의 위치를 지닌 값을 처리하는 데는 사원수가 제격이었다. 사원수는 세 개의 허수 성분을 포함한다. 다시 말해 하나의 사원수는 $3+4i+2j+6k$ 같은 식으로 표현된다.

해밀턴은 사원수가 물리적 과정을 서술하는 수학에 혁신을 일으킬 잠재력이 있다고 판단했고, 그 생각은 옳았다. 그러나 이 접근법은 다루기가 매우 까다로워서, 다차원에서 변화하는 여러 값을 다루는 방법으로 벡터 해석법vector analysis이 개발되었다.

맥스웰은 해밀턴의 사원수에 실용성을 부여했다. 사원수에 영감을 받은 맥스웰은 벡터 미적분에 적용되는 사원수 연산의 다양한 형태를 표현하기 위해 '수렴convergence', '기울기gradient', '컬curl' 등의 용어를 고안했다. 그러다 나중에 '수렴'은 반대 개념인 '발산divergence'으로 대체되었고, 긴 이름은 축약되어 'div', 'grad', 'curl' 연산이라고 정해졌다. (이 중 둘은 259쪽 헤비사이드의 맥스웰 방정식에서 찾아볼 수 있다.)

'컬curl'은 피터 테이트에게 보내는 편지에 처음 등장했는데, 글을 보면 맥스웰이 용어를 만들며 느꼈을 재미를 엿볼 수 있다. 편지에서 컬은 단순히 '트위스트twist'의 대체어였지만, 1871년 런던 수학회에 보낸 논문에서 마침내 '컬'이라는 용어로 고정되었다.

편지글은 테이트에게 델(∇)이라는 수학 연산자를 '애틀리드Atled'(단순히 그리스어 델타delta를 거꾸로 쓴 것이다)라고 불렀는지 묻는 것으로 시작한다. 이어지는 편지의 내용은 다음과 같다.

벡터 함수의 스칼라 부분은 '수렴convergence'으로, 벡터 부분은 '트위스트twist'라고 부를 거야. (여기에서 말하는 트위스트는 나사나 소용돌이하고는 아무 상관이 없어. '턴turn'이나 '버전version' 같은 단어가 맞다면 그게 트위스트보다는 낫겠지. 트위스트는 아무래도 나사를 조이는 것이 연상되니까.) 회전twirl은 비트는 동작이 연상되지 않으면서 충분히 빠른 느낌도 들어. 그래도 수학자들에게는 너무 역동적인 단어라 케일리[12]를 위해 컬curl이라고 부르는 게

---

12 아서 케일리(Arthur Cayley), 영국의 물리학자. 당시 케임브리지 수학과의 새들리언 교수(옥스퍼드에서 가장 오래된 과학 석좌교수-옮긴이)였다.

좋을 것 같아.

그러나 이렇게 쓰고 난 후에도, 맥스웰은 편지 내내 벡터 부분을
계속 회전twirl이라고 써서 혼란을 일으킨다.

그래도 수학회에 논문을 제출할 무렵에는 수학자들을 위해 자
신의 제안을 밀고 나가기로 했다.

> 나는 벡터 함수의 벡터 부분을 컬*curl*이라고 부르기를 조심스럽게
> 제안한다. 컬은 벡터로 전달되는 대상 물질의 방향과 크기를 나
> 타낸다. 나는 **로테이션***rotation*, **선회***whirl*, 또는 **회전***twirl*처럼 운동을
> 의미하는 단어나, **트위스트**처럼 소용돌이 방향으로 비트는 행위
> 를 뜻하는 단어를 피하려 노력하였다. 이런 단어들은 벡터의 성
> 질을 전혀 묘사하지 못한다.

학자의 삶

글렌레어에서는 모든 게 순조롭게 흘러가는 것 같았다. 맥스웰은
중요한 업적으로 인정받게 될 논문들을 썼으며, 실험을 하고 이론
을 발전시켰다. 아이를 갖는 문제 외에는 더 바랄 나위 없는 삶이었
다. 그리고 그는 런던을 떠나며 다시는 학계로 돌아가지 않겠다고
선언했었다. 그럼에도 맥스웰은 자신의 삶에 뭔가 빠진 게 있다고

느꼈던 것 같다. 연구에 대해서라면 캐서린과 토론할 수도 있고 과학자들과 편지로 아이디어를 교환할 수도 있었다. 하지만 그것이 현장에서 전문가들을 만나 나누는 활기찬 토론과 같을 수는 없었다. 맥스웰은 폭넓은 지적 교류의 기회가 그리웠을 것이다.

그가 학계로 돌아갈 생각을 하게 된 첫 번째 계기는 1868년 말, 스코틀랜드에서 가장 오랜 역사를 자랑하는 세인트앤드루스 대학교의 학장직이[13] 공석이 된 일이었다. 맥스웰은 이 자리에 지원을 할지 말지를 놓고 한참을 망설였다. 그해 10월 말, 윌리엄 톰슨에게 보내는 편지에서 그는 이렇게 썼다.

내키지 않는 큰 이유 하나는 동풍이에요. 그 지역엔 동풍이 심하게 불거든요. 또 다른 이유는, 나는 관리자가 아니라 연구를 하는 사람이라는 거죠. 난 직원들이나 행정 업무를 관장하는 관리자 일에는 소질이 없어요.

그로부터 나흘 후에는 마음을 굳힌 것 같았다. 맥스웰은 루이스 캠벨에게 이런 편지를 썼다.

그 자리에 지원할까 말까를 두고 꽤 고민을 많이 했는데, 결국 지

---

13 정확히 말하자면 세인트앤드루스 대학교 내 세인트 살바도르-세인트 레너드 연합 칼리지의 학장직이었다.

원 안 하기로 결정했어. 이 문제에 대해 너와 여러 교수님들의 따뜻한 관심은 감사하게 생각해. … 하지만 내가 가야 할 길은 그쪽은 아니라고 느끼고 있어.

그러나 또 나흘이 지나고, 맥스웰은 자신의 결정을 뒤집고 지지를 얻기 위해 사람들에게 편지를 쓰기 시작했다. 특히 그가 생각하기에 영향력 있는 인물은 그 이름도 웅장한 내무장관 개손 개손-하디였다. 11월 9일에 그는 톰슨에게 이런 편지를 보냈다.

지난번 편지를 썼을 때까지는 세인트앤드루스에 가 본 적이 없었습니다. 그러다 지난주에 그곳에 가서 학장직에 지원했지요. 1856년 이후로 나의 근면 성실성을 확인해 줄 수 있다면, 또는 과학자들 중 누가 보수적인지, 내 편을 들어줄 영향력 있는 사람이 누가 있을지 알려 줄 수 있다면, 부탁할게요. [세인트앤드루스에서] 교수 아홉 중 여섯이 런던 과학협회와 내무장관, 그리고 부총장 겸 학장인 툴록에게 나를 추천해 주었습니다. 나머지 셋 중 하나는 셰어프 교수인데 그 사람도 학장직에 지원했고, 벨 교수는 청원서 자체를 인정하지 않고 중립을 지키고 있어요.

교수들의 명백한 지지에도 불구하고 일은 잘 풀리지 않았다. 소문에는 이 자리에 '과학하는 사람'을 앉힐 거라는 얘기도 있었지만, 행정 경험이 부족한 맥스웰을 의사 결정자들이 탐탁지 않게 보았을 수도 있다. 그렇다고 해서 맥스웰이 여생을 글렌레어에 머물러 있었던 것은 아니다. 몇 년이 흘러 1871년에, 물리학을 중세의 자연철학 개념에서 탈피시키고 명문 대학을 대표하는 학문으로 끌어올릴 새 직책의 제안이 들어왔다. 세인트앤드루스 때 이미 바깥세상의 기회에 마음을 열었던 맥스웰은 이제 새로운 도전을 할 때가 되었다고 결심했다.

8장

케임브리지가 부른다

위대한 과학자로서의 마지막 여정은 케임브리지 대학교의 제안으로부터 시작되었다. 맥스웰에게 케임브리지는 수학적 영감의 원천이자 학문적, 정신적 고향이었지만, 과학의 측면에서 볼 때 케임브리지를 영국에서 가장 발전된 대학이라고 부르기에는 다소 무리가 있었다. 케임브리지 총장은 이제 이런 상황을 바꾸어 보기로 했다.

캐번디시 커넥션

대학의 최고 수장으로서는 특이하게도(오늘날의 기준으로 봐도 특이하다), 케임브리지 총장은 과학자의 기질을 지닌 사람이었다. 그도 맥스웰처럼 학생 때 수학 실력이 탁월했고, 차석 랭글러 출신에 저명한 상인 스미스 상 수상 경력도 있었다. 게다가 헨리 캐번디시 Henry Cavendish의 조카손자이기도 했다. 같은 케임브리지 출신이었던 헨리 캐번디시는 18세기 말 선도적인 과학자로서 왕립연구소

설립에 중대한 역할을 했다. 또한 헨리 캐번디시는 최초로 실험을 통해 지구의 밀도를 합리적으로 측정했는데, 이 결과 덕에 뉴턴의 중력 상수 G를 계산할 수 있게 되었다.

맥스웰을 불러들인 그 케임브리지 총장의 이름은 데번셔 공작 윌리엄 캐번디시였다. 그는 어마어마한 부자였고 (영국의 과학적 역량이 경쟁에 뒤처지고 있다는 우려 속에 설립된) 왕립과학교육위원회에서 활동하는 정치가였다. 캐번디시는 실험물리 연구소를 세우고 실험물리학 교수직을 신설한다는 조건으로 대학에 거금을 기부할 생각이었다.

당시에는 진기한 개념이던 실험물리학 교수직은 1871년 2월 9일 대학 평의회의 결정으로 창설되었다. 평의회는 "교수의 주요 임무는 열, 전기 및 자기의 법칙을 가르치고 설명하는 것이며, 이 주제에 대한 지식을 개선하기 위해 전념하고, 대학 내 연구 활동을 촉진해야 한다"고 명시했다. 이에 따라 대학은 최초의 캐번디시 교수가 되는 동시에 최첨단 연구소 건립을 관리 감독하는 이중의 역할을 맡을, 역동적이면서도 실력이 뛰어난 물리학자를 발굴해야 했다. 가장 먼저 제안을 받은 사람은 맥스웰의 오랜 친구 윌리엄 톰슨이었다. 그리고 맥스웰처럼 전자기와 열역학 분야에서 중대한 업적을 남긴 독일의 물리학자 헤르만 폰 헬름홀츠도 물망에 올랐다.

그러나 톰슨은 에든버러를 떠나기를 원치 않았고, 케임브리지에 실력 있는 도구 제작자가 없을 것을 우려했다. 성공적인 실험실을 꾸리려면 품질 좋은 도구 제작은 필수였다. 그리고 헬름홀츠는 당시 하이델베르크에 머물며 유럽에서 수학의 수도라 할 수 있는 베를린의 교수 자리를 협상 중이었다. 결과적으로 1871년 2월 중순 트리니티 칼리지의 에드워드 블로어로부터 편지를 받은 사람은 맥스웰이었다.

친애하는 맥스웰 씨께

우리 대학에 실험물리학 교수직이 창설되었습니다. 봉급은 아주 많지는 않습니다만(연 500파운드) 이 과학 분과가 대학으로부터 명예로운 지원을 받아야 한다는 공감대가 대학 안에 형성되어 있습니다. 데번셔 공작께서 건물과 설비의 비용을 부담하기로 하셨으며, 우리가 맡은 역할은 훌륭한 분을 이 자리에 모시는 일입니다. 영향력 있는 대학 관계자들은 귀하께 이 자리를 맡겨 물리학 분야에서 우리 대학이 선도적 위치에 서게 되기를 바라고 있습니다. 윌리엄 톰슨 경은 이 자리를 수락하지 않을 것이 거의 확실시됩니다. 굳이 이 말씀을 드리는 이유는 귀하께서 톰슨 경과 같은 자리를 두고 경합을 벌이는 일을 원치 않으실 수도 있기 때문입니다.

맥스웰은 자신이 첫 번째 후보자가 아니었음을 알게 되었다. 그는 블로어에게 즉시 답장을 보냈다.

제안해 주신 실험물리학 교수직에 상당히 관심이 있긴 합니다만, 귀하의 편지를 받았을 때는 그 자리에 지원할 마음이 없었습니다. 그리고 지금도 그 자리에서 내가 과연 어떤 역할을 맡을 수 있을지 확신이 서지 않는다면 갈 마음이 없습니다.

그는 그 직책에 대해 상세한 질문을 이어 갔다. 의무 사항은 무엇인지, 지명자는 누구인지, 얼마나 오랫동안 재직할 수 있는지, 1년에 몇 학기나 있는지 등등. 이 세세한 질문의 답은 케임브리지 루카스 석좌교수 조지 스토크스가 직접 보냈다. 편지를 받고 일주일 만에 맥스웰은 이 자리에 지원하기로 결심했다.

그리고 1871년 3월 8일, 맥스웰은 실험물리학 교수로 선출되었다. 좀 더 정확히 말하자면 지명을 받았다는 표현이 옳을 것이다. 교수직은 원칙적으로 대학 평의회가 좌우했다. 엄밀히 말해서 대학 평의회에는 대학에서 석사 이상의 학위를 취득한 사람과 부총장 같은 주요 임원이 포함되었지만, 실제로는 당시 상주직인 이들만 참여했다. 그리고 실제 투표에 참여한 사람은 약 300명 이상의 회원 중 고작 13명뿐이었다. 이게 아주 놀랍지는 않은 것이, 어차피 선택지가 하나뿐이었다. 아마도 최종 결정은 주요 인물을 섭외한 후 막후에서 이루어졌을 것이다.

결과적으로 볼 때 케임브리지가 맥스웰을 선택한 것은 행운이었다. 맥스웰은 영지를 운영한 실무 경험도 있었고 무엇보다 물리학에서 탁월한 능력을 보였다. 대학 실험물리 연구소 건립 프로젝트에 큰 도움이 될 이런 조건을 두루 갖춘 경쟁자는 없었다. 물론 맥스웰이 블로어에게 보내는 편지에서 지적했듯이, 톰슨은 실질적으로 대학 실험실을 운영해 본 경험이 있었지만 맥스웰은 그런 경험이 없었다. 이런 부족함을 벌충하기 위해, 맥스웰은 1871년 3월 기존의 물리 실험실 몇 곳을 돌아보고, 새로운 시설 설계에 참고할 만한 모범 사례를 수집했다.

좀 다른 교수

왜 제임스 클러크 맥스웰이 이 특별한 자리를 제안받았는지, 그는 자신의 역할을 어떻게 설정했는지, 그리고 런던에서의 경험이 그의 아이디어에 어떤 영향을 미쳤을지 잠시 생각해 보면 재미있을 것 같다. 언뜻 보기에 이론가인 맥스웰이 실험물리학 교수로 이상적인 후보 같지는 않겠지만, 우리는 지금까지 맥스웰이 단지 역량 있는 실험가를 넘어 매우 탁월한 실험물리학자임을 지켜보았다. 게다가 그는 실험을 할 수 있는 공간이 허용되지 않았을 때 런던과 글렌레어에서 직접 개인 실험실을 완성한 경험도 있었다. 맥스웰은 런던 킹스 칼리지를 떠난 이후로 케임브리지와 밀접하게 교류해 왔고, 1866년과 1867년에는 수학 트라이포스 시험 체계를 개선하는 일도 도왔다.

그가 케임브리지에 가져다준 선물 같은 재능은 존 스트럿(레일리 경)이 맥스웰에게 보낸 편지에 언급되어 있다. 레일리는 맥스웰 사후에 그의 후임으로 캐번디시 교수가 되었으며, 무엇보다 아르곤 원소를 발견하고 왜 하늘이 파란지를 설명한 인물로 유명하다. 레일리는 이렇게 쓰고 있다.

지난 금요일 내가 이곳[케임브리지]에 왔을 때 사람들이 모두 새 교수직에 대해 이야기하는 걸 보고, 맥스웰 씨가 오시면 좋겠다는 생각을 했습니다. … 이 자리에 걸맞은 자격을 최소한이라도 갖춘 사람이 여기엔 없습니다. 이 자리에 대해 조금이라도 아는 사람들은 단순히 강의를 할 사람보다는 실험에 대해 실질적인 경험이 있고, 젊은 펠로들과 학사들의 활기를 적절한 방향으로 잘 이끌어 줄 인물을 원하고 있습니다.

1871년 케임브리지에서의 첫 강의에서, 맥스웰은 "다양한 과학적 절차의 상대적 가치에 대하여 자유롭고 충실하게 토론함으로써 과학 비평의 학풍을 만들고 과학 방법론의 발전을 지원하는 데 성공한다면" 실험물리 연구소가 대학에 걸맞은 가치를 얻게 될 것이라고 말했다. 맥스웰이 보기에는 뉴턴 시대까지 대학을 지배하던 고대 그리스식 안락의자 철학도, 이후 산업혁명을 주도한 순수한 기계적 실험도, 모두 미래지향적인 방법은 아니었다.

맥스웰은 미래의 물리학에는 실험과 이론 사이의 긴밀하고 공생적인 파트너 관계가 있어야 한다고 보았다. 둘 중 어느 것도 단독으로 고립되어 돌아가서는 안 된다. 그가 이런 견해를 갖게 된 데는 (그 자신의 연구 인생에서 실험과 이론이 얼마나 훌륭히 융합했는지는 차치하더라도) 공학 주도적인 킹스 칼리지식 접근법의 부정적 측면이 영향을 미쳤을 것이다. 물론 맥스웰은 실용 과학과 응용과학에 반대하지는 않았지만, 산업 중심의 목표에 얽매이지 않고 기본을 다룰 수 있어야 한다는 점을 잘 알고 있었다.

케임브리지 강의 계획서도 새롭게 짜야 했다. 앞서 보았듯이 그는 케임브리지에 교수로 오기 몇 년 전에 수학 트라이포스의 재설계 작업에 참여해서, 낡은 주제를 탈피해 전기, 자기 및 열 같은 현대 물리학의 문제들까지 아우르도록 도왔다. 이를 위해 그는 『전기자기론』이라는 교과서까지 집필했다. 수학 트라이포스에 물리학 문제를 포함시키는 데는 여전히 제약이 있었지만, 이제 그에게는 자연과학에 실험물리를 도입하여 가장 광범위한 현대 물리학 커리큘럼을 짤 기회가 주어졌다.

대학 실험실을 지원하는 사람들과 함께, 맥스웰은 단순한 관찰을 넘어서 측정을 통해 이론을 뒷받침하거나 폐기할 수 있는 도구로서의 실험물리학을 수립하는 선봉에 섰다. 첫 강의에서 맥스웰은 이론의 확장 없이 측정의 정확도를 높이는 데 한계가 있음을 제일 먼저 지적했다.

주로 측정으로 이루어지는 현대의 실험은 최근 상당히 발전해서, 몇 년 내로 큰 물리상수들은 모두 추산될 것이며 앞으로 과학자들이 할 일은 이 측정값의 소수점 이하 자릿수를 채워 나가는 것뿐이라는 견해가 해외까지 널리 퍼진 것 같습니다.[1]

정말로 우리가 이런 상황에 직면해 있다면, 아마 우리 실험실은 성실한 노동과 최고의 기술을 펼칠 장소로 유명해질 것입니다. 그러나 대학에서는 퇴출당하겠지요. 그리고 우리와 같은 능력은 더욱 실용적인 목적에 집중하는 대규모 작업장이나 공장과 같은 부류로 분류될 것입니다.

특히 이 부분에서 맥스웰은 다가올 미래에 대한 자신의 신념을 강조했다. "그러나 헤아릴 수 없는 창조의 풍요로움과, 그러한 풍요로움이 계속해서 투여될 새로운 정신의 확인되지 않은 비옥함에 대하여 우리는 그렇게 생각할 권리가 없습니다." 그는 심지어 정말로 과학 발전이 측정값의 소수점 이하 수를 늘려 나가는 것이 되더라도, 과학은 "초기 개척자들의 서툰 방법으로는 밝혀지지 않았을

---

1 물리학자 필립 폰 졸리(Phillip von Jolly)는 향후 물리학이 소수점 이하 자릿수를 더하는 일이 될 것이라고 굳게 믿었던 것 같다. 그는 1874년 자신의 학생이던 (나중에 최초의 노벨물리학상 수상자가 되는) 막스 플랑크에게 물리 말고 음악을 공부하라고 권했던 사람이다. 이것은 폰 졸리가 물리학이 거의 완성되었으며 한두 가지 작은 문제만 해결되면 이젠 더 좋은 측정만 남았다고 믿었기 때문이다. 그리고 20세기 초 플랑크와 아인슈타인은 그 작은 문제들을 해결하며 폰 졸리의 생각을 산산조각 냈다. 그렇게 해서 탄생한 것이 상대성이론과 양자이론이다.

새로운 영역을 정복하기 위해 준비하는" 학문이 되어야 한다고 지적했다.

이런 일을 하기에 케임브리지는 최고의 선택이었다. (케임브리지는 맥스웰이 임용된 이래로 점점 힘을 키워 나갔고, 이제 물리학에서는 명실상부 세계 최고의 대학 중 하나가 되어 있다.) 그것이 아마도 런던에서의 지위를 자발적으로 포기하고 고향으로 돌아갔던 맥스웰이 지명을 수락한 이유일 것이다. 글렌레어의 매력이 시들해졌을 가능성은 거의 없다. 하지만 케임브리지에서 그가 사랑하는 물리학을 혁신할 수 있는 기회란 너무나도 매력적이었다. 그래도 혹시 일이 잘 풀리지 않을 경우에 대비해서 그는 교수직에 1년 이상 재직하지 않아도 된다는 전제 조건을 두었다.

마지막 집

맥스웰 부부는 1871년 봄 케임브리지에 새로운 세컨드하우스를 꾸몄다. 조지 스토크스는 편지로 "케임브리지에서 집 구하기가 상당히 어려울 것 같아 걱정입니다. 공급이 수요를 따라가지 못하고 있어서요"라고 미리 경고했지만, 다행히 집을 구할 수 있었다. 런던의 집에 비해서는 다소 소박한 스크루프 테라스 11번지는 멋진 3층짜리 타운하우스였고, 지금도 보존되어 있다. 맥스웰 부부는 여생 동안 학기 중과 크리스마스 방학 때는 스크루프 테라스에서

맥스웰의 초상 판화. 1890년대 제작. 1870년대 그리녹의 퍼거스(Fergus)가 찍은
사진을 바탕으로 삼았다.

지내고 초여름에는 글렌레어로 돌아갔다.

처음에 실험물리학 교수라는 새로운 자리는 유독 구조가 복잡
한 케임브리지 대학교에는 적합한 아이디어가 아니었다. 케임브리
지를 구성하는 칼리지들은 그 자체로 상당한 권력을 가진 기관이
었다. 당시 칼리지의 교육은 주로 강사와 개인 교사들에 의해 진행

되었다. 대학 교수직은 많았지만, 그 자리들은 개별적인 기금으로 설립되어 자체적인 규칙에 따라 운영되었다. 물론 이런 규칙은 세월이 흐르면서 최소한으로 줄어드는 추세였다. 그래서, 예를 들어 아이작 뉴턴과 스티븐 호킹이 역임했던 수학과의 루카스 석좌 교수 같은 경우는, 처음 구상했던 것보다 더, 아예 시작부터 이론물리 쪽으로 방향이 기울었다.

맥스웰이 교수직에 올랐을 때 칼리지들 중에는 이미 물리학 강사를 둔 곳이 많았다. 학생들은 소속된 곳 외에 다른 칼리지의 강의를 들으려면 추가로 돈을 더 내야 했다. 이런 부정적인 요인이 작용하면서, 맥스웰은 강사들과 경쟁해야 하는 처지에 직면했다. 시간이 어느 정도 흘러 구조 개편 작업이 진행되면서, 칼리지와 대학교의 강의가 통합되고 대학 교수와 강사가 강의를 전담하는 한편 칼리지는 '감독' 형태로 학생들을 개별 지도하는 식으로 개선되었다. 그러나 맥스웰이 교수로 있던 시기는 체제 개편이 진행 중이던 때라 케임브리지의 구조 안에서 그의 역할을 세우기가 더 어려웠다.

맥스웰 정도의 지위에 있는 사람은 사실상 강의로 인한 과도한 부담을 지워서는 안 된다는 대학의 인식도 도움이 되지 않았다. 학교 측에서는 대신에 연구와 행정 업무에 집중하기를 기대했기 때문이다. 한없이 느린 대학의 행정 처리 속도 때문에 맥스웰은 조교수 또는 '시연자'를 고용하는 것도 쉽지 않았다. 강의실 건물이 마련되기도 전에 맥스웰은 조교수로 존 헌터를 제안했지만, 대학은 거의 관심을 보이지 않았던 것 같다.

물론 헌터의 건강 상태가 좋은 편이 아니라서 그랬을 수도 있다 (그는 이듬해에 사망했다). 그는 톰슨과 테이트와 함께 일했다는 내세울 만한 경력도 있었고, 냉랭한 기후에 몸이 상하기 전까지는 노바스코샤의 윈저 칼리지에서 교수로도 재직했었다. 그러나 맥스웰은 헌터의 능력을 잘 알아서라기보다는 같은 스코틀랜드인으로서의 인연에 더 중점을 두어 그를 제안했던 것 같다. 맥스웰은 헌터를 더 잘 알던 친구 피터 테이트에게 이렇게 편지를 보냈다.

나는 그 사람을 숲에서 나쁜 냄새가 난다고 지적하는 사람으로만 알고 있어.[2] 그 사람이 케임브리지에서 좋은 시연자가 될 수 있을까? 나는 불붙은 막대의 생선 비린내 나는 연기를 가려 줄 수 있는 사람이라면 악마도 때려눕힐 수 있으리라고 믿어.[3] 내 생각에 여기서 일하려면 이 능력이 핵심이거든.

결국 1874년에 최초의 시연자로 케임브리지 학부를 갓 졸업한 윌리엄 가넷이 채용되었다. 가넷은 훗날 루이스 캠벨과 함께 맥스웰 '전기'의 공동 저자가 된다.

---

2 이 말은 맥스웰이 친구들에게 보내는 편지에 흔히 쓰는 재미있고 가벼운 표현이었다. 헌터는 증기 흡수를 연구했다.

3 맥스웰은 분명히 악마에 관해서라면 잔인한 구석이 있는 사람이었다.

물리학을 다른 과목으로부터 분리해 별도의 학문으로 구성하는데도 어려움이 있었다. 우리가 현재 생각하는 물리학은 대부분 수학 트라이포스 안에 포함되어 있었고, 일부는 자연과학 트라이포스에 속해 있었다. 자연과학 트라이포스는 화학, 광물학, 지리학, 식물학, 동물학을 다루는 시험이었다. 결국 물리학은 자연과학 트라이포스에서 별도의 과목으로 분리되었다. 화학에서 열과 전기를 다루는 내용을 떼어 내고(이후 원자와 분자의 구조까지), 수학에 포함되어 있던 운동하는 물체의 과학과 천문학 같은 여러 분야를 가져다 새롭게 물리학으로 구성한 것이다.

이러한 학과 분리는 심지어 오늘날의 케임브리지에서도 완전히 명료하지는 않다. 실험물리학은 확고하게 자연과학 분야에 속해 있지만, 응용수학과와 (수년 동안 스티븐 호킹의 학문적 고향이었던) 이론물리학과는 자연과학과 수학과에 걸쳐 있다.

수학 트라이포스의 힘은 상당했다. 역대 랭글러들은 나라의 영웅처럼 환대받았고, 랭글러의 출신 학교와 고향에서는 그들의 성취를 기리는 휴일을 정하거나 퍼레이드 행사를 연다. 그러니 최고의 인재들이 수학을 벗어나 당시 비인기 분야로 여겨지던 자연과학에 뛰어드는 것을 반겼을 리가 없다. (맥스웰이 케임브리지에 도착했을 때 자연과학과는 학위를 수여하지 못했다. 학위 과정은 오직 수학과 고전만 가능했다.)

맥스웰이 교수로 있던 시절 자연과학을 전공한 졸업생 조지 베타니는 1874년 《네이처》에 이렇게 썼다.

> 현재 캐번디시 연구소의 성공을 가로막는 가장 큰 장애물은 수학 트라이포스가 조장하는 시스템이다. 실험실에서 자연스럽게 실무자가 될 가능성이 높은 남성[4]들이 [수학] 트라이포스 명단에서 최고의 자리를 얻으려면 실무를 자제해야 한다. 자신의 지위를 잃을 위험을 감수하거나 희망을 포기하고 실무에 귀한 시간을 할애하겠다는 용기 있는 사람은 극소수에 불과하다.

이런 분야 간의 차이가 해소되고 학과별 분리가 마무리되어 수학과 자연과학 트라이포스의 중요도가 재조정되기까지 족히 50년은 걸렸다. 그러나 그동안 맥스웰의 후임자인 J. J. 톰슨[5]을 포함한 여러 학자들의 연구 덕에 실험물리는 더 이상 무시할 수 없는 중요한 학문으로 자리 잡게 되었다.

지성의 신성함을 묻기 위해 실험적 증명이 과연 필요한지 의문을 품던 대학에서도 결국 실험실의 필요성을 어느 정도는 인정해야 했다. 맥스웰과 동시대에 케임브리지 교수로 있던 수학자 아이작 토드헌터는 과학을 공부하는 학생에 대해 이런 말을 남겼다.

---

4 그렇다. 여전히 그냥 '남성'이다.
5 윌리엄 톰슨과 친척 아님.

선생님의 설명을 믿지 않는 학생은 – 아마도 그 선생님은 성숙한 지식과 능력을 인정받은 흠결 없는 성직자일 텐데 – 비이성적인 의심을 가진 것이며, 증거를 평가하는 능력이 부족함을 보여 주는 것이다.

맥스웰이 임용될 무렵, 에든버러, 글래스고, 런던, 맨체스터, 옥스퍼드 대학은 물리학 실험실을 보유하고 있었다. 다만 윌리엄 톰슨이 이끄는 글래스고와 클리프턴 교수가 지도하는 옥스퍼드만 실험 목적에 맞게 설계된 새 건물을 지었다. 맥스웰은 지체 없이 이 두 곳을 방문했다.

새로운 실험실과 현대 물리학

새 케임브리지 실험실을 위해 선택된 부지는 솔직히 이상적인 곳은 아니었다.[6] 여러 해 동안, 케임브리지 중심부의 옛 식물원 자리는 자연과학과의 중심지로 사용되었고, 현재는 새 박물관 부지로 정해져 있다. 이 자리는 어찌 보면 새 실험실을 지을 적합한 장소

---

6   케임브리지는 결국 1970년대 초에 물리학과 건물 부지를 뉴 캐번디시로 옮긴다. 이곳은 케임브리지 서쪽에 있는 넓은 공터였다. 물리학과 중 일부는 맥스웰이 쓰던 옛 캐번디시 연구소 건물에 아직 남아 있었지만, 이 글을 쓰는 시점에 캐번디시 건물의 일부는 다른 건물의 접근성을 위해 철거가 예정되어 있다. 일각에서는 맥스웰이 지내던 건물의 핵심 공간을 유지해 방문객에게 개방하기를 바라고 있다.

같았지만, 남은 땅의 공간이 대단히 제한적이었다. 새 실험실 건물은 폭이 좁은 프리스쿨 레인(케임브리지 중심부에 있는 거리─옮긴이)에 바짝 맞닿아 있어서 건너편 코퍼스 크리스티 칼리지에 그림자를 드리웠다. 코퍼스 크리스티 칼리지는 채광권을 주장하며 대학 측에 소송을 제기했으나 패소했다.

맥스웰은 상대적으로 덜 유명한 건축가 윌리엄 포셋을 섭외했다. 그때까지 포셋이 설계한 건물은 교회 건축물이 거의 전부였지만, 맥스웰이 고딕풍 주름 장식에 대한 포셋의 열정을 많이 꺾어 놓았던 것 같다. 건축가는 자신의 특기를 주로 정문의 화려한 장식에 집중시켰다. 정문 장식으로는 캐번디시 가문의 문장과 데번셔 공작(윌리엄 캐번디시)의 동상, 그리고 성경 문구인 'Magna opera Domini exquisita in omnes voluntates ejus'(주님께서 하신 일들 크기도 하시어, 그것들을 좋아하는 이들이 모두 깨친다─시편 111장 2절)가 새겨져 있다.

부지에는 다소 제약이 있었지만, 맥스웰의 데번셔 건물(처음엔 이렇게 불렀다) 설계는 성공적이었다. 맥스웰이 합류하고 3년 후부터 이 건물에서 실험물리 연구가 진행되었고, 강의는 건물이 완공되기 전인 1872년 10월에 시작되었다. 맥스웰은 1872년 10월 19일 루이스 캠벨에게 이런 편지를 썼다.

강의는 24일 시작. 실험실 건물은 올라가는 중이라고 들었음. 그런데 내 의자를 둘 자리는 없어. 하지만 뻐꾸기처럼 이리저리 옮겨 다니며, 1학기에는 화학 강의실, 사순 시기에는 식물원 안, 부활절에는 비교 해부학실 안에서 생각을 쌓고 있지.

1871년 3월 20일에 캐서린에게 보낸 편지에는 실험실 구상과 관련한 맥스웰의 흥미로운 통찰이 담겨 있다. 편지에서 그는 이렇게 말한다.

내 생각에는 차등을 좀 두어야 할 것 같아요. 일반인을 위한 대중 강의와 간단한 실험들, 실제 학생들을 위한 실제 실험, 그리고 트로터, 스튜어트, 스트럿 같은 일류 학자들을 위한 어려운 실험.

다음 날 맥스웰은 윌리엄 톰슨에게 편지를 쓴다. 그는 영국에서 이미 실험실을 운영하던 몇 안 되는 물리학 교수 중 하나였다. 맥스웰은 톰슨에게 '물품 목록'의 요건에 대한 의견을 물었다. 그러면서 실제로 고려하던 목록을 보냈는데, 이 목록을 통해 캐번디시가 갖추게 될 시설에 대해 어느 정도 감을 잡을 수 있다.

- 강의실 – 승인됨.
- 실험 기구 보관소 – 이것도 승인됨.
- 실험 초심자를 위한 큰 방. 실험 테이블이 들어가야 하고

기체와 물을 둘 수 있어야 함.

- 상급 실험자들이 실험할 그보다 좁은 공간. 며칠 또는 몇 주 동안
  실험 장치를 그대로 둘 수 있어야 함.

- 지상층 공간. 안정적인 물품 보관을 위해 기반이 견고해야 함.

- 지붕에 올라갈 수 있어야 함. 대기 전기를 위해.

- 환기 잘되는 공간. 그로브스 배터리 또는 분젠 배터리를
  설치할 때 장치에 연기가 들어가지 않도록.

- 석조 바닥 위 조용한 곳에 좋은 시계를 둘 것. 이 시계에서
  다른 시계로 전기 연결을 하여 실험에 활용할 수 있으며,
  이 연결에서 스파크를 만드는 기계로 연결하여 종이에 표시함.

- 성능 좋은 오븐. 가스로 가열하며 거대한 물체를 균일한 높은
  온도로 유지.

- 장치 구동용 가스 엔진(구할 수 있다면). 구하지 못할 경우, 실험의
  성격에 따라 훈련받은 대학 직원을 두 명씩 네 줄로, 또는
  네 명씩 두 줄로 세워 활용.[7]

맥스웰은 '대중 강연'을 위해 180석 대형 강의실을 지었고, 실험 물리학과 학생들을 위해 실험 테이블 10개가 들어가는 강의용 실험실을 만들었다. 그리고 '일류 학자들'을 위해 여러 개의 작은 방

---

7   맥스웰의 유머 감각이 드러나는 내용. 진짜로 대학 직원들을 보트 경주의 노잡이처럼 앞혀서 실험 동력으로 쓰겠다는 건 아니었다.

을 만들어 다소 어수선한 학부 실험에 방해받지 않고 실험할 수 있도록 배려했다. 이런 세부적인 공간 디자인은 맥스웰이 현장을 주도해 진행했다. 예를 들어 실험 테이블은 실험에 영향을 주는 진동을 차단하도록 바닥에 쿠션을 대고 그 위에 올렸다. 금속 파이프는 노출시켜서 항상 눈에 띄도록 설치해 전자기 실험을 할 때 피할 수 있도록 했고, 진공 시스템은 건물 전체에서 사용할 수 있도록 했다. 일정한 간격을 두고 속이 빈 주철 벽돌을 쌓아 장치를 지지할 벽을 세웠으며, 천장의 들보는 회반죽 위로 돌출시켜 지지대를 고정할 때 썼다. 특히 건물 밖에서도 잘 보이는 넓은 외부 창틀도 설치했는데, 이 창틀은 헬리오스탯heliostat(태양 경로를 추적해 건물 안으로 밝은 빛을 들이는 장치)을 올려놓을 수 있도록 고안된 것이다.

실험에 진심인 과학자들이 별도의 시설을 사용할 수 있게 해 주자는 맥스웰의 제안에 트리니티 칼리지의 물리학 강사 쿠츠 트로터도 전적으로 동의했던 것 같다. 그는 1871년 4월 맥스웰에게 이런 편지를 보냈다.

분명히 자연 선택에[8] 대해서는 할 말이 많지만, 방을 어둡게 하고 싶은 사람과 밝게 하고 싶은 사람, 자석 주위로 움직이고 싶은

---

8 한 가지 재미있는 사실. 다윈의 『종의 기원』(오늘날에도 분명히 악마의 책이라고 믿는 이가 있는 책)이 출간되고 12년밖에 되지 않은 이때, 트로터는 자연 선택 개념을 이렇게나 자연스럽게 쓰고 있다.

사람과 전류계를 관찰하고 싶은 사람 사이의 생존경쟁이 지나치게 심각해지지 않을까요?

이런 갈등에 대한 우려를 고민한 맥스웰은 이전 실험실에서처럼 주제별로 실험실 구획을 나누기보다는 각각의 실험 사이의 간섭을 피하기 위해, 또는 측정 유형에 따라, 작은 방을 여러 개 구성하는 식으로 공간을 설계했다.

느린 출발

캐번디시 연구소는—이름 변경은 헨리 캐번디시와 후원자들을 기념하기 위해 맥스웰이 제안했다—1874년 6월에 공식적으로 개관했다. 이 연구소는 케임브리지가 영국에서 물리학을 주도하는 대학이 되는 데 결정적인 역할을 했다. 설립 이후 100여 년 동안, 원자의 분리부터 DNA 구조 발견에 이르기까지 수많은 중요한 발전이 이곳에서 일어났다.

그러나 맥스웰이 지휘해 설립한 캐번디시가 하룻밤 사이에 백지상태에서 성공적인 연구소로 성장했다는 생각은 부당하다. 어떤 이는 심지어 그런 변화를 일으킬 맥스웰의 능력을 의심하기도 했다. 그러나 1873년 《네이처》의 논설에서 보듯, 당시에는 캐번디시 연구소에 큰 희망을 걸지 않았다는 점은 주목할 만하다.

예를 들어 케임브리지를 독일의 여느 대학과 비교해 보자. 아니, 프랑스의 대학 분교와 비교해 봐도 좋다.[9] 케임브리지에는 과학적이지도 않고 연구에 적합하지도 않은 실험실 같지 않은 실험실이 수두룩하다. 그에 비해 독일이나 프랑스는 대학 교육에서 과학이 적절한 자리를 차지하고 있으며, 네 곳 중 세 곳 정도는 제대로 설비된 실험실에서 다양한 연구가 진행 중이다. 그리고 세계적으로 유명한 과학자들이 연구를 주도하고 있다.

맥스웰이 캐번디시 연구소의 성공을 위한 포석을 깔긴 했지만, 그가 재직했던 동안에는 자금이 항상 부족했다. 상근직 기술 지원 인력을 고용할 여유도 없었다. 1877년이 되어서야 로버트 풀처가 기술직으로 고용되었지만, 곧바로 다른 학과 업무에 불려 다니느라 정작 맥스웰은 풀처를 제대로 활용할 수 없었다.

처음에는 제대로 된 교육 시스템도 없었다. 강의와 수업은 제공되었지만, 자연과학과 학부생들 수준에 맞는 제대로 된 실험물리학 내용은 포함되지 않았다. 그러나 맥스웰은 1학기(성 미카엘 축일이 있는 9월부터 크리스마스까지)에는 열과 물질을, 2학기(사순 시기인 2~3월의 40일간)에는 전기를, 3학기(부활 시기인 4~5월의 50일간)에는 전자기를 다루며 한 해 동안 물리학 전반을 가르쳤다. 말년의 강의

---

9   당시 영국이 프랑스에 대해 품고 있던 반감을 감안하면 상당히 가시 돋친 말이다.

는 『기초 전기론Elementary Treatise on Electricity』[10]의 내용을 바탕으로 했던 것 같다. 이 책은 이제 널리 사용되는 교과서가 되었다.

대형 실험실의 건립 목적은 표면적으로는 교육용이었지만, 기본적으로 누구든 그 공간을 활용할 수 있었다. 학부생이든 아니든 상관없었고, 가끔은 선임 과학자들을 위해 지루한 실험을 대신해주는 용도로도 쓰였다. 이를테면 맥스웰이 참여했던 전기 단위 표준화 작업의 세부적인 실험도 이곳에서 이루어졌다. 정규 실험물리학 수업은 1879년이 되어서야 개설되었는데, 이때 학부 과정 학생 수는 약 30명까지 늘었다.

한편, 당시 연구소에는 대학원생을 지원할 수 있는 구조도 마땅히 없었다. 과학 전공자들은 칼리지 펠로십을 얻기가 어려웠고, 행여 얻더라도 오래 지속하기는 하늘의 별 따기였다. 사실 맥스웰이 트리니티에서 펠로십을 얻을 때도 쉽진 않았다. 심지어 맥스웰은 수학자로서 받은 것이었는데도 말이다. 통상 펠로십은 더 중요한 자리로 넘어가는 디딤돌처럼 여겨졌다. 하지만 이 지위는 미혼 남성에게만 주어졌고, 7년 이상 펠로십을 유지하려면 영국 성공회의 사제 서품을 받아야 했다.

맥스웰 시대 이후 대학원생의 수가 더 늘면서, 일반적으로 더 큰 존경을 받았던 수학 학위자들은 자연과학 학위자보다 상대적으로

---

10 이 책은 맥스웰 사후에 그의 조수였던 윌리엄 가넷의 편집으로 출간되었다.─옮긴이

펠로십을 따기가 더 쉬웠다. 당시에 전체 시스템은 이런 식으로 편향되어 있었다. 그 시절에도 실험물리학은 혼자 연구할 수 있는 수학과는 달리 여러 사람의 도움이 필요했다. 그러나 칼리지 펠로십은 수학 트라이포스에서 우수한 논문을 제출한 사람에게 일차적으로 돌아갔고, 논문은 단독 저자를 원칙으로 했다. 케임브리지의 시스템이 자연과학 트라이포스 출신의 박사후과정 학생과 펠로들을 온전히 수용하기까지는 수십 년이 걸렸다.

실험실의 여성들

캐서린이 적극적으로 연구를 도왔음에도 불구하고, 여성에 대한 견해에서는 맥스웰도 어쩔 수 없는 그 시대 남자였다. 그는 처음에는 여학생을 실험실에 받아들이는 데 대해 극도로 반감을 품었다. 케임브리지 최초의 여성 칼리지는 거튼Girton이었다. 1869년 설립된 거튼 칼리지는 처음에는 상당히 외진 지역인 히친에서 시작되어 1873년에 케임브리지 외곽 지역인 거튼으로 이전되었다. 그러나 이 대학의 학생들은 케임브리지의 구성원으로 인정받지 못했다. 당시 여학생들이 얼마나 어처구니없는 대우를 받았는지는 수학 트라이포스의 랭글러 명단의 사례를 보면 알 수 있다.

앞서 보았듯이, 수석 랭글러는 영국 전체에서 대단한 영예로 여겨졌다. 그러나 여성은 이 자리에 오를 수 없었다. 트라이포스 명단에 여성이 최초로 등장한 것은 1882년이었는데, 이때도 정확한 랭글러 순위를 부여받기보다, 이를테면 '9등과 10등 랭글러 사이'로 끼워 맞추는 식으로 표시되었다. 훗날 초창기 여성 수학 강사 중 하나로 꼽히는 필리파 포셋Philippa Fawcett은 1890년 랭글러 명단에 '수석 랭글러보다 위'라고 등재된다. 그러니까 포셋은 그토록 원하던 수석 랭글러가 될 자격이 충분했지만, 실질적으로 그 자리를 차지할 수는 없었던 것이다.[11]

맥스웰은 몇 년간은 여성에게 캐번디시 연구소를 개방하지 않았다. 그는 1874년 무렵 '물리 과학 I을 수강하는 여학생에게 강의하기'라는 제목으로 두 편의 시[12]를 썼다. 첫 번째 시는 과학 수업에 들어온 여학생에 대해, 두 번째는 여성 강사에 대해서 쓴 것이다. 첫 번째 시에서는 검은 커튼으로 가린 작은 벽감 안에 한 명의 (여성) 참가자가 앉아 있는 교실의 모습을 소개한다. 이 실습 수업에 참여한 여성은 톰슨의 거울 검류계의 눈금을 읽는데, 맥스웰은 당시의 여성에 대한 고전적인 묘사를 동원해 이 계측의 부정확성을 우려한다.

---

11 《데일리 텔레그래프》지는 이렇게 기록하고 있다. "이제 마지막 참호는 아마존 전사들의 공격에 의해 무너졌고, 학업의 성채는 뉴넘과 거튼의 학생들이 거둔 승리 앞에 무방비 상태로 파헤쳐졌다. 여성 학생이 탁월하지 않은 배움의 분야는 더 이상 존재하지 않는다."

12 두 번째 시는 1874년에 쓴 게 확실한데, 첫 번째 시는 작성 날짜가 알려지지 않았다.

오, 사랑스러운 이여! 그대는 눈금도 제대로 읽지 못하고,

한 눈금의 10분의 1을 정정하지도 못하는구려.

그대의 눈에는 하늘이 비치지만

정확성의 방법에는 미치지 못하는구려.

　

그런 맥스웰도 1870년대 중반 이후에는 결국 생각을 바꾸어 여성을 연구소에 받아들이기로 한다. 이때도 기꺼운 마음은 아니었던 것 같다. 맥스웰의 조수였던 가넷은 이런 글을 남겼다.

　

마침내 [맥스웰은] 긴 방학[13] 동안 여학생들에게 입학 허가를 내주었다. 그는 스코틀랜드로 돌아가 있었고, 나는 실험실이 열린 몇 주 동안 전기 측정 전체 과정을 수강하는 한 반을 맡았다.

　

실질적인 최초의 여성 대상 실험물리학 강좌는 1878년에 시작되었다. 그래도 여전히 주요 자연과학인 물리학 과정에는 여학생이 입학할 수 없었고, 맥스웰의 후임으로 레일리 경이 캐번디시 교수직에 오르고 나서야 공식적으로 허용되었다.

그런 아쉬운 점은 있지만, 그래도 맥스웰이 케임브리지 물리학

---

13 케임브리지의 여름방학을 일컫던 별칭. 긴 방학(Long Vacation) 동안에도 특히 자연과학 트라이포스를 준비하는 2년차와 3년차 사이 학생들을 대상으로 계절학기 수업이 진행되었다.

과의 위상을 끌어올린 것은 부인할 수 없는 성과다. 아울러 맥스웰은 캐번디시 연구소에서 자신의 역량도 상당히 발전시켰다. 그는 실험물리학의 캐번디시 교수직이 후임자들을 통해 계속 이어져야 한다는 점을 분명히 주장했다(처음에는 이 자리가 일회성일 수도 있다는 불확실성이 어느 정도 있었다). 캐번디시 교수직은 오늘날까지도 이어지고 있으며, 지금까지 단 아홉 명만이 이 자리를 거쳐 갔다. 이들 중에는 J. J. 톰슨, 어니스트 러더퍼드Ernest Rutherford, 윌리엄 브래그William Bragg[14](노벨상을 받은 브래그 부자 중 아들) 같은 물리학의 '거장'도 포함되어 있다. 이 글을 쓰는 현재 이 자리는 탄소 반도체 전문가인 리처드 프렌드Richard Friend가 맡고 있다.

---

[14] "신은 월수금엔 전자기를…." 이 말을 한 사람이다. 270쪽 참고.

악마의 막간 VII

악마의 기억이
도전을 받다

JCM은 확실히 케임브리지의 물리학을 뒤바꿔 놓았다. 이것은 물리학과 이 세상 전체에 그가 일으킨 거대한 변화의 마지막 단계라고 할 수 있다. 맥스웰 이전의 물리학은 어느 모로 보나 아마추어의 학문이었고 (실험물리학만 놓고 보자면) 수학은 제한적인 역할밖에 하지 못했다. 그러나 맥스웰 이후에는 전문 물리학자가 중요해졌고, 수학은 과학 발전에서 결정적인 역할을 맡게 되었다. 사람들은 이제 더 이상 '그게 무슨 공상과학 같은 얘기냐'라는 식으로 말하지 않는다.

JCM이 없었다면 당신들이 사는 이 세상이 지금 어떤 모습일까? 아마도 상상이 잘 안 될 것이다. 물론 가장 중요한 건, 내가 존재하지 않았겠지! 그리고 최소한 전기와 자기에 관한 연구가 많이 뒤처졌을 거라는 예상은 해 볼 수 있다. JCM의 연구는 20세기 기술 발전의 중추였을 뿐 아니라, 현대 물리학의 두 기둥인 상대성이론과 양자이론을 세우는 데에도 필수적이었다.

맥스웰이 없었다면 아인슈타인은 좌초했을 것이고, 수학 모형에 전적으로 의존하는 양자물리학은 절대 탄생하지 못했을 것이다. 그런데도 도대체 무슨 이유에서인지 우리의 제임스 클러크 맥스웰은 일반인들 사이에서 인지도가 형편없이 낮다. 놀랍게도 이 책의 독자 중 78퍼센트는 이 책을 펼치기 전 맥스웰에 대해 들어본 적이 없다고 한다.*

망각은 쉽지 않다

아무튼, 역사 속에서 JCM의 입지는 확고하다. 그런데 나는?

이전 막간에서 악마인 내가 측정을 하고 그 정보를 뇌에 저장하려면 에너지를 사용해야 하며, 그 결과로 엔트로피가 증가해야 한다는 레오 실라르드의 견해를 소개했다. 그로 인해 나의 지위는 다소 격하되었다. 그런데 정보 이론이 발전하면서 에너지를 소비하지 않고도 아무 문제 없이 데이터 저장과 연산 수행이 가능하다는 사실이 발견되었다. 어느 정도 한계 안에서 나는 자유로웠다. 에너지를 쓰지 않고, 엔트로피를 증가시키지 않고도, 나의 창조자가 나에게 맡긴 소임을 다할 수 있는 길이 열린 것이다.

불행히도 자유를 향한 이 길에는 반전이 있었다. 저명한 물리학자 롤프 랜다우어Rolf Landauer가 명백히 직관을 거스르는 사실 하나

---

* 내가 이렇게 말할 수 있는 이유는 내가 악마이고 통계를 조작할 수 있기 때문이다. 솔직히 말해서 그를 모르는 독자가 얼마나 많은지 나도 정확히 모른다. 그러나 맥스웰은 언제나 뉴턴, 패러데이, 아인슈타인 같은 과학자들에 비해 인지도에서 밀렸고, 심지어 슈뢰딩거와 하이젠베르크보다도 덜 알려져 있다. (물론 요즘 젊은이들은 슈뢰딩거와 하이젠베르크를 미국 드라마 〈브레이킹 배드〉의 캐릭터로 더 잘 알겠지만.)

를 발견했다. 정보를 저장하거나 연산할 때는 에너지가 필요하지 않지만 정보를 삭제할 때는 에너지가 필요한데, 이 에너지의 양이 실라르드가 계 안에 넣어 줘야 한다고 계산했던 값과 정확히 같은 양이라는 것이다. 따라서 엔트로피 감소 문제는 다시금 해결되었다. 이 점을 기억하자. 계에 에너지를 넣을 수 있으면 엔트로피 감소는 얼마든지 가능하다. 예를 들어 이 책에서는 글자들이 뒤죽박죽 섞이지 않고 엔트로피가 낮은 글자 배열을 만들기 위해 저자는 에너지를 들여 글자들을 질서정연하게 배열해야 했다.** 마찬가지로 냉장고도 차가운 곳에서 따뜻한 곳으로 열을 이동시키며 엔트로피를 줄이는 일을 하는데, 이것이 가능한 이유는 냉장고의 전원으로부터 냉장고로 에너지가 유입되기 때문이다.

그러니까 실라르드가 완전히 틀린 건 아니었다. 그러나 그는 에너지가 사용되는 과정이 엉뚱한 단계, 즉 망각이 아니라 데이터 저장이라고 보았다. 정보 삭제에서 어떻게 에너지를 쓰는지 제대로 설명하려면 좀 복잡한데, 간단히 말하자면 가역성reversibility 개념에 따른 것이다. 어떤 과정이 앞으로 진행되는 것과 거꾸로 진행되는 것 사이에 구분이 없고 둘 다 가능하다면, 이런 과정은 가역적 과정이라고 하며 엔트로피를 증가시키지 않는다. 그러나 에너지를 들이지 않고 과정을 거꾸로 돌리는 것이 불가능하다면, 이 과정은 엔

** 물론 내가 '악마의 막간'을 쓸 때는 예외다. 내가 이 글을 쓰는 동안 저자는 가만히 앉아서 빈둥거리고 있다.

트로피를 증가시킨다.

악마의 뇌 안에서 2+5=7처럼 단순한 더하기 연산을 하고 있다고 가정해 보면, 일단 이 과정은 가역적이다. 연산의 규칙을 알고, 두 수가 주어지면 합을 구할 수 있으며, 합으로부터 두 수를 확인할 수도 있다. 그런데 이 식의 좌변에 있는 두 값이 삭제되고 오직 7만 남으면, 나는 이 정보를 가지고 2와 5로 돌아갈 수 없게 된다. 따라서 비가역적 과정으로 만들어 엔트로피를 증가시키는 것은 합을 구하는 연산 행동이 아니라 그 합을 이루는 정보가 실제로 무엇이었는지를 잊어버리는 과정이다.

그런데 이런 정보 이론이 도대체 악마나 날아다니는 분자들하고 무슨 상관이 있다는 것일까? 랜다우어의 추종자들은 내 기억 용량의 크기와는 상관없이 수십억 개의 기체 분자를 처리하다 보면 결국에는 정보 저장 공간이 부족해질 것이고, 이 과정을 지속하기 위해서는 저장된 정보를 삭제해야 한다고 주장한다. 그리고 이 삭제의 결과로 내가 만들어 낸 이익을 상쇄하게 되는 것이다.

2017년에 「일하고 있는 맥스웰의 양자적 악마에 대한 관찰」이라는 제목의 논문이 발표되었다. 논문의 저자들은 나의 정신에 대한 통찰을 얻었다고 주장했다. 그들의 '악마'는 마이크로파를 담을 수 있는 초전도 공동cavity 형태로서 나보다는 열등한 물체였다. 이것은 빛 입자를 방출하거나 흡수할 수 있는 작은 초전도 회로와 상호작용한다. 이 악마는 빛이 계에 흡수되지는 않고 계에서 방출만

되도록 계를 통제하면서 에너지를 한 방향으로만 흐르게 한다.

연구팀은 기억 속에서 일어나는 일을 구현하기 위해 양자 단층 촬영quantum tomography이라는 것을 여러 번 사용해 악마의 기억을 조사했다고 한다. 그리고 결과적으로 악마가 일을 하기 위해서는 계의 상태에 대한 정보가 유지되어야 한다는 점을 분명하게 보였다. 이것은 내가 정보를 잊어버리지 않는 경우에만 제2법칙을 깰 수 있다는 주장을 증명하는 듯했다.

사람들은 정보 삭제를 끝으로 내 문제는 마무리되었다고 생각했다. 그러나, 앞으로 보게 되겠지만, 어쩌면 그들이 이 문제를 제대로 잘 파헤치지 못했을 가능성도 분명히 있다. 어쨌거나 우리는 다시 케임브리지의 JCM에게로 돌아가야겠다. 그는 계속해서 캐번디시 교수라는 새로운 임무를 충실히 이행하고 있다.

맥스웰은 과학의 개방성을 중요하게 여겼다. 그래서 아마도 캐번디시 연구소의 인력을 효율적으로 배치하는 문제에는 적절한 지침과 안내를 제시하지 못했을 것이다. 그의 이런 실패는 훗날 바로잡혔다. 맥스웰의 실책은 시간 부족과 함께 연구자의 자율성에 초점을 둔 철학이 빚어낸 결과였다. 맨체스터의 물리학자 아서 슈스터는 1910년 캐번디시 연구소의 역사에 관한 글을 쓰면서 맥스웰의 말을 인용했다. "나는 실험자가 시도하는 실험은 그것이 무엇이든 절대 하지 말라고 말리지 않는다. 설령 원하는 것을 찾지 못하더라도 다른 무언가를 찾을 수 있기 때문이다."

책 그리고 빛의 힘

케임브리지에 있는 동안 맥스웰은 허락된 시간의 대부분을 저술에 쏟았다. 『열 이론』과 『전기자기론』을 출간한 것도 케임브리지에 있을 때였다. 이 두 책은 현대의 기술 과학 서적보다 훨씬 더 광범위한 독자층을 끌어모았다. 『열 이론』은 워낙에 널리 읽히다 보니 심지어 《철물상 The Ironmonger》(각종 철물 제품을 소개하는 잡지 – 옮긴이) 도 "전반적으로 문장은 평이하며 결론은 충격적"이라면서 책에 대해 한마디 보탤 정도였다. 맥스웰이 이 책에 단 부제는 '공립 학교 및 과학 학교의 기술자와 학생들이 사용할 수 있도록 조정됨'으로, 오늘날의 관점으로 보면 좀 거들먹거리는 느낌이 드는 것도 사실이다. 한편 『전기자기론』은 20세기까지도 교과서로 활용될 만큼 맥스웰의 책 중에서도 걸작으로 꼽힌다.

케임브리지로 자리를 옮겨 캐번디시 연구소를 출범하고 첫 1년 정도는 일이 많아 1000페이지짜리 책을 마무리하기가 쉽지 않았다. 그러나 1873년에 마침내 『전기자기론』은 세상에 나왔고, 동시에 새 건물도 일부는 사용할 수 있게 되었다.

늘 그렇듯, 맥스웰은 연구한 내용을 그냥 내버려두는 법이 없었다. 언제나 새로운 아이디어의 실마리를 잡아당겨 채워야 할 틈을 찾아내고, 해결해야 할 부정확성을 발견해야 직성이 풀렸다. 그런 과정에서 그는 전자기파의 본질과 관련해 자신의 예측이 지닌 기이한 의미를 깨달았다. 전자기파는 빛과 정확히 일치했을 뿐 아니라, 그 누구도 빛이 할 수 있으리라고 생각하지 못했던 일을 할 수 있는 것 같았다. 예컨대 전자기파는 물질에 압력을 가할 수 있어야 했다. 만일 그의 이론이 옳다면, 실체 없는 빛줄기가 단단한 물체를 밀어낼 수 있어야 한다.

이것은 말도 안 되는 얘기 같았다. 지금까지 우리의 경험에 따르면, 물리적 물체에 미치는 빛의 효과로 물체가 움직인다는 것은 불가능해 보였다. 그럼에도 맥스웰의 계산 결과에 따르면 전자기파와 그 전자기파가 비추는 물체 사이의 상호작용에 의해 작은 힘이 생성된다. 이런 효과가 실제로 발생할지도 모른다고 추측할 수 있는 물리적 현상이 딱 하나 있긴 했다. 앞서 보았듯이(234쪽) 맥스웰은 혜성의 꼬리가 항상 태양에서 멀어지는 방향으로 뻗어 나가는 현상을 고심했었다. 만일 빛의 압력이 작용한다면 설명이 가능한 현상이었다. 맥스웰은 물체가 빛을 흡수할 때 흡수된 빛의 에너지가 물체에 운동량을 더해 준다는 것을 입증하면서 이 가설의 이론적 배경을 수립했다.

우리가 이런 일을 일상적으로 보지 못하는 이유는 이 효과의 크기가 매우 작기 때문이라고 맥스웰은 생각했다. 우리 주위에서 찾아볼 수 있는 가장 강력한 광원인 태양이 1헥타르 면적에 가하는 압력은 겨우 7그램밖에 되지 않았다. 맥스웰은 자신이 예측한 효과를 실험으로 구현할 수 없었지만, 이론이 발표되고 25년이 흐른 후 러시아의 물리학자 표트르 레베데프가 이 '복사압radiation pressure'을 최초로 시연했다.

복사압 개념은 단순히 혜성 꼬리 현상을 일부 설명하는 데 그치지 않는다(사실 혜성 꼬리는 주로 '태양풍', 즉 태양이 뿜어내는 입자들의 흐름에 의한 것이다). 20세기에는 복사압을 활용해 넓은 돛을 펼치고 태양 또는 레이저 배터리로부터 빛을 포착해 전력을 공급받는 우주선 설계 제안도 나왔다. 그러나 가장 중요한 것은, 별의 작동 원리를 이해할 핵심 현상이 바로 복사압이라는 것이다. 복사압이 없다면 태양은 존재할 수 없다. 별을 구성하는 물질은 중력을 받아서 내부를 향해 어마어마한 압력을 받는다. 하지만 별 안에서 생성되는 엄청난 수의 빛 입자들이 만들어 내는 복사압이 파괴적인 중력에 맞서 일단계 방어를 펼치는 것이다.

『전기자기론』은 단순히 걸작일 뿐 아니라 맥스웰이 마지막으로 남긴 중요한 작품이기도 했다. 그 밖에 맥스웰은 《네이처》에 루트비히 볼츠만Ludwig Boltzmann의 기체 운동에너지에 관한 논의를 개선할 짧은 논문을 발표했다(볼츠만의 기체 운동에너지 논의도 엄밀히 말하면 맥스웰의 연구에서 유도된 것이지만, 충분한 검토 끝에 볼츠만과 맥스웰은 공정하게 이론의 공동 창시자로 인정받았다). 그리고 중요도가 조금 떨어지는 과제들, 즉 색각부터 광학기기 이론에 이르기까지 다양한 주제들을 계속 연구했는데, 맥스웰이 제작한 다중 렌즈를 장착한 장비는 이론적 서술에 활용할 수 있을 만큼 성능이 뛰어났다. 이러한 연구는 전자기나 열역학만큼 아주 독창적이지는 않아도 실용성이 돋보이는 연구 주제였다.

맥스웰은 이후 한두 해 동안은 건물을 올리고 캐번디시 연구소를 운영하는 데 집중했다. 주어진 여가 시간에도 다른 사람들이 보기에는 업무라고 여길 만한 일을 했다. 그러나 실제로는 개인적으로 큰 관심을 끄는 주제를 탐구하고 있었을 수도 있다.

캐번디시의 논문들

앞서 보았듯이, 캐번디시 연구소의 자금 후원자인 데번셔 공작 윌리엄 캐번디시의 큰할아버지 헨리 캐번디시도 뛰어난 과학자였다. 맥스웰은 1873년 무렵부터 헨리 캐번디시의 논문을 정리하는 데 상당한 시간을 들였다. 어쩌면 이는 자금을 후원해 준 공작에 대한 감사의 선물 같은 것이었을 수도 있다. 그러나 연구소 설립에 필요한 돈은 이미 들어왔으니, 그보다는 맥스웰이 헨리 캐번디시가 연구한 내용에 정말로 관심이 있었을 가능성이 높다. 그의 이런 관심은 사람들이 자기 족보를 추적해 올라가는 마음과 비슷한 동기에서 비롯되었을지도 모른다. 실제로 헨리 캐번디시는 그가 세운 실험실의 조상으로 삼기에 알맞은 사람이었다. 헨리 캐번디시는 많이 알려지지는 않았지만 상당히 독창적인 연구를 수행했고, 맥스웰은 다른 물리학자들도 캐번디시에 대해 알아야 한다고 생각했음에 틀림없다.

헨리 캐번디시는 아마도 지구의 밀도를 측정한 사람으로 가장 잘 알려져 있을 것이다.[1] 이 실험 결과 덕에 뉴턴의 중력 상수 G가 최초로 계산될 수 있었다. 수소를 발견한 사람으로도 유명하다. 그

러나 맥스웰의 관점에서 캐번디시의 연구 중 가장 흥미로운 분야
는 전기였다. 캐번디시는 1771년부터 10년간 전기를 연구했다. 가
장 주목할 사실은, 캐번디시가 전기 반발의 역제곱 법칙을 프랑스
물리학자 샤를 오귀스탱 드 쿨롱보다 한참 전에 시연했다는 것이
다. 그러나 이 내용을 공식적으로 발표한 적이 없기 때문에 쿨롱이
법칙의 발견자로 인정받게 되었다.

늘 시간이 부족했던 맥스웰이 캐번디시 논문 정리에 상당히 공
을 들였다는 것은 여러 자료를 통해 확인된다. 그는 이때만 해도 자
신에게 남은 시간이 얼마 없다는 걸 몰랐다. 어쨌든, 과거를 돌아보
며 얻을 이익은 별개로 치고, 맥스웰이 대학이든 데번셔 공작이든
누군가로부터 이 일을 하라고 압력을 받았다는 증거는 없다. 오히
려 그 반대다. 맥스웰은 케임브리지에 합류하기 2년 전부터 캐번
디시의 논문을 수집하는 데 관심을 보였다. 데번셔 공작의 도움을
받아 마뜩잖아하는 논문 소유주들을 설득해 일일이 캐번디시의 논
문을 수집해 편집하고, 캐번디시의 실험 중 일부를 재현하기도 했
다. 마침 맥스웰은 캐번디시와 동시대에 활동했던 윌리엄 하이드
울러스턴(영국의 물리학자 겸 화학자. 팔라듐과 로듐 발견자로 유명하다—
옮긴이)의 도구 중 일부를 소장하고 있었는데, 이 실험 도구를 캐번

---

1   그는 또한 극도의 괴짜로 알려져 있기도 하다. 캐번디시는 매우 내성적인 사람이라
    한번에 한 사람과만 대화를 나누었고, 하녀와는 쪽지로만 소통했다. 식사를 준비하는
    하인들과도 접촉을 최소화할 수 있도록 복잡한 지시를 내렸다.

디시 실험 재현에 사용했다.

캐번디시의 연구 내용 중에는 맥스웰의 전자기 연구에 새로운 정보를 더해 줄 만한 것도 있었다. 맥스웰은 이렇게 기록했다. "만일 이 실험들이 저자의 생존 당시 발표되었다면 전기 측정 과학은 훨씬 더 일찍 발전했을 것이다." 캐번디시 논문 중에는 맥스웰의 장난스러운 성격과 유머 감각을 자극했던 것도 있었다.[2] 그는 캐번디시가 정전기력의 세기를 시험하기 위해 자기 몸의 통증 반응을 '측정기'로 사용했다는 내용을 아주 재미있어했다. 맥스웰은 이 실험을 재연하면서 주위 사람들을 설득해 자원자로 나서게 했다.

아서 슈스터는 이렇게 회상했다.

… 젊은 미국인 천문학자는 심한 말로 자신의 실망을 표현했다. 그는 맥스웰과 친분을 쌓고 천문학에 관한 이야기를 나누며 필요한 정보를 얻기 위해 케임브리지에 왔는데, 천문학은커녕 캐번디시에 대한 이야기만 잔뜩 들었다고 했다. 게다가 코트를 벗고 손을 물통에 담그라고 해서 담갔더니 연속적으로 전기 충격을 당했다고 불평했다.

---

2   시무룩한 얼굴의 맥스웰 초상 사진만 보면 그를 엄숙하고 진지한 전형적인 빅토리아 시대 사람처럼 생각하기 쉽지만, 그는 평생에 걸쳐 장난꾸러기다운 (그러면서도 적절한) 유머 감각을 보여 주었다. 그런 그의 면모는 기발한 표현들이 난무하는 편지에서 종종 드러난다. 예를 들어 맥스웰은 자신을 'dp/dt'로 표현하곤 했다. 친구 피터 테이트의 책에 'dp/dt=JCM'이라는 방정식이 나오는데, JCM이 맥스웰의 이니셜이었기 때문이다. (이 방정식의 자세한 내용은 미주 참고.)

맥스웰의 캐번디시 논문 선집은 1879년 10월, 그의 사망 직전에 출간되었다.

지나가는 공상

맥스웰은 자신을 유명하게 만든 주제를 연구하는 데 주어진 시간 대부분을 할애했지만, 호기심을 자극하는 다양한 주제에도 두루 관심을 보였다. 예를 들어 1874년에는, 오랜 친구인 루이스 캠벨에게 보내는 편지에서 유전학에 관한 이야기를 전하고 있다. 이때는 유전자 개념이 널리 알려지기 한참 전이었다.[3] 물론 맥스웰은 유전자 개념을 부정하고 있다. 그런데 그의 논리를 따라가자면 말이 되는 주장이기도 하다. 맥스웰은 이렇게 썼다.

> 만일 원자가 수적으로 유한하고 각각의 원자가 특정 무게를 갖는다면, 인간의 기원이 되는 세균[즉 세포]이 인간이 물려받을 모든 것의 제뮬gemmul[4]을 다 포함해야 한다는 말인데, 이건 불가능할 것 같아. 아버지의 기질, 어머니의 기억, 할아버지가 코를 푸는 방식, 나무 위에서 살던 까마득한 조상의 팔에 난 털 배열…. 인

---

3   '유전자(gene)'라는 단어는 1905년이 되어서야 도입되었다. 유전자 개념은 그레고어 멘델이 1866년 발표한 논문에서 유전되는 단위의 존재를 암시하는 내용에 처음 등장하지만, 맥스웰 사후까지도 사람들에게 널리 알려지지는 않았다.

4   유전 단위를 일컫는 다윈의 용어.

간이 이런 모든 정보를 제뮬에 담아 다음 세대로 물려주고, 이것으로 인해 다른 동물, 다른 인간과 구분된다는 말이잖아. … 이 [세포] 안에 든 분자의 개수가 수백만 개 이하라고 확신한다면, 그리고 각각의 분자는 동일한 구성 분자들, 즉 탄소, 산소, 질소, 수소 등으로 이루어져 있다면, 순수한 물리 원리를 따르는 판게네시스pangenesis[5]가 요구하는 그런 구조는 전혀 성립할 수가 없게 되거든.

맥스웰의 논리는 틀렸다. 유전의 역할을 너무 크게 잡았고, 분자의 개수를 너무 적게 잡았고, 세포 안에 저장될 수 있는 정보의 규모를 과소평가했기 때문이다. 그러나 DNA와 유전자의 중요성이 알려지기 훨씬 전에 이 개념을 논의했다는 사실 자체가 그의 관심과 사고의 범위가 상당히 넓었음을 보여 주고 있다.

맥스웰의 여러 오락거리 중 크룩스 복사계Crookes radiometer는 가장 재미있는 것으로 꼽을 만하다. 이 희한한 장치는 1874년에 처음으로 세상에 알려졌다. 맥스웰보다 한 살 어린 영국의 과학자 윌리엄 크룩스는 진공관의 전기 효과에 관한 중요한 연구를 발표했다. 이 진공관은 최초의 전자기기로서 열전자관의 전신이다.

크룩스 복사계는 전구랑 비슷하게 생겼다. 유리 체임버 안에 공

기를 주입하고 밀봉한 형태인데, 안에는 필라멘트 대신 중심축이 세워져 있고 여기에 네 개의 패들paddle이 달려 있어 자유롭게 회전할 수 있었다. 패들의 한쪽 면은 흰색 또는 은색이고 다른 쪽은 검은색으로 칠해져 있었다. 패들을 빛에 노출시키면 빠른 속도로 회전한다.[6] 이 장치는 언뜻 보면 맥스웰의 복사압 아이디어를 입증하는 것처럼 보이기도 한다. 그러나 회전 방향이 맥스웰의 생각과는 반대다. (그리고 어쨌든 맥스웰은 복사압이 패들에 미치는 힘이 패들을 회전시킬 정도로 세지 않다는 것을 알고 있었다.)

만일 회전하는 패들이 복사압 때문에 밀리는 것이라면 흰색 또는 은색 면이 빛에서 멀어지도록 움직일 것이다. 흰색 또는 은색이 검은 면보다 빛을 훨씬 더 많이 반사하기 때문이다. 그러나 실제로 빛에서 멀어지는 쪽은 검은색 면이다. 이 현상을 본 과학계의 지성인들은 혼란과 기쁨을 동시에 느꼈다.

맥스웰은 친구 피터 테이트로부터 실용적인 정보 몇 가지를 얻은 후 팔을 걷어붙이고 문제 해결에 나섰다. 테이트는 동료인 진공관 발명가 겸 저압 연구 전문가 제임스 듀어와 함께, 복사계 유리 체임버 안에 아주 조금 남아 있는 공기의 양에 따라 복사계의 작동 방식이 달라짐을 발견했다. 실험용 진공은 완벽하게 만들 수가 없었고, 언제나 약간의 기체 분자는 남을 수밖에 없었다. 그런데 유리

---

6   실제 작동하는 크룩스 복사계는 '당신 안의 우주Universe Inside You'라는
     웹사이트에서 볼 수 있다. http://www.universeinsideyou.com/experiment4.html

체임버 안에 공기가 너무 많거나 너무 적으면 복사계는 작동하지 않았다.

맥스웰은 이 현상이 자신의 전문 분야인 기체의 운동에너지와 관련이 있음을 깨달았다. 그러고는 자신이 만든 악마를 패들 근처에 앉혀 놓고서 움직이는 기체 분자를 바라보게 한 뒤 악마의 시선으로 복사계를 바라보았다. 패들 위에 빛이 비치면 검은색 면은 빛을 흡수하고 뜨거워진다. 맥스웰은 이로 인해 패들과 접촉하는 기체 분자들의 속도가 빨라지고, 패들 면 주위에 대류 흐름이 형성되어 이것이 패들을 움직이게 하는 것이라고 생각했다.

맥스웰이 세운 수많은 이론 중에 첫 시도로 단박에 완성된 이론은 거의 없다. 복사계의 경우도 마찬가지였고, 가설을 바탕으로 한 계산 결과는 실망스러웠다. 알고 보면 정답은 이보다 훨씬 더 간단했다. 따뜻한 검은색 패들 면에 접촉하는 기체 분자는 차가운 흰색 면에 닿는 분자보다 약간의 에너지를 더 얻는다. 따라서 평균적으로 볼 때 검은색 면이 흰색 면보다 더 많은 운동량으로 추진력을 얻고 압력에 굴복해 움직이게 된다.

맥스웰이 생각했던 대류는 크룩스 복사계를 움직이게 하는 원동력은 아닌 것으로 밝혀졌지만, 그 노력이 헛되지는 않았다. 왕립학회 발표를 위해 논문을 작성하면서 밀도가 희박한 기체의 행동을 서술하는 일반화된 방정식을 세웠고, 이 내용은 상층 대기 연구에 중요하게 활용되었다.

갑작스러운 종말

크룩스 복사계에서 영감을 받은 논문은 맥스웰이 과학에 기여한 마지막 작품이 되었다. 1877년 초에 맥스웰은 소화 기관에 문제가 생겼다. 잦은 속쓰림으로 괴로워했고 음식을 삼키기도 점점 힘들어졌다. 불편감이 2년 넘게 지속되며 악화되자, 맥스웰은 결국 의사를 찾았다. 의사는 그에게 고기를 끊고 유제품 위주의 식단으로 대체하라고 지시했다.

1879년 여름, 제임스 클러크 맥스웰은 복부 암 진단을 받았다. 그리고 1879년 11월 5일 케임브리지에서 세상을 떠났다. 겨우 48세, 그의 어머니가 사망했을 때와 같은 나이였다.

맥스웰의 장례식은 2부로 나뉘어 진행되었다. 1부는 학계 동료들과 친구들이 참석한 가운데 케임브리지 트리니티 칼리지의 예배당에서 거행되었다. 그런 다음 그의 유해가 담긴 관은 글렌레어로 향했고, 파튼 교회에서 2부 장례식이 진행된 후 그곳 교회 묘지에 매장되었다.

악마, 또 다른 날의
싸움을 위해 살아가다

제임스 클러크 맥스웰의 사망이라는 슬픈 소식을 받아 든 독자들은 이제 맥스웰도 나도 다 끝났다는 생각이 들 것 같다. 앞에서 우리는 정보 삭제에 에너지가 소모되고, 따라서 나까지 포함된 전체 계의 엔트로피는 감소할 수 없다는 견해를 살펴보았다. 그리고 그 결과 많은 사람들이 내가 더 이상 나의 소임을 다할 수 없다고 생각하게 되었다는 얘기도 했다. 어떤 이들은 삭제 과정을 가역적으로 만들어 보겠다며 시도하기도 했다. 그러나 복잡한 논증과 함께 제안된 이 방법을 두고 속임수라는 주장이 압도적이었다. 왜냐하면 이 방법대로 하려면 정보를 외부 저장소에 던져 버려야 하기 때문이다. 외부 저장소도 유한하긴 마찬가지다.

허점의 실체

아무튼, 사람들은 내가 끝장날 운명이라고 생각했다. 그러나 오늘날까지도 남아 있는 허점이 있다. 결국 내 기억의 일부를 씻어 내야 하는 것은 맞지만, 실험에서는 여전히 나의 임무를 수행할 수 있다. 실험이라도 거기에는 아마 수십억 개의 분자가 있을 것이다. 하지만 나에게도 그와 같은 규모의 기억 저장 공간이 주어진다면 따로 기억을 삭제할 필요 없이 내 일을 해 나갈 수 있다. 물론 실험을 영원토록 계속할 만큼 충분한 저장 공간은 없겠지만, 저장 공간이 다 차기 전에 상당한 양의 엔트로피를 줄일 수 있을 것이다. 내가 굳이 주어진 시간 내내, 이용할 수 있는 분자들을 전부 다 다룰 필요는 없으니까.

내가 사라지기를 바라는 사람들은, 열역학은 그런 식으로 돌아가지 않기 때문에 이런 주장은 허용될 수 없다고 말한다. 일반적으로 열역학은 구성 요소들이 초기 상태로 돌아가는 순환 과정을 포함하며, 따라서 나 역시 분자에 작업을 수행한 후에 초기 상태와 같은 상태로 남아 있어야 한다는 것이다. 그러면 나에게는 기억이 허락되지 않는다. 이건 바보 같은 얘기다. 기억이 주어지지 않으면 나는 애초에 내 일을 할 수가 없기 때문이다. 게다가 전체 과정을 통해 분자가 한쪽 상자에서 다른 쪽으로 비가역적으로 옮겨가는데, 이것을 순환 과정이라고는 할 수 없다. 이것은 물리학이라기보다는 독단적 주장에 가깝다.

그보다는 오히려 다른 물리학자들이 제기한 '블렌딩(혼합)'이라는 개념에 주목할 필요가 있다. 블렌딩 개념에서는 계의 엔트로피에 아무런 영향을 미치지 않고도 비가역적인 삭제를 할 수 있다. 그런 예를 살펴보기 위해 메이르 헤모Meir Hemmo와 올리 셴커Orly Shenker의 말을 인용해 보자.

특별히 역학의 원리에서는 삭제 전과 삭제 후 우주의 엔트로피 사이에 구체적인 관계가 없다. 어쨌든 삭제에 대한 우리의 해석이 보여 주는 것은 기존의 상식과는 달리, 고전 역학에서 삭제가 반드시 에너지의 흩어짐[즉 엔트로피의 증가]을 수반하지는 않는다는 것이다.

이 말이 맞다면, 오래전 JCM이 제시한 도전 과제는 지금도 여전히 유효하다는 사실을 분명히 이해해 주기 바란다. 통계적 본질을 감안하면, 나는 여전히 제2법칙에 돋아난 가시다. 내 존재를 반대하는 여러 이론에도 불구하고, 최근에 이루어진 다수의 실험에서는 규모만 충분히 작으면 악마의 작업이 가능하다고 입증되었다.

예를 들어 2016년에 옥스퍼드 대학교의 한 연구팀은 분자가 담긴 두 칸짜리 상자 대신 빛 펄스 두 개를 사용하는 실험을 설계했다. 그들은 진짜 악마를 고용하지 않고 두 개의 빛 펄스 중 어느 쪽이 더 강한지를 측정해 펄스 하나는 이쪽으로, 다른 펄스는 저쪽으로 보냈다. 광다이오드가 이 두 펄스를 받아 생성한 전압의 차이는 충전지에 충전된다. 에너지가 더 많은 펄스는 항상 같은 방향으로 이동하기 때문에, 결과적으로는 악마와 같은 방식의 상호작용으로 작업을 수행할 수 있다.

2016년 브라질의 물리학 연구팀이 수행한 실험은 열역학적 요소가 포함되어 있어 원본에 좀 더 가깝다. 이 실험에서는 그들이 고안한 작은 악마도 포함된 것 같다. 연구팀은 소규모이긴 하지만 제 2법칙이 좀 더 명확하게 자발적으로 깨지는 상황을 만들어 냈다. 이 얘기를 들으면 '자유 에너지' 장치를 팔러 다니는 사람들이 많이 기뻐할 것 같다. 물리학자들은 영구 운동 기관과 자유 에너지 장치 같은 건 아예 무시한다. 과학자들이 마음을 열지 못해서 그런 거라고 비난하는 사람들도 있지만, 이건 그냥 물리학자들이 열역학 제2법칙을 제대로 이해하기 때문이다.

브라질 연구팀의 실험에서, 열은 차가운 쪽에서 뜨거운 쪽으로 이동한다. 여러 차례 얘기했지만 열이 차가운 물체에서 뜨거운 물체로 이동하는 것 자체로는 전혀 이상할 게 없다. 이게 바로 냉장고가 하는 일 아닌가. 그러나 이런 일은 외부에서 에너지를 공급할 때만 가능하다. 따라서 제2법칙의 정의에서 '닫힌계'라는 전제를 어기는 게 된다. 하지만 브라질 연구팀의 실험에서 재미있는 점은 열이 자발적으로 '차가운' 곳에서 '뜨거운' 쪽으로 전달되었다는 것이다(이 작은따옴표 붙인 부분은 곧 설명하겠다). 영구 운동과 자유 에너지에 필요한 게 바로 이것인데 말이다.

브라질 산투안드레에 있는 ABC연방 대학 및 요크 대학교에 소속된 물리학자 호베르투 세하Roberto Serra와 동료들은 클로로포름 분자(탄소 원자 하나에 수소 원자 하나와 염소 원자 세 개가 붙어 있는 단순 유기 화합물)를 특별한 상태로 만들었다. 분자 속 수소 원자와 탄소 원자가 지닌 성질 중 하나, 즉 스핀*이 서로 얽히도록 만든 것이다.

이로 인해 수소 원자와 탄소 원자는 일종의 얽힘 상태가 되었다. 연구팀은 기술적으로 수소를 탄소보다 더 뜨겁게 만들어서 수소 원자가 탄소보다 더 높은 에너지 상태에 있었다(앞 문단에서 작은따옴표를 한 '차가운', '뜨거운'은 바로 이런 의미다). 그리고 외부의 도움 없이 얽힘 상태가 풀리자 열은 탄소에서 수소로 전달되었다. 차가운 원자에서 뜨거운 원자로 열이 이동한 것이다.

왜 이런 일이 일어났는지 이해하려면 제2법칙의 대안적 정의, 즉 엔트로피가 포함된 정의를 알아야 한다. 앞서 보았듯이, 엔트로피는 계의 요소들이 계를 구성하는 다양한 방법의 가짓수로 측정된다. 구성 방법이 많을수록 엔트로피는 더 높다. 클로로포름 실험에서 엔트로피가 감소하는 이유는 얽힘이 풀릴 때보다 얽혀 있을 때 양자 상태**를 배열하는 방법의 수가 더 많기 때문이다. 예를 들어 생각하자면, 주사위를 하나씩 던져 6이 나오는 경우보다 두 개의 주사위를 함께 던져 합한 수가 6이 나오는 경우의 수가 훨씬 더 많은 것과 약간 비슷하다고 볼 수 있다.*** 그러나 자유 에너지 낙관론자들은 너무 흥분하지 말자. 언뜻 보면 자발적인 엔트로피 감소

---

* 양자 스핀은 양자 입자의 표준 성질 중 하나다. 처음에는 팽이와 같은 회전을 연상하며 스핀이라고 부르게 되었지만, 고전 물체의 회전과는 아무 상관이 없다. 양자 스핀은 1/2의 배수에 해당하는 수로 부여되며, 측정되는 방향도 위 또는 아래만 있다.

** 입자(또는 계)의 양자 상태란 전하, 스핀 등 입자의 특성을 나타내는 값들을 모은 집합이다.

*** 주사위를 하나만 던질 때는 6이 나올 때만 6을 얻을 수 있다. 그러나 주사위 두 개를 던지면 1+5, 2+4, 3+3일 때 6을 얻는다.

가 있었던 것처럼 보이지만, 처음에 분자들의 초기 상태를 만들 때 나중에 추출할 수 있는 것보다 더 많은 에너지가 들었을 것이다. 따라서 결코 공짜 에너지의 근원은 될 수 없다.

　세하 박사의 클로로포름 분자들은 입자를 일일이 헤아리는 우리 악마들의 섬세함이 전혀 없다. 그러나 이 분자들은 오래도록 무너지지 않고 끈질기게 버텨 온 법칙이 적어도 살짝은 조정될 수 있음을 보여 주는 구체적인 표현이다. 나의 도전이 계속될지 아니면 중단될지 그건 모르겠다. 그러나 한 가지는 분명하다. 우리의 제임스 클러크 맥스웰은 인류에게 소중한 유산을 남겼고, 내가 그 일부라는 것을 나는 자랑스럽게 생각한다.

10장
맥스웰의 유산

19세기 말의 과학자 아무나 붙잡고 이 시기의 거물 과학자들 중 영국 물리학을 선도하는 사람으로 누구를 꼽을 것인지 묻는다면, 아마 십중팔구 켈빈 경이라는 답이 나올 것이다. 맥스웰의 오랜 친구 윌리엄 톰슨은 당대의 환대를 받았다. 이는 그가 상원의원이 되었다는 사실을 봐도 분명히 알 수 있다. 이런 영예를 안은 과학자는 톰슨이 최초였다.[1] 켈빈이 열역학에서 중요한 연구를 했고, 실용 과학의 수많은 주제를 연구하며 귀중한 성과를 내놓은 점은 의심의 여지가 없다. 그 시기에 이미 그의 이름으로 70건이 넘는 특허 청원이 제출되었으며, 앞서도 보았듯이 그는 대서양 횡단 케이블 부설을 주도한 인물이기도 했다.

---

1   흔히 사람들은 아이작 뉴턴이 과학자로서 최초의 기사 작위를 받았다고 말한다. 심지어 BBC 방송의 유명 TV 퀴즈 프로그램에서도 이 같은 주장이 나왔었다. 그러나 사실 따지고 보면, 뉴턴의 기사 작위는 왕립 조폐국에서 일을 잘해서 받은 것이다. 그는 동전 가장자리를 깎아 내 금속 조각을 모아 팔던 사람들을 찾아내는 일에 (그리고 그들을 교수형에 처하고, 익사시키고, 사지를 찢는 일에) 열정적으로 임했다. 악마적 기질에 있어서 나와 가장 많이 닮은 사람이 바로 뉴턴이었다.

웨스트민스터 사원에서 뉴턴 옆에 잠든 사람도 맥스웰이 아니라 켈빈이다. 그의 이름을 딴 단위도 있다. 1907년 켈빈이 사망한 직후 그의 탄생지인 벨파스트와 그가 과학자로서의 생애 대부분을 보낸 도시 글래스고에는 켈빈의 동상이 세워졌다. 이와는 대조적으로, 맥스웰은 작은 시골 교회 묘지에 묻혔으며 사후 100년이 지나서야 고향 스코틀랜드에 조각상 하나가 조촐하게 세워졌다.

그러나 20세기에 접어들며 상황이 극적으로 바뀌었다. 켈빈의 업적을 과소평가하는 것은 아니지만, 그가 남긴 성과는 오늘날 전체적인 구도에서 보면 중요도가 훨씬 떨어져 보인다. 반면 맥스웰의 전자기와 통계역학 연구, 그리고 이론물리학의 기틀을 바꾸어 놓은 업적은 현대 물리학자들이 맥스웰을 위대한 영웅으로 여기기에 충분하고도 남았다. 아인슈타인이 이런 말을 남긴 것도 다 이유가 있다. "맥스웰의 전자기 방정식이 없다면 현대 물리학은 없었을 것이다. 나는 그 누구보다도 맥스웰에게 큰 빚을 졌다."

제임스 클러크 맥스웰을 잘 알던 사람들은 처음부터 그에게 뭔가 특별한 것이 있음을 잘 알고 있었다. 학창 시절부터 친구였던 피터 테이트는 《네이처》에 맥스웰의 연구를 요약하는 글을 실으며 말미에서 그를 회상했다. 이 추도문은 '터무니없는 헛소리'와 사이비 과학에 대한 경고를 담고 있다는 점에서 오늘날에도 시의적절하다.

그의 이른 죽음이 친구들에게, 케임브리지 대학교에, 그리고 전체 과학계에 얼마나 큰 상실을 의미하는지 말로 표현할 수가 없습니다. 특히 그의 죽음은 터무니없는 헛소리와 사이비 과학, 물질주의가 만연한 이 시대에 보편 상식, 진짜 과학, 그리고 종교 자체에도 큰 손실이 아닐 수 없습니다.

맥스웰의 업적은 그 범위가 넓다는 점에서도 대단히 특별했다. 1947년에 런던 킹스 칼리지 교수가 된 찰스 콜슨은 이런 말을 했다. "맥스웰이 다루었던 주제 중에 사람들의 인식 자체를 뒤바꾸지 않은 것은 단 하나도 찾아보기 힘들다." 이러한 성과는 맥스웰의 통찰력, 그러니까 완전히 새로운 접근법으로 현실의 현상을 모형화하고 이를 위한 수학을 개발하는 능력과 맞물리는 것이었다. 1931년 맥스웰 탄생 100주년을 기념하는 소책자에서, 영국의 물리학자 제임스 진스는 기체 분자 속도에 대한 맥스웰 분포를 설명하며 그의 직관력에 찬사를 보냈다.

맥스웰은 분자나 분자 운동의 역학, 심지어 논리나 일반적인 상식과도 전혀 무관해 보이는 일련의 논증을 통해 하나의 공식을 도출했다. 이 공식은 모든 선례와 과학 철학의 모든 규칙에 따르면 절망적으로 틀렸어야 마땅했다. 그러나 실제로는 정확하고 옳은 것으로 밝혀졌다. … 맥스웰의 위대함의 바탕에는 적절한 수학적 능력과 결합된 심오한 물리적 직관이 자리 잡고 있었다.

지금까지 맥스웰을 뉴턴과 아인슈타인과 함께 (그리고 아마 패러데이도 함께) 물리학 명예의 전당에 제대로 헌액하기 위한 노력은 끊임없이 이어졌다. 사실 뉴턴의 많은 연구가 물리학에 관한 것임은 분명하지만, 그들이 남긴 유산을 비교해 보면 뉴턴보다는 오히려 맥스웰이 더 진정한 물리학자라고 할 수 있다.

뉴턴과 맥스웰이 보유했던 도서 목록을 비교해 봐도 흥미롭다. 뉴턴이 소장했던 책은 놀랍게도 2100권에 달한다.[2] 이 중 109권은 물리학과 천문학 책이었고, 138권은 연금술, 126권은 수학, 477권은 신학에 관한 책이었다.[3] 이에 비해 맥스웰의 책은 절반 이상이 물리학 책이었다. 굳이 따지자면 뉴턴은 응용수학자에 가깝다(연금술사, 신학자, 왕립 조폐공사 직원으로 일하지 않을 때는). 맥스웰은 아인슈타인과 마찬가지로 천생 물리학자였다.

21세기인 지금 과거를 돌이켜보면, 그 시대의 맥스웰은 유독 자유분방한 모습을 보였다. 유머 감각이라고는 없는 빅토리아 시대의 전형적인 과학자와는 거리가 먼 사람이었다. 이제 우리는 그의 전자기 연구가 과학 기술 혁명에서 맡았던 역할이 얼마나 컸는지

---

2 그 시대의 상황을 따져 보면 특히 놀랍다. 뉴턴 시대에 책은 상당한 고가의 희귀품이었다.

3 뉴턴은 신학을 과학으로 여겼다.

를 이해할 수 있는 시점에 와 있다.

맥스웰의 과학이 얼마나 신선했는지를 염두에 두고 말년에 그가 남긴 글과 강연 원고를 보면, 다양한 과학 문제에 대해 대단히 현대적인 방식으로 접근하고 있음을 엿볼 수 있다. 맥스웰은 1873년 〈분자에 관한 담론〉이라는 제목으로 브래드포드에서 열린 영국 과학협회 회의에서 강연을 했다. 원고의 일부를 보며 맥스웰의 목소리에 귀 기울여 보자.

우리는 하늘의 별빛을 보면서, 오로지 그 빛만으로, 별들이 서로 멀리 떨어져 있어 어떤 물질도 서로 전달하지 못한다는 것을 발견하게 됩니다.[4] 그럼에도 이 빛은, 그러니까 저 먼 세상의 존재에 대한 유일한 증거인 빛은, 저 별들이 지구에서 발견되는 것과 같은 분자들로 이루어져 있다고 말합니다. 예를 들어 수소 분자는 시리우스에도 아르크투루스에도 존재하며, 그것이 어디에 있든 수소 분자는 동일한 방식으로 진동하고 있습니다.

우주에 퍼져 있는 분자 각각에는 파리 기록 보관소의 미터처럼,

---

4   재미있는 사실은, 맥스웰의 이 말은 틀렸지만 정당한 이유로 틀린 것이다. 당시에는 우주가 현재 알려진 것보다 훨씬 작다고 생각했다. 뿐만 아니라 우주의 나이도 훨씬 더 어리게 계산되어서 우주의 한끝부터 다른 끝까지 뭔가가 이동할 수 있는 시간이 부족했다고 여겨졌다. 현재의 빅뱅 이론은 우주가 시작되자마자 곧바로 급팽창 단계로 접어들어 우주가 급속히 팽창했으며, 관측 가능한 우주의 극단(끝)은 물리적 접촉이 가능한 범위 안에 있었을 수도 있다는 가설로 이 문제를 해결한다.

또는 카르나크 신전의 로얄큐빗 제곱처럼, 뚜렷한 미터법[5]의 각인이 새겨져 있는 것입니다.

따라서 이런 분자의 유사성을 설명할 수 없는 진화론은 애초에 성립할 수가 없습니다. 왜냐하면 진화는 필연적으로 연속적인 변화를 의미하는데, 분자는 성장하거나 쇠퇴할 수 없고, 생성되거나 파괴될 수 없기 때문입니다.

자연이 시작된 이래로, 분자의 성질에 미세한 차이라도 만들어낸 자연의 과정은 존재하지 않습니다.

여기서 맥스웰은 분자들의 동일한 성질을 고려할 때, 분자는 그런 동일한 성질을 갖도록 하는 무언가로 만들어져야 하지만, '우리가 자연적이라고 부를 수 있는' 그런 과정은 없다고 가정함으로써 현대 과학에서 벗어난다. 현재 우리는 물질과 에너지 사이에 완벽하게 자연스러운 교환 과정이 있으며, 이를 통해 물질의 생성을 설명할 수 있다는 것을 알고 있다. 그러나 맥스웰이 이 글을 쓸 때는 이런 내용이 알려지지 않았으며, 이와 관련된 과학은 23년이 지나 아인슈타인의 특수상대성이론으로 태어나게 된다(그리고 특수상대성이론은 맥스웰의 연구 없이는 등장할 수 없었을 것이다). 그런 모든 점을 감안하고 볼 때, 그리고 언어의 차이도 조금만 인정하면, 맥스웰의

---

5   여기에서 말하는 '미터법'은 10을 기반으로 하는 현대적 체계의 측정 단위가 아니라 그냥 일반적인 측정 체계를 의미한다.

강연은 마치 우주의 경이를 사람들에게 펼쳐 보이는 빅토리아 시대의 브라이언 콕스나 닐 디그래스 타이슨(현대의 유명한 과학 커뮤니케이터들−옮긴이)처럼 들린다. 우주를 향한 맥스웰의 비전은 초기 물리학에 만연했던 신비론적인 담론과는 거리가 멀었다. 이런 신비론 중심의 담론은 뉴턴과 추종자들이 물리학에 수학을 일부 포함시킬 무렵에도 여전히 존재하던 결점이었다.

맥스웰이 이 세상에 내놓은 여러 성과 중 사소한 일부−악마−가 이 책 전반에서 맹활약을 해 왔다. 나는 악마가 스스로 발언권을 갖고 목소리를 내기를 원했다. 왜냐하면 맥스웰의 악마는 동료들의 구태의연한 사고방식에 도전하고, 재미있고 참신한 접근법으로 모형을 구축하고, 정형화된 과학에 유머를 가미하는 맥스웰의 능력을 너무나 잘 반영한 존재이기 때문이다. 맥스웰은 위대한 과학자를 넘어 위대한 인간이었다. 그런 사람과 친구가 된다면 대단히 기뻤을 것이다.

과학이 우리 삶에 영향을 미치는 한 맥스웰과 그의 악마는 영원히 기억될 자격이 있다.

옮긴이의 글

물리학을 공부하는 사람들이 반드시 알아야 하는 방정식 중에 맥스웰 방정식이 있다. 아름다운 대칭 구조로 세워진 이 방정식은 전자기의 모든 현상을 한 치의 군더더기 없이 깔끔하게 설명한다. 미학적으로도 꽤 아름다워서 티셔츠 도안으로 많이들 새겨 입는다. 나도 이 책의 번역이 결정되자마자 곧바로 맥스웰 방정식을 티셔츠에 새겨 작업복으로 입고 일하기도 했다. 그런데 이 방정식은 생각해 보면 좀 특별하다. 우리는 만유인력을 설명하는 방정식을 '뉴턴 방정식'이라고 하지 않는다. 그 유명한 '$E=mc^2$'도 '아인슈타인 방정식'이라고 부르지 않는다. 그런데 유독 맥스웰 방정식은 맥스웰 방정식이다. 방정식에 이름을 붙일 때 내가 모르는 어떤 규칙이 있는지는 모르겠지만, 물리학에서 맥스웰의 위상이 어느 정도인지를 단적으로 보여 주는 예일 거라는 생각이 든다.

희한하게도 제임스 클러크 맥스웰은 그가 남긴 업적에 비해 대중적 인지도는 상당히 낮다. 생각해 보면 유명한 과학자들은 저마다 잘 알려진 일화가 있다. 뉴턴은 사과가 떨어지는 것을 보고 중력을 발견했고 (사실이 아닐 가능성이 높다고는 하지만, 아무튼), 에디슨은 병아리를 부화시키겠다고 달걀을 품고 앉아 있었다. 아인슈타인은 말도 늦게 틔었고 학교 다닐 때는 낙제도 했다고 한다. 그런데 맥스웰과 관련된 이런 일화가 단 하나라도 알려진 것이 있던가? 맥스웰이 그렇게 중요하지 않은 과학자라면 이해가 가겠는데, 그는 오늘날 우리가 누리는 전기 문명의 기반을 세운 과학자다. 맥스웰이 없었다면 우리가 사는 세상의 모습은 지금과는 많이 달랐을 것이다.

그래서 이 책 『신사와 그의 악마』가 반가웠다. 방정식이나 상수의 이름 앞에 형용사로만 남은 과학자를 이 땅 위에 살았던 같은 인간으로서 만나 보는 건 언제나 흥미로운 일이다. 이 책이 그려 낸 맥스웰은 사진이나 초상화 속 '엄격·근엄·진지'한 표정의 고리타분한 신사가 아닌, 호기심 많고 유머러스하며 새로운 현상에 눈을 반짝이던 유쾌하고 젊은 신사다. 그는 아직 과학자라는 말이 세상에 나오기도 전에 과학의 방법론을 고민하고, 자연의 비밀에 한 발 한 발 다가가는 비범하면서도 전형적인 과학자의 모습을 하고 있었다. 책을 번역하는 동안 대학에서 과학자의 꿈을 안고 함께 물리학을 공부하던 친구들 생각이 많이 났다. 어쩐지 낯설지 않은 맥스웰의 삶을 짚어 보면서, 자연의 경이에 가까이 다가가고 싶은 인간의 마음이 이렇게나 보편적인 것이구나 하는 생각이 들었다.

이 책에서 반가웠던 건 맥스웰뿐만이 아니다. 지난 100여 년 동안 말없이 문만 여닫던 맥스웰의 악마는 드디어 이 책에서 목소리를 얻고 내레이터로서의 역할을 톡톡히 해낸다. 사실 맥스웰의 악마는 열역학에서는 꽤 유명한 사고실험이지만, 양자역학을 배운 이후에는

하이젠베르크의 불확정성 원리 때문에 성립할 수 없는 거 아니냐는
식으로 가볍게 이해하고 있었다. 그러나 속절없이 사라진 줄만 알았
던 악마는 맥스웰의 아이디어를 실현해 보려는 사람들의 노력과 통
찰에 의해 여전히 명맥을 이어 가고 있었다. 악마의 끈질긴 생명력
과 존재감도 놀라웠지만, 언뜻 단순해 보이는 아이디어 하나가 이렇
게 확장되어 물리학의 근본을 파고드는 것을 지켜보는 것도 흥미진
진했다. 그런 의미에서 보자면 우리 인류에겐 맥스웰의 악마도 그의
방정식만큼이나 소중한 유산일지도 모르겠다. (게다가 그 까칠한 성격
은 어쩌면 그리도 매력적인지!)

　한때 물리학을 공부했고 그중에서도 빛을 전공했던 사람으로서
맥스웰 평전 번역은 무척이나 즐거운 작업이었다. 책을 읽으면서 인
간은 왜 과학을 하는지 그 첫 마음을 돌아보는 기회가 되었다. 지금
까지 잘 알려지지 않았던 맥스웰의 삶을 들여다보며, 그리고 지금까
지 사람들 앞에서 목소리를 높였던 적 없는 악마의 이야기를 들으
며, 지금도 어딘가에서 눈을 반짝이며 세상의 경이를 바라보는 이들
이 소중한 영감을 얻게 되기를 기원한다.

배지은

미주

1장. 태도는 조금 투박할지 몰라도

22_ 맥스웰 영지로 가는 여행에 관한 묘사: Lewis Campbell and William Garnett, *The Life of James Clerk Maxwell* (London: Macmillan, 1882), p. 26.

23_ 맥스웰의 아버지가 과학 실험을 했다는 내용: Lewis Campbell and William Garnett, *The Life of James Clerk Maxwell* (London: Macmillan, 1882), p. 4.

23_ 존 클러크 맥스웰의 논문 「기계식 인쇄 프레스와 기구의 결합에 관한 설계도 개요」는 *The Edinburgh New Philosophical Journal*, 10 (1831): 352-357에 게재되었다.

24_ 메리 고드윈(셸리)의 가족이 '아주 제한적'인 수입으로 지냈으나 가정교사를 두었다는 내용: Kathryn Harkup, *Making the Monster* (London: Bloomsbury Sigma, 2018), p. 11.

25_ 맥스웰이 가정교사로부터 학대를 당했다는 내용: Lewis Campbell and William Garnett, *The Life of James Clerk Maxwell* (London: Macmillan, 1882), p. 43.

26_ 사물의 작동 원리에 관한 어린 맥스웰의 질문들: Lewis Campbell and William Garnett, *The Life of James Clerk Maxwell* (London: Macmillan, 1882), p. 12.

28_ 맥스웰이 등교 첫날 겉옷이 누더기가 되다시피 해서 귀가한 내용: Lewis Campbell and William Garnett, *The Life of James Clerk Maxwell* (London: Macmillan, 1882), p. 50.

28_ 당시 영국 공립 학교의 제한적인 커리큘럼에 관한 설명: David Turner, *BBC History*, 'Georgian and Victorian public schools: Schools of hard knocks', June 2015, https://www.historyextra.com/period/georgian/georgian-and-victorian-public-schools-schools-of-hard-knocks/ 에서 열람 가능.

28_ 상류층이 과학적 지식을 얻지 못하고 있다는 베이든파월의 우려는 Pietro Corsi, *Science and Religion: Baden Powell and the Anglican Debate, 1800-1860* (Cambridge: Cambridge University Press, 1988), p. 116에서 인용.

33_ 맥스웰이 14세에 쓴 최초의 논문은 *Proceedings of the Royal Society of Edinburgh*, Vol. 2 (April 1846)에 수록, Peter Harman (ed.), *The Scientific Letters and Papers of James Clerk Maxwell*, Vol. 1 (Cambridge: Cambridge University Press, 1990), pp. 35-42에서 재간되었다.

35_ 글렌레어에서 보낸 방학에 관한 묘사: Peter Tait, 'James Clerk Maxwell: Obituary', *Proceedings of the Royal Society of Edinburgh*, Vol. 10 (1878-80), pp. 331-339.

37_ 맥스웰이 대학 생활에 대해 1847년 11월 에든버러 헤리엇 로우 31번지에서 루이스 캠벨에게 쓴 편지는 Peter Harman (ed.), *The Scientific Letters and Papers of James Clerk Maxwell*, Vol. 1 (Cambridge: Cambridge University Press, 1990), p. 69에서 재인용.

38_ 에든버러 대학에서 맥스웰이 보인 특이한 태도: Lewis Campbell and William Garnett, *The Life of James Clerk Maxwell* (London: Macmillan, 1882), p. 105.

39, 40_ 기압계 실험과 '악마의 게임' 장난감에 관해 맥스웰이 루이스 캠벨에게 보낸 편지, 글렌레어에서 1848년 4월 26일 작성: Lewis Campbell and William Garnett, *The Life of James Clerk Maxwell* (London: Macmillan, 1882), p. 116.

41_ 집에 설치한 실험실에 관하여 맥스웰이 루이스 캠벨에게 보낸 편지, 1848년 7월 5일 작성: Peter Harman (ed.), *The Scientific Letters and Papers of James Clerk Maxwell*, Vol. 1 (Cambridge: Cambridge University Press, 1990), p. 71.

42_ 논문 「회전하는 곡선의 이론에 관하여」는 *Trans. Roy. Soc. Edinb.*, 16 (1849): 519-540에 수록되고 Peter Harman (ed.), *The Scientific Letters and Papers of James Clerk Maxwell*, Vol. 1 (Cambridge: Cambridge University Press, 1990), pp. 74-95에 재수록되었다.

42_ "다른 종류의 법칙"을 추구하기로 전향했음을 언급하는 내용: Lewis Campbell and William Garnett, *The Life of James Clerk Maxwell* (London: Macmillan, 1882), p. 131.

44_ 창 유리 가열 실험에 관해 루이스 캠벨에게 설명한 편지는 1848년 9월 22일 글렌레어에서 작성되었고, Peter Harman (ed.), *The Scientific Letters and Papers of James Clerk Maxwell*, Vol. 1 (Cambridge: Cambridge University Press, 1990), pp. 96-98에 재수록되었다.

46_ 당밀 접시로 "위도를 관측"한 내용은 루이스 캠벨에게 보낸 편지에 나온다. Lewis Campbell and William Garnett, *The Life of James Clerk Maxwell* (London: Macmillan, 1882), p. 126에서 인용됨.

47_ 맥스웰의 문체에 대한 포브스의 비판: Peter Harman (ed.), *The Scientific Letters and Papers of James Clerk Maxwell*, Vol. 1 (Cambridge: Cambridge University Press, 1990), p. 186에서 인용됨.

49_ 맥스웰의 논문 「탄성 입체의 평형 상태에 대하여」의 개정된 초고는 Peter Harman (ed.), *The Scientific Letters and Papers of James Clerk Maxwell*, Vol. 1 (Cambridge: Cambridge University Press, 1990), pp. 133-183에 재수록되었다.

49_ 법학 전공을 바꾸려는 계획은 루이스 캠벨에게 보낸 편지에서 인용되었다. Lewis Campbell and William Garnett, *The Life of James Clerk Maxwell* (London: Macmillan, 1882), p. 130.

악마의 막간 II

60_ 로저 베이컨이 피터 페레그리누스에게 보낸 찬사: Roger Bacon, *Opus Tertius*, *Brian Clegg*, *The First Scientist* (London: Constable & Robinson, 2003), p. 33에서 재인용.

2장. 가장 독창적인 젊은이

75(각주)_ 버밍엄에 가는 아들 맥스웰에게 아버지 존 클러크 맥스웰이 들러 보라고 제안한 장소 목록: Lewis Campbell and William Garnett, *The Life of James Clerk Maxwell* (London: Macmillan, 1882), p. 3.

76_ 케임브리지에 지원하기 전, 칼리지 선택을 앞둔 맥스웰의 생각, 모리슨 부인의 기록: Lewis Campbell and William Garnett, *The Life of James Clerk Maxwell* (London: Macmillan, 1882), p. 132.

79_ 수면 시간에 관한 맥스웰의 실험, 1851년 3월 11일 케임브리지 킹스 퍼레이드 기숙사에서 루이스 캠벨에게 쓴 편지에서 인용: Lewis Campbell and William Garnett, *The Life of James Clerk Maxwell* (London: Macmillan, 1882), p. 155.

80_ 냉소적 관점에서 맥스웰이 전기 생물학과 강신술에 관심을 갖게 되었다는 루이스 캠벨의 기록: Lewis Campbell and William Garnett, *The Life of James Clerk Maxwell* (London: Macmillan, 1882), p. 166.

81_ 패러데이가 강신술 현상을 설명한 후 격한 반응에 대한 맥스웰의 우려는 C. B. 테일러에게 보낸 편지에 나온다. 이 편지는 1853년 7월 8일 케임브리지 트리니티 칼리지에서 작성되었으며, Lewis Campbell and William Garnett, *The Life of James Clerk Maxwell* (London: Macmillan, 1882), p. 189에서 인용되었다.

82_ 케임브리지 시절 맥스웰의 외모에 대한 루이스 캠벨의 묘사: Lewis Campbell and William Garnett, *The Life of James Clerk Maxwell* (London: Macmillan, 1882), p. 162.

83_ 맥스웰이 케임브리지 트리니티 칼리지에서 아내에게 보낸 편지, 1870년 1월 4일 작성: Lewis Campbell and William Garnett, *The Life of James Clerk Maxwell* (London: Macmillan, 1882), p. 499.

83_ 맥스웰의 시 〈비전〉: Lewis Campbell and William Garnett, *The Life of James Clerk Maxwell* (London: Macmillan, 1882), p. 632에 수록.

87_ 눈, 특히 개의 눈에 실험 도구를 사용한 내용에 관해 이모 케이에게 보내는 맥스웰의 편지, 1854년 성령강림절 전날 트리니티 칼리지에서 작성: Lewis Campbell and William Garnett, *The Life of James Clerk Maxwell* (London: Macmillan, 1882), p. 208.

92_ 색 팽이를 설명한 맥스웰의 원고는 「에든버러의 광학기사 J. M. 브라이슨이 제작한 색 티토툼에 관한 설명」이며, 1855년 2월 27일 작성되었다. 이 원고는 Peter Harman (ed.), *The Scientific Letters and Papers of James Clerk Maxwell*, Vol. 1 (Cambridge: Cambridge University Press, 1990), pp. 284-286에 수록되었다.

97_ 맥스웰의 논문 「눈으로 인지하는 색에 관한 실험, 색맹에 관한 내용과 함께」는 초기 색 팽이 연구를 바탕으로 한 것이며 *Trans. Roy. Soc. Edinb.*, 21 (1855), pp. 275-298에서 발표되었다. 초록은 Peter Harman (ed.), *The Scientific Letters and Papers of James Clerk Maxwell*, Vol. 1 (Cambridge: Cambridge University Press, 1990), pp. 287-289에 수록되었다.

97_ 맥스웰이 윌리엄 톰슨에게 갈색 재현의 어려움을 말하는 편지. 1855년 5월 15일 트리니티 칼리지에서 작성되었고, Peter Harman (ed.), *The Scientific Letters and Papers of James Clerk Maxwell*, Vol. 1 (Cambridge: Cambridge University Press, 1990), pp. 305-313에 수록되었다.

99_ 색 이론에 관해 먼로에게 보낸 맥스웰의 편지. 1870년 7월 6일 글렌레어에서 작성된 이 편지는 Lewis Campbell and William Garnett, *The Life of James Clerk Maxwell* (London: Macmillan, 1882), p. 346에 인용되었다.

103_ 실제의 그림자조차 포함하지 않는다는 전자기 유체 모형에 대한 설명: Peter Harman (ed.), *The Scientific Letters and Papers of James Clerk Maxwell*, Vol. 1 (Cambridge: Cambridge University Press, 1990), p. 207.

105_ 노동자들의 대학을 위해 상점들이 문을 일찍 닫게 한다는 내용으로 아버지에게 보낸 맥스웰의 편지. 1856년 3월 12일 케임브리지 트리니티 칼리지에서 작성. Peter Harman (ed.), *The Scientific Letters and Papers of James Clerk Maxwell*, Vol. 1 (Cambridge: Cambridge University Press, 1990), p. 404에 수록.

107, 108_ 뉴턴을 번역해야 한다는 세실 먼로의 편지. 1855년 1월 20일자. 그리고 그에 대한 맥스웰의 답장. 1855년 2월 7일 에든버러 인디아 스트리트 18번지에서 작성. Peter Harman (ed.), *The Scientific Letters and Papers of James Clerk Maxwell*, Vol. 1 (Cambridge: Cambridge University Press, 1990), p. 280에 수록.

109_ 마리샬 칼리지가 맥스웰에게 적합한 자리라고 권하는 포브스 교수의 편지. Lewis Campbell and William Garnett, *The Life of James Clerk Maxwell* (London: Macmillan, 1882), p. 250에 인용됨.

110_ 마리샬의 교수직에 지원한다는 내용으로 아버지에게 보낸 맥스웰의 편지. 1856년 2월 15일 케임브리지 트리니티 칼리지에서 작성. Lewis Campbell and William Garnett, *The Life of James Clerk Maxwell* (London: Macmillan, 1882), p. 251에 인용됨.

112_ 아버지의 별세 후 자신의 책임에 대해 루이스 캠벨에게 쓴 맥스웰의 편지. 1856년 4월 22일 케임브리지 트리니티 칼리지에서 작성. Peter Harman (ed.), *The Scientific Letters and Papers of James Clerk Maxwell*, Vol. 1 (Cambridge: Cambridge University Press, 1990), p. 405에 수록.

113_ 예상치 못한 글렌레어의 일 처리 부담에 대하여 리처드 리치필드에게 보낸 맥스웰의 편지. 1856년 7월 4일 글렌레어에서 작성. Peter Harman (ed.), *The Scientific Letters and Papers of James Clerk Maxwell*, Vol. 1 (Cambridge: Cambridge University Press, 1990), p. 410에 수록.

미주

악마의 막간 III

120_ 톰슨이 "원자의 존재에 대해 단호히 반대"한다는 테이트의 발언은 1861년
12월 18일에 작성된 토머스 앤드루스의 편지에 나온 말이다. 이 내용은
Crosbie Smith and Norton Wise, *Energy and Empire: A Biographical Study
of Lord Kelvin* (Cambridge: Cambridge University Press, 1989), p. 354에
수록되었다.

3장. 젊은 교수

127_ 왕립 위원회에 관한 정보: *Universities of Kings College and Marischal College,
Aberdeen. First Report of the Commissioners, 1838* (1837-1838), http://
gdl.cdlr.strath.ac.uk/haynin/haynin0509.htm 에서 인용.

128_ 맥스웰이 이모 케이에게 보낸 편지, 1857년 2월 27일, 애버딘 유니언 스트리트
129번지에서 작성. Lewis Campbell and William Garnett, *The Life of James
Clerk Maxwell* (London: Macmillan, 1882), p. 263에서 인용됨.

129_ 맥스웰이 마리샬 사람들은 농담을 이해하지 못한다며 루이스 캠벨에게
불평하는 편지는 *James Clerk Maxwell: A Commemorative Volume 1831-
1931* (Cambridge: Cambridge University Press, 1931), p. 13에서 J. J. 톰슨의
부분에서 인용되었다.

130_ 맥스웰의 형편없는 강의 능력에 대한 피터 테이트의 설명: Peter Tait, 'James
Clerk Maxwell: Obituary', *Proceedings of the Royal Society of Edinburgh*, Vol.
10 (1878-80), pp. 331-339.

130_ 맥스웰의 강의가 끔찍했다는 데이비드 길의 견해: George Forbes, *David Gill:
Man and Astronomer* (London: John Murray, 1916), p. 14.

131_ 마리샬에서의 첫 강의에서 맥스웰이 수학과 실험의 중요성을 강조함: Peter
Harman (ed.), *The Scientific Letters and Papers of James Clerk Maxwell*, Vol.
1 (Cambridge: Cambridge University Press, 1990), pp. 419-431.

135_ 애덤스 상에 관한 내용: Lewis Campbell and William Garnett, *The Life of
James Clerk Maxwell* (London: Macmillan, 1882), p. 505.

136_ 맥스웰이 토성 고리 문제를 단지 퍼즐 풀이 연습문제처럼 다루었다는 주장은
Andrew Whitaker가 Raymond Flood, Mark McCartney and Andrew
Whitaker (eds.), *James Clerk Maxwell: Perspectives on his Life and Work*
(Oxford: Oxford University Press, 2014), p. 116에 기고한 내용이다.

138_ 토성 고리를 고체에서 액체로 생각하기로 한 내용을 설명하는 맥스웰의 편지: Peter Harman (ed.), *The Scientific Letters and Papers of James Clerk Maxwell*, Vol. 1 (Cambridge: Cambridge University Press, 1990), p. 538.

141_ 토성 고리의 성질에 대한 맥스웰의 최종 서술: James Clerk Maxwell, *On the Stability of the Motion of Saturn's Rings* (Cambridge: Macmillan and Company, 1859), p. 67.

145_ 맥스웰의 〈대서양 전신 회사의 노래〉는 1857년 9월 4일 두눈 아드홀로에서 루이스 캠벨에게 보낸 편지에 수록되어 있다. Lewis Campbell and William Garnett, *The Life of James Clerk Maxwell* (London: Macmillan, 1882), p. 279에 인용됨.

146_ 맥스웰의 논문을 읽고 보낸 패러데이의 답장, 1857년 11월 7일 런던 앨버말 스트리트 작성됨. Lewis Campbell and William Garnett, *The Life of James Clerk Maxwell* (London: Macmillan, 1882), p. 288에서 인용.

147(각주)_ "맥스웰?" 하면 "전자기장!"이라고 대답할 거라는 루돌프 파이얼스의 말은 Cyril Dombe (ed.), *Clerk Maxwell and Modern Science* (London: The Athlone Press, 1963), p. 26에 기고한 파이얼스의 기고문에서 발췌한 것이다.

153_ 맥스웰이 인용한 조지 스토크스의 기체 입자 실험 결과: 'On the Dynamical Theory of Gases', 1859년 9월 애버딘에서 열린 영국 과학 증진 협회 29차 회의에서 발표. Peter Harman (ed.), *The Scientific Letters and Papers of James Clerk Maxwell*, Vol. 1 (Cambridge: Cambridge University Press, 1990), pp. 615-616에 수록.

155_ 맥스웰이 군중을 뚫고 나가는 길을 찾을 수 있어야 한다는 패러데이의 농담: Lewis Campbell and William Garnett, *The Life of James Clerk Maxwell* (London: Macmillan, 1882), p. 319.

155_ 맥스웰의 계산은 검산이 필요하다는 키르히호프의 말은 자주 인용되지만 원본 출처를 찾을 수는 없었다. 본문의 형식으로는 Robyn Arianrhod, *Einstein's Heroes: Imagining the World through the Language of Mathematics* (Oxford: Oxford University Press, 2006), p. 94에 인용되어 있다.

156_ 대니얼 듀어의 임명에 대한 마리샬 칼리지의 반응: P. J. Anderson, *Fasti Academiae Marsicallanae Aberdonensis*, Vol. II (Aberdeen: New Spalding Club, 1898), p. 30.

157_ 『게일 천문학』이 맥스웰과 듀어 총장 사이를 가깝게 했다는 의견은 존 리드가 Raymond Flood, Mark McCartney and Andrew Whitaker (eds.), *James Clerk Maxwell: Perspectives on his Life and Work* (Oxford: Oxford University Press, 2014), p. 236 '애버딘의 맥스웰' 챕터에서 내놓은 것이다.

158_ 이모 케이에게 맥스웰이 쓴 편지. 1858년 2월 18일 애버딘 유니언 스트리트 129번지에서 작성: Lewis Campbell and William Garnett, *The Life of James Clerk Maxwell* (London: Macmillan, 1882), p. 303.

163_ 테이트가 맥스웰을 제치고 에든버러 대학교 교수직에 임용되었음을 알리는 기사는 David Forfar and Chris Pritchard, *The Remarkable Story of Maxwell and Tait*에서 발췌하였다. 이 글은 클러크 맥스웰 재단 웹사이트 www.clerkmaxwellfoundation.org/Maxwell_and_TaitSMC24_1_2002.pdf 를 통해 열람할 수 있다.

악마의 막간 IV

167_ 맥스웰이 피터 테이트에게 보낸 엽서, 1871년 10월 23일자. "O T′! R. U. AT 'OME?"은 Peter Harman (ed.), *The Scientific Letters and Papers of James Clerk Maxwell*, Vol. 2 (Cambridge: Cambridge University Press, 1995), p. 682에 인용되었다.

170_ 제2법칙으로 인해 세상의 종말은 불가피하다는 톰슨의 말: Stephen Brush, *The Kind of Motion We Call Heat: A History of Kinetic Theory in the 19th Century* (Amsterdam: North Holland, 1976), p. 569.

172_ 맥스웰이 제2법칙을 물이 담긴 컵을 바다에 집어던지는 상황과 비교하는 내용은 존 스트럿(레일리 경)에게 보내는 편지에 수록되어 있다. Robert Strutt, *John William Strutt: Third Baron Rayleigh* (London: Edward Arnold, 1924), pp. 47-48에 수록.

174_ 맥스웰의 악마에 대한 최초의 언급은 피터 테이트에게 보내는 편지에 기록되어 있다. 1867년 12월 11일자, 글렌레어에서 작성. Peter Harman (ed.), *The Scientific Letters and Papers of James Clerk Maxwell*, Vol. 2 (Cambridge: Cambridge University Press, 1995), pp. 328-333에 수록.

175_ 맥스웰이 악마를 "대단히 지적이며 극도로 민첩"한 존재로 설명하는 내용은 존 윌리엄 스트럿에게 보낸 편지에 수록. 1870년 12월 6일 글렌레어에서 작성. Peter Harman (ed.), *The Scientific Letters and Papers of James Clerk Maxwell*, Vol. 2 (Cambridge: Cambridge University Press, 1995), pp. 582-583에 수록.

176_ 처음 '악마'라는 이름으로 부른 톰슨의 논문: William Thomson, 'The Kinetic Theory of the Dissipation of Energy', *Nature*, 9 (1874), pp. 441-444.

4장. 런던 대모험

180_ 맥스웰의 취임 강연 요약문: Peter Harman (ed.), *The Scientific Letters and Papers of James Clerk Maxwell*, Vol. 1 (Cambridge: Cambridge University Press, 1990), p. 671에서 발췌.

181_ 킹스 칼리지 도서관에서 학생들을 위해 책을 빌리는 맥스웰: Lewis Campbell and William Garnett, *The Life of James Clerk Maxwell* (London: Macmillan, 1882), p. 177.

185_ 습판사진술 설명: Brian Clegg, *The Man Who Stopped Time* (Washington, DC: Joseph Henry Press, 2007), p. 34.

197_ 동시대 프랑스인들이 맥스웰의 기계적 모형을 불신했다는 푸앵카레의 발언: John Heilbron, 'Lectures on the history of atomic physics 1900–1922', *History of twentieth century physics: 57th Varenna International School of Physics, 'Enrico Fermi'* (New York: Academic Press, 1977), pp. 40–108.

197_ 비유의 이점에 대한 맥스웰의 설명: James Clerk Maxwell, 'Analogies in nature' (1856), Peter Harman (ed.), *The Scientific Letters and Papers of James Clerk Maxwell*, Vol. 1 (Cambridge: Cambridge University Press, 1990), pp. 376–383에 수록.

200_ 자기장에 소용돌이가 존재한다는 윌리엄 톰슨의 주장: William Thomson, 'Dynamical Illustrations of the Magnetic and Helicoidal Rotatory Effects of Transparent Bodies on Polarized Light', *Proceedings of the Royal Society* (1856), 8: pp. 150–158.

200_ 모형의 작은 공들이 '어색했음'에 대한 맥스웰의 인정: William Davidson Niven (ed.), *The Scientific Papers of James Clerk Maxwell*, Vol. 1 (Cambridge: Cambridge University Press, 1890), p. 486.

악마의 막간 V

205_ 맥스웰의 전자기 이론 개발이 19세기에 가장 의미 있는 사건이었다는 리처드 파인먼의 말: Richard Feynman, *The Feynman Lectures on Physics, Vol. II – the new millennium edition* (New York: Hachette, 2015), section 1-11.*

---

* 파인먼 강의록은 페이지 수가 매겨져 있지 않다.

207_ 골턴의 설문지에 대한 맥스웰의 답변은 클러크 맥스웰 재단의 홈페이지를 통해 열람할 수 있다. www.clerkmaxwellfoundation.org/FrancisGaltonQuestionnai re2007_10_26.pdf

209_ 피터 테이트에게 보낸 맥스웰의 악마에 관한 짧은 전기: Cargill Gilston Knott, *Life and Work of Peter Guthrie Tait* (Cambridge: Cambridge University Press, 1911), pp. 214-215.

210_ 악마는 사실상 기계가 아닌 살아 있는 존재라는 윌리엄 톰슨의 말: William Thomson, 'The Kinetic Theory of the Dissipation of Energy', *Nature*, 9 (1874): pp. 441-443.

211_ 기계식 밸브는 악마의 일을 할 수 없다는 리처드 파인먼의 논증: Richard Feynman, *The Feynman Lectures on Physics, Vol. II – the new millennium edition* (New York: Hachette, 2015) sections 46.1 to 46.9.

212_ 악마는 매우 오랜 시간에 걸쳐 일어날 일을 짧은 시간 안에 할 뿐이라는 제임스 진스의 말: James Jeans, *The Dynamical Theory of Gases* (Cambridge: Cambridge University Press, 1921), p. 183.

5장. 빛을 바라보며

220_ 학창 시절 가장 매력적인 주제는 맥스웰의 이론이었다는 알베르트 아인슈타인의 말: Albert Einstein, *Autobiographical Notes* (Illinois: Open Court, 1996), pp. 31-33.

223_ 빛이 전자기파라는 맥스웰의 추론은 그의 논문 「물리적 힘선에 관하여On Physical Lines of Force」에 나온다. 이 논문은 Peter Harman (ed.), *The Scientific Letters and Papers of James Clerk Maxwell*, Vol. 1 (Cambridge: Cambridge University Press, 1990), pp. 499-500에 수록되어 있다.

224_ 교육 업무 부담이 너무 크다는 맥스웰의 말: King's College London Archives, King's College Council, Vol. I, minute 42, 11 October 1861.

225_ 뉴사우스웨일스 왕립 천문학자로 지원하는 스몰리를 위한 추천서: Peter Harman (ed.), *The Scientific Letters and Papers of James Clerk Maxwell*, Vol. 2 (Cambridge: Cambridge University Press, 1995), p. 87.

226_ 헨리 드루프에게 컬링의 소음을 묘사하는 맥스웰의 편지, 1861년 12월 28일 글렌레어에서 작성: Peter Harman (ed.), *The Scientific Letters and Papers of James Clerk Maxwell*, Vol. 1 (Cambridge: Cambridge University Press, 1990), p. 703.

226_ 역학 시험지 인쇄에 관해 J. W. 커닝엄에게 쓴 맥스웰의 편지: Peter Harman (ed.), *The Scientific Letters and Papers of James Clerk Maxwell*, Vol. 2 (Cambridge: Cambridge University Press, 1995), p. 61.

6장. 수에 의한 과학

232_ 혜성에 관한 의견과 중력 메커니즘에 대한 자신의 생각을 조지 필립스 본드에게 설명하는 맥스웰의 편지, 1863년 8월 25일 글렌레어에서 작성: Peter Harman (ed.), *The Scientific Letters and Papers of James Clerk Maxwell*, Vol. 2 (Cambridge: Cambridge University Press, 1995), pp. 104-109.

235_ 맥스웰의 점성 실험의 상세한 내용: James Clerk Maxwell, 'The Bakerian Lecture: On the Viscosity or Internal Friction of Air and other Gases', *Proceedings of the Royal Society of London*, Vol. 15 (1866-67), pp. 14-17.

238_ 점성 실험에서 다락방 온도 조절을 위해 맥스웰이 들인 노력: Lewis Campbell and William Garnett, *The Life of James Clerk Maxwell* (London: Macmillan, 1882), p. 318.

239_ 휘트스톤 입체경을 보고 루이스 캠벨에게 보낸 맥스웰의 편지, 1849년 10월 에든버러에서 작성: Peter Harman (ed.), *The Scientific Letters and Papers of James Clerk Maxwell*, Vol. 1 (Cambridge: Cambridge University Press, 1990), p. 119.

248_ 맥스웰이 쥘 자맹의 연구를 바탕으로 남긴 반사와 굴절에 관한 논평: Peter Harman (ed.), *The Scientific Letters and Papers of James Clerk Maxwell*, Vol. 2 (Cambridge: Cambridge University Press, 1995), p. 182.

248_ 반사를 다루려는 시도는 하지 않았다는 맥스웰의 인정: Peter Harman (ed.), *The Scientific Letters and Papers of James Clerk Maxwell*, Vol. 3 (Cambridge: Cambridge University Press, 2002), p. 752.

252_ '블랙박스' 수학 모형을 설명한 맥스웰의 종탑 비유: William Davidson Niven (ed.), *The Scientific Papers of James Clerk Maxwell*, Vol. 2 (Cambridge: Cambridge University Press, 1890), pp. 783-784.

256_ 수리물리학자들도 연구 내용에 대해 '일반인을 위한 연구 요약'을 제공해야 한다는 마이클 패러데이의 요청은 1857년 11월 13일자 런던 앨버말 스트리트에서 작성된 편지에 수록되어 있다. 이는 Lewis Campbell and William Garnett, *The Life of James Clerk Maxwell* (London: Macmillan, 1882), p. 290에 인용되었다.

257_ 마이클 푸핀이 전자기학에 대한 맥스웰의 수학적 설명을 이해하고자 노력했던
내용: Freeman Dyson, 'Why is Maxwell's Theory so hard to understand?',
James Clerk Maxwell Commemorative Booklet (Edinburgh: James Clerk
Maxwell Foundation, 1999), pp. 6-11.

260_ 나블라와 나블로디에 관한 맥스웰의 유머러스한 말은 루이스 캠벨에게 보내는
편지에 실려 있다. 1872년 10월 19일자. William Davidson Niven (ed.), *The
Scientific Papers of James Clerk Maxwell*, Vol. 2 (Cambridge: Cambridge
University Press, 1890), p. 760에 수록.

260_ 나블라의 이름으로 "공간 변화"를 사용하자는 맥스웰의 제안은 1873년 12월
1일자 피터 테이트에게 보내는 편지에 나와 있다. William Davidson Niven
(ed.), *The Scientific Papers of James Clerk Maxwell*, Vol. 2 (Cambridge:
Cambridge University Press, 1890), p. 945.

악마의 막간 VI

267_ 맥스웰이 뉴턴 이후 실체의 인식에 있어 가장 근본적인 변화를 가져왔다는
아인슈타인의 선언: Albert Einstein, 'Maxwell's influence on the
development of the conception of physical reality', in *James Clerk Maxwell*:
A Commemorative Volume 1831-1931 (Cambridge: Cambridge University
Press, 1931), pp. 66-73.

269_ 악마의 측정과 기억 저장 과정에 대한 레오 실라르드의 분석은 그의 논문 'On
the Decrease in Entropy in a Thermodynamic System by the Intervention of
Intelligent Beings'에 나와 있다. 이 논문은 Bernard Feld and Gertrud Weiss
(eds.), *The Collected Works of Leo Szilard*: *Scientific Papers* (Cambridge, MA:
MIT Press, 1972), pp. 103-129에 수록되어 있다.

270_ 실라르드가 실험의 일부로 악마를 고려한 것은 양자 이론의 영향을 받았다는
암시는 Raymond Flood, Mark McCartney and Andrew Whitaker (eds.),
James Clerk Maxwell: *Perspectives on his Life and Work* (Oxford: Oxford
University Press, 2014), p. 183에 실린 앤드루 휘터커의 기고문에서 발췌한
것이다.

270(각주)_ 신은 파동 이론으로 전자기를 돌리고 악마는 양자이론으로 전자기를
돌린다는 브래그의 말: Daniel Kevles, *The Physicists* (Harvard: Harvard
University Press, 1977), p. 159.

7장. 영지에서

275_ 맥스웰이 아이들과 노는 것을 좋아했다는 내용: Lewis Campbell and William Garnett, *The Life of James Clerk Maxwell* (London: Macmillan, 1882), p. 40.

286_ 맥스웰이 현대 자동 제어의 창시자라는 노버트 위너의 언급: Rodolphe Sepulchre, *Governors and Feedback Control*, www.clerkmaxwellfoundation.org/Governors.pdf에서 열람 가능.

288_ '컬curl'이라고 불리게 될 수학 용어에 대하여 맥스웰이 피터 테이트에게 보낸 편지, 1870년 11월 7일 글렌레어에서 작성: Peter Harman (ed.), *The Scientific Letters and Papers of James Clerk Maxwell*, Vol. 2 (Cambridge: Cambridge University Press, 1995), pp. 568–569.

288_ 수학 용어 '컬curl'에 대한 맥스웰의 소개: James Clerk Maxwell, 'Remarks on the Mathematical Classification of Physical Quantities', *Proceedings of the London Mathematical Society*, s1-3 (1871), pp. 224–233.

290_ 톰슨에게 보낸 맥스웰의 편지, 1868년 10월 30일 글렌레어에서 작성. 세인트앤드루스 대학교에 지원하지 않는 이유로 동풍을 꼽았다. Peter Harman (ed.), *The Scientific Letters and Papers of James Clerk Maxwell*, Vol. 2 (Cambridge: Cambridge University Press, 1995), pp. 457–459.

290_ 지원하지 않기로 밝히며 캠벨에게 보낸 맥스웰의 편지, 1868년 11월 3일 글렌레어에서 작성: Peter Harman (ed.), *The Scientific Letters and Papers of James Clerk Maxwell*, Vol. 2 (Cambridge: Cambridge University Press, 1995), p. 460.

291_ 지원하기로 했다며 톰슨에게 보낸 편지, 1868년 11월 9일 글렌레어에서 작성: Peter Harman (ed.), *The Scientific Letters and Papers of James Clerk Maxwell*, Vol. 2 (Cambridge: Cambridge University Press, 1995), p. 463.

8장. 케임브리지가 부른다

294_ 1871년 2월 9일 케임브리지 대학교 평의회의 결정에 관한 상세한 내용: Lewis Campbell and William Garnett, *The Life of James Clerk Maxwell* (London: Macmillan, 1882), p. 350.

295_ 캐번디시 교수직과 관련해 맥스웰에게 보내는 블로어의 편지: Peter Harman (ed.), *The Scientific Letters and Papers of James Clerk Maxwell*, Vol. 2 (Cambridge: Cambridge University Press, 1995), p. 611.

296_ 캐번디시 교수직에 대해 맥스웰이 블로어에게 보낸 답장: Peter Harman (ed.), *The Scientific Letters and Papers of James Clerk Maxwell*, Vol. 2 (Cambridge: Cambridge University Press, 1995), p. 611.

298_ 맥스웰이 새 교수직을 맡길 바라며 레일리 경이 맥스웰에게 보낸 편지. 1871년 2월 14일 케임브리지에서 작성: Lewis Campbell and William Garnett, *The Life of James Clerk Maxwell* (London: Macmillan, 1882), p. 349.

298_ 케임브리지 첫 강연에서 인용된 맥스웰의 말 앞부분: William Davidson Niven (ed.), *The Scientific Papers of James Clerk Maxwell*, Vol. 2 (Cambridge: Cambridge University Press, 1890), p. 250.

300_ 케임브리지 첫 강연에서 인용된 맥스웰의 말 뒷부분: Lewis Campbell and William Garnett, *The Life of James Clerk Maxwell* (London: Macmillan, 1882), p. 356.

301_ 케임브리지에서 집을 구하기가 어렵다는 조지 스토크스의 말: Peter Harman (ed.), *The Scientific Letters and Papers of James Clerk Maxwell*, Vol. 2 (Cambridge: Cambridge University Press, 1995), p. 615.

304_ 피터 테이트에게 보내는 편지에서 존 헌터에 대한 맥스웰의 언급: Peter Harman (ed.), *The Scientific Letters and Papers of James Clerk Maxwell*, Vol. 2 (Cambridge: Cambridge University Press, 1995), p. 836.

306_ 케임브리지 자연과학 분과에서 수학 트라이포스로 인한 어려움을 토로하는 조지 베타니의 불평: George Bettany, 'Practical Science at Cambridge', *Nature*, 11 (1874): pp. 132–133.

307_ 아이작 토드헌터가 1873년 학생들이 실험을 할 필요성을 일축한 내용: Isaac Todhunter, *The Conflict of Studies* (Cambridge: Cambridge University Press, 2014), p. 17.

308_ 캐번디시 연구소가 햇빛을 막는다는 이유로 코퍼스 크리스티 칼리지가 소송을 시도했다는 내용: R. Wills and J.W. Clerk, *The Architectural History of the University of Cambridge*, Vol. 3 (Cambridge: Cambridge University Press, 1886), p. 183.

309_ 강의실이 정해지지 않아 뻐꾸기처럼 옮겨 다닌다는 맥스웰의 말: William Davidson Niven (ed.), *The Scientific Papers of James Clerk Maxwell*, Vol. 2 (Cambridge: Cambridge University Press, 1890), p. 760.

309_ 실험실 구성에 관해 캐서린에게 보낸 편지. 1871년 3월 20일 런던에서 작성:
Lewis Campbell and William Garnett, *The Life of James Clerk Maxwell*
(London: Macmillan, 1882), p. 381.

309_ 캐번디시 연구소를 위한 맥스웰의 요구사항 목록. 윌리엄 톰슨에게 보내는
편지에서. 1871년 3월 21일 애서나움 클럽에서 작성: Peter Harman (ed.),
The Scientific Letters and Papers of James Clerk Maxwell, Vol. 2 (Cambridge:
Cambridge University Press, 1995), pp. 624-628.

311_ 연구자들에게 그들만의 공간을 제공하여 얻을 수 있는 이점에 대해 트로터가
맥스웰에게 보낸 편지: Isobel Falconer's chapter on 'Cambridge and the
Building of the Cavendish Laboratory'에서 인용됨. 이 글은 Raymond Flood,
Mark McCartney and Andrew Whitaker (eds.), *James Clerk Maxwell:
Perspectives on his Life and Work* (Oxford: Oxford University Press, 2014),
p. 84에 수록되어 있다.

313_ 케임브리지를 유럽 대학들과 비교하는 《네이처》 논설: 'A Voice from
Cambridge', *Nature*, Vol. 8 (1873): p. 21.

316(각주)_ 수학 트라이포스에서 1위를 차지한 여성에 대한 《데일리 텔레그래프》의
반응: Caroline Series, 'And what became of the women?', *Mathematical
Spectrum*, Vol. 30 (1997/8), pp. 49-52.

317_ '물리 과학 I을 수강하는 여학생에게 강의하기'라는 제목의 시대에 뒤떨어진
맥스웰의 시: Lewis Campbell and William Garnett, *The Life of James Clerk
Maxwell* (London: Macmillan, 1882), p. 631.

317_ 긴 방학의 계절학기 수업에 맥스웰이 마지못해 여학생을 받아들인 것에 대한
가넷의 발언은 이소벨 팰코너가 쓴 'Cambridge and the Building of the
Cavendish Laboratory'에서 다루고 있다. 이 글은 Raymond Flood, Mark
McCartney and Andrew Whitaker (eds.), *James Clerk Maxwell: Perspectives
on his Life and Work* (Oxford: Oxford University Press, 2014), p. 86에
수록되어 있다.

악마의 막간 VII

322_ 양자 악마의 정신을 연구했다는 논문: Nathanaël Cottet, Sébastien Jezouin, Landry Bretheau, Philippe Campagne-Ibarcq, Quentin Ficheux, Janet Anders, Alexia Auffèves, Rémi Azouit, Pierre Rouchon and Benjamin Huard, 'Observing a quantum Maxwell demon at work', *Proceedings of the National Academy of Sciences*, 114(29) (2017), pp. 7561-7564.

9장. 마지막 연구

325_ 실험하려는 사람을 결코 말리지 않는다는 맥스웰의 말, 아서 슈스터가 인용함: Arthur Schuster, *A History of the Cavendish Laboratory* (London: Longmans, Green and Co., 1910), p. 39.

326_ 맥스웰의 『열 이론』에 관한 《철물상》의 리뷰는 이소벨 팰코너의 'Cambridge and the Building of the Cavendish Laboratory'에 수록되어 있다. 이 글은 Raymond Flood, Mark McCartney and Andrew Whitaker (eds.), *James Clerk Maxwell: Perspectives on his Life and Work* (Oxford: Oxford University Press, 2014), p. 76에 수록되어 있다.

331_ 캐번디시의 논문이 저자 생존 당시 발표되었다면 전기 측정 과학은 훨씬 더 일찍 발전했을 것이라는 맥스웰의 논평: William Davidson Niven (ed.), *The Scientific Papers of James Clerk Maxwell*, Vol. 2 (Cambridge: Cambridge University Press, 1890), p. 539.

331_ 맥스웰에게 전기 고문을 당했다고 불평하는 미국인에 대한 아서 슈스터의 회상: Arthur Schuster, *A History of the Cavendish Laboratory* (*London*: *Longmans*, Green and Co., 1910), p. 33.

331(각주)_ 맥스웰이 자신을 dp/dt로 언급한 것은 dp/dt=JCM이라는 방정식에서 유래한 것이다. 이 방정식은 온도 변화에 따른 압력 변화를 보여 주는 공식인데, 여기에서 J는 열의 일당량, C는 카르노 함수, M은 온도가 일정할 때 단위 부피 증가당 열이 공급되어야 하는 속도다.

332_ 유전 단위에 대한 맥스웰의 추론: Lewis Campbell and William Garnett, *The Life of James Clerk Maxwell* (London: Macmillan, 1882), p. 390.

악마의 막간 VIII

339_ 정보 삭제가 반드시 엔트로피의 증가를 불러올 필요는 없다는 주장: Meir
Hemmo and Orly Shenker, *Maxwell's Demon* (Oxford: Oxford Handbooks
Online, 2016), http://www.oxfordhandbooks.com/view/10.1093/
oxfordhb/9780199935314.001.0001/oxfordhb-9780199935314-e-63
에서 열람 가능.

339_ 광자 악마를 설명하는 옥스퍼드 대학교의 논문: Mihai Vidrighin, et al.,
'Photonic Maxwell's Demon', *Physical Review Letters*, 116 (2016),
p. 050401.

340_ 클로로포름 기반의 양자 악마: Patrice Camati, et al., 'Experimental
rectification of entropy production by Maxwell's demon in a quantum
system', *Physical Review Letters*, V. 117 (2016), p. 240502.

10장. 맥스웰의 유산

344_ 그 누구보다도 맥스웰에게 가장 큰 빚을 졌다는 아인슈타인의 발언: Esther
Salaman, 'A Talk with Einstein', *The Listener*, 8 September 1955, Vol. 54,
pp. 370–371.

345_ 피터 테이트의 맥스웰 추도문: *Nature*, Vol. 21 (1880): pp. 317-321.

345_ 맥스웰에 대한 찰스 콜슨의 말: C. Dombe (ed.), *Clerk Maxwell and Modern
Science*: *Six Commemorative Lectures* (London: Athlone Press, 1963),
pp. 43-44.

345_ 맥스웰의 직관력에 관한 제임스 진스의 찬사는 'Clerk Maxwell's Method', *in
James Clerk Maxwell*: *A Commemorative Volume 1831-1931* (Cambridge:
Cambridge University Press, 1931), pp. 97-98에 쓴 그의 서문에 나온다.

347_ 분자에 관한 맥스웰의 강연에서 발췌한 내용: Lewis Campbell and William
Garnett, *The Life of James Clerk Maxwell* (London: Macmillan, 1882),
p. 358.

제임스 클러크 맥스웰 연표

1831 6월 13일, 영국 에든버러에서 탄생.

1833 가족 모두가 미들비 영지의 글렌레어로 이주.

1839 어머니 프랜시스 클러크 맥스웰 복부 암으로 사망.

1842 에든버러 아카데미에 입학.

1846 4월 에든버러 왕립학회에서 맥스웰의 첫 논문 「여러 개의 초점과 다양한
      비율의 반지름을 갖는 외접 도형에 대한 관찰」을 포브스가 대신 발표함.

1847 에든버러 대학교에 입학.

1848 논문 「회전하는 곡선의 이론에 관하여」 작성, 이듬해에 발표.

1850 광탄성 실험과 응력에 관한 논문 「탄성 입체의 평형 상태에 대하여」 발표.
      10월 케임브리지 대학교 피터하우스 칼리지로 전학.

1851 케임브리지 대학교 트리니티 칼리지로 학적 옮김.

1854 트리니티 칼리지 우등졸업시험인 수학 트라이포스에서 차석 랭글러.
      스미스 상 공동 수상. 대학원 과정 시작.
      최초의 검안경 제작 및 색각 연구.

1855 논문 「눈으로 인지하는 색에 관한 실험, 색맹에 관한 내용과 함께」 발표.
      전자기 연구 논문 「패러데이의 힘선에 관하여」 발표.
      트리니티 칼리지 펠로(fellow)가 됨.

1856 4월 3일, 아버지 존 클러크 맥스웰 사망.
      애버딘의 마리샬 칼리지 자연철학 교수로 지명되어 8월부터 직무 시작.

1857 토성 고리 연구로 애덤스 상 수상.

1858 6월 2일, 마리샬 칼리지 총장 대니얼 듀어의 딸 캐서린 메리와 결혼.

1859 애버딘에서 열린 영국과학협회(BA) 과학 축제에서 기체 이론, 색 이론,
      토성 고리에 관한 내용으로 3회 강연.
      논문 「토성 고리 운동의 안정성에 관하여」 발표.

1860 애버딘의 마리샬 칼리지와 킹스 칼리지 합병으로 교수직을 잃음.
      에든버러 대학교 자연철학 교수로 지원했으나 임용에 실패함.
      천연두를 심하게 앓고 회복함.

1860 논문 「기체 동역학 이론에 관한 묘사」 발표.

런던 킹스 칼리지 자연철학 교수로 부임.

색 이론 연구로 왕립학회의 럼퍼드 메달 수상.

1861 왕립연구소 강연에서 최초로 빛의 삼원색을 이용한 컬러 이미지 시연.

왕립학회 회원으로 선출.

전자기파의 기대 속도 처음 계산. 이후 찰스 호킨과 함께 실험으로 정확한

유전율과 투자율을 구하고, 전자기파의 속도를 보다 정확히 계산함.

전자기 연구 논문 「물리적 힘선에 관하여」 1부와 2부 발표.

1862 「물리적 힘선에 관하여」 3부와 4부를 추가로 발표.

1863 전기 표준 단위 수립에 참여, 1865년 표준 저항기 완성.

1865 전자기를 서술하는 수학 모형이 담긴 논문 「전자기장의 동역학 이론」 발표.

런던 킹스 칼리지 교수직을 사임하고 글렌레어로 돌아옴.

말에서 떨어져 단독을 심하게 앓음.

1867 점성 기체 모형을 연구한 논문 「기체의 역학적 이론에 관하여」 발표.

캐서린과 함께 이탈리아 여행.

1868 속도 조절 피드백 메커니즘에 관한 논문 「조절기에 관하여」 발표.

세이트앤드루스 대학교 학장직에 지원했으나 실패함.

1871 『열 이론』 출간.

케임브리지 대학교 실험물리학 교수(캐번디시 교수)로 지명되어 부임,

장차 '캐번디시 연구소'가 될 실험물리 연구소 건립 관리 감독.

1873 『전기자기론』 출간.

1874 맥스웰을 초대 소장으로 하여 캐번디시 연구소 공식 개소.

1879 10월 캐번디시 논문 선집 출간.

11월 5일 48세의 나이에 복부 암으로 사망.

찾아보기

ㄱ

가넷, 윌리엄Garnett, William 22, 304, 314, 317

가시엇, 존Gassiot, John 282

가역성 321, 322, 337

　비가역적 322, 338

가우스 법칙 261

갈릴레이, 갈릴레오Galilei, Galileo 118, 135, 141, 142, 249

강령술 80, 81

거튼 칼리지 315, 316

검안경 87

고드윈, 메리(메리 셸리) 24

곡선 32, 34, 42, 67, 207

골턴, 프랜시스Galton, Francis 206

과학자(용어) 36, 37, 206, 249

광탄성 45, 46, 48

글렌레어 21, 24, 26, 27, 35, 36, 38, 46, 99, 105-107, 109, 111-113, 128, 136, 159, 167, 168, 213, 214, 222, 225, 263, 264, 273-277, 289, 292, 301, 302, 336

　― 실험실 40, 41, 76, 281, 297

기술자 학교 106, 144

기체 동역학 이론 147, 148, 153, 162, 164, 211

　기체이론 155, 161, 238

『기초전기론』 314

길, 데이비드Gill, David 130, 134

길버트, 윌리엄Gilbert, William 61-62

ㄴ

나블라nabla ▶ 델del

나침반 61, 62, 67

냄새 분자 150, 151

냉장고 176, 321, 340

《네이처》 99, 203, 273, 306, 312, 328, 344

노동자들의 대학 105

뉴턴, 아이작Newton, Isaac 27, 35, 72, 88-91, 130, 143, 153, 190, 191, 226, 232, 233, 250, 260, 267, 298, 303, 320, 343, 344, 346, 349

　뉴턴의 운동법칙 107, 117, 134

　『프린키피아Principia』 107, 108

니콜, 윌리엄Nicol, William 44, 45, 208

니콜스 ▶ 프리즘

ㄷ

다윈, 찰스Darwin, Charles 164, 205, 311, 332, 333

닫힌계 176, 340

대서양 횡단 (전신) 케이블 144, 242, 245, 343

데모크리토스Democritus 116

데번셔 공작 ▶ 캐번디시, 윌리엄

데이비, 험프리Davy, Humphry 36, 48, 63-66, 68, 184, 203

데카르트, 르네Descartes, René 33

델del 259, 260, 288

도체 ▶ 전도체

돌턴, 존Dalton, John 96, 118, 119, 121

듀어, 대니얼Dewar, Daniel 156-158
듀어, 캐서린 메리Dewar, Katherine Mary
　▶ 맥스웰, 캐서린

ㄹ
라그랑주, 조제프 루이Lagrange, Joseph
　Louis 250
라그랑지안 250, 251, 253, 254
라미지, 존Ramage, John 142, 147
라우스, 에드워드Routh, Edward 86, 285
라플라스, 피에르 시몽Laplace, Pierre-
　Simon 137-138
랜다우어, 롤프Landauer, Rolf 320, 322
랭글러Wrangler 83, 84-86, 185, 293, 305,
　315, 316
러더퍼드, 어니스트Rutherford, Ernest 316
러브레이스, 에이다Lovelace, Ada 198
런던 킹스 칼리지 76, 165, 179-183, 185,
　188, 202, 213, 223-226, 229, 235, 239,
　243, 245, 246, 264, 284, 297, 299, 345
럼퍼드 메달 147, 164, 184
레베데프, 표트르Lebedev, Pyotr 327
레일리 경Rayleigh, Lord ▶ 스트럿, 존
뢰머, 올레Rømer, Ole 222
리소그래피 227

ㅁ
마리샬 칼리지 ▶ 애버딘 마리샬 칼리지
마이컬슨, 앨버트Michelson, Albert 200
만국 박람회 228
망막 87, 88
매듭 (이론) 240, 241

맥스웰 방정식 17, 258-262, 286, 288
맥스웰 분포 154, 162, 345
맥스웰, 이사벨라 클러크Maxwell, Isabella
　Clerk 26, 30, 36, 109
맥스웰, 존 클러크Maxwell, John Clerk
　19-21, 23-26, 31-33, 35, 50, 75, 77, 80, 81,
　105, 110-113, 207, 208, 275
맥스웰, 캐서린Maxwell, Katherine 158,
　159, 163, 183, 214, 237, 243, 263, 275,
　276, 278, 281, 290, 309, 315
맥스웰, 프랜시스Maxwell, Frances 21, 24,
　26
먼로, 세실Monro, Cecil 99, 107, 108
몰리, 에드워드Morley, Edward 200
무질서 16, 17, 170, 172, 173, 268, 269
　질서 173, 174, 177, 321
물자체das Ding an sich 250, 252
뮤직홀 컴퍼니 161
미분방정식 251, 260
밀도(매질의) 221, 222, 282

ㅂ
바르톨린, 라스무스Bartholin, Erasmus 43
발산divergence 260, 261, 288
발전기 72, 104
배비지, 찰스Babbage, Charles 198, 199
번개 52-59
베르누이, 다니엘Bernoulli, Daniel 149
베이든파월, 로버트Baden-Powell, Robert
　28
베이컨, 로저Bacon, Roger 60, 249

벡터 101, 216, 254, 260, 288, 289
 — 미적분학 258, 260, 287
 — 함수 288, 289
변위 전류displacement current 214,
 217-220, 224, 261
복사압radiation pressure 327, 328, 334
복소수 287
본성 대 양육 207
볼츠만, 루트비히Boltzmann, Ludwig 328
볼타, 알레산드로Volta, Alessandro 62
부도체 ▶ 절연체
분자molecule 116, 118-120, 122, 123,
 148-151, 154, 155, 171-177, 268-271,
 278, 280, 281, 322, 333-335, 337-340,
 342, 345, 347, 348
 — 속도 분포 152, 154, 162, 279, 280
 ▶ 맥스웰 분포 참조
 —의 운동에너지 102, 150, 269, 270
 — 크기 119, 152, 278
브래그, 윌리엄Bragg, William 270, 318
블랙박스 251
블렌딩blending 338
비유anology 101-103, 119, 130, 180, 191,
 197, 201, 213, 223, 229, 248, 251
빅뱅 이론 201, 347
빙주석氷洲石 43, 44
빛 42-45, 55, 57, 69, 70-72, 86-91, 95-99,
 186, 187, 199-201, 220-224, 228, 229,
 232, 233, 239, 248, 249, 255, 270, 283,
 311, 322, 326-328, 334, 335, 339, 347
 —의 속도 222, 223, 257, 262, 283
빛 상자 147, 241

ㅅ
사도들The Apostles 79, 80
사원수quaternion 286, 287
사이버네틱스cybernetics 286
상대성이론 300, 319
 특수— 229, 348
색 삼각형 95, 96, 98
색 이론 164, 184
색 팽이 90-94, 97, 146, 147, 184, 198
색color 25, 32, 89, 90
 원색 88, 90-93, 95-98, 147, 184
색각(색 지각) 32, 87-90, 95, 96, 99, 146,
 147, 239, 241, 248, 328
색맹 95-97
섀넌, 클로드Shannon, Claude 271
서턴, 토머스Sutton, Thomas 185, 186
세인트앤드루스 대학 290-292
소용돌이vortex 101, 194, 200-202, 205,
 279, 288, 289
수소 118, 119, 329, 333, 340, 341, 347
수학(적) 모형 72, 143, 198, 202, 249, 251,
 254, 319
슈스터, 아서Schuster, Arthur 325, 331
스몰리, 조지 로바츠Smalley, George
 Roberts 224, 225, 227, 229
스미스 상 85, 86, 293
스코틀랜드 왕립예술학회(RSSA) 31, 32
스토크스, 조지Stokes, George 153, 164,
 296, 301
스트럿, 존Strutt, John 175, 298, 309, 317
스핀spin 340, 341
습판사진 185-186

시립철학학회 63, 105
실라르드, 레오Szilard, Leo 268-271, 320, 321
실험물리(학) 299, 305, 306, 308, 313-315, 317, 319

ㅇ
아르키메데스Archimedes 242, 249
아리스토텔레스Aristotle 116-118
아인슈타인, 알베르트Einstein, Albert 72, 119, 200, 205, 220, 226, 229, 233, 255, 262-264, 267, 271, 300, 319, 320, 344, 346, 348
악마demon 15-18, 169, 274, 335, 339, 340, 342, 349
　맥스웰의 악마 사고실험 173-178, 209-212
　정보를 다루는 악마 268-271, 320-323
　양자(적) 악마 322, 340-342
　광자 악마 339
암페어amp 244
압력 25, 46, 150, 154, 210, 211, 214, 233, 234, 237, 238, 326-328, 330, 335
애덤스 상 134, 135, 137, 285
애덤스, 존 쿠치Adams, John Couch 134
애버딘 대학교 163, 181
　마리샬 칼리지 109, 123, 125-129, 131, 133, 134, 144, 156, 157, 160, 162, 164, 182, 183
　킹스 칼리지 126-128, 156, 163
앨버트 공Albert, Prince 161
양자 단층 촬영quantum tomography 323

양자이론 248, 270, 271, 300, 319
에딩턴, 아서Eddington, Arthur 17
에든버러 대학교 36-40, 44, 49, 86, 100, 163, 239, 273, 307
에든버러 아카데미 26-30, 36
에든버러 왕립학회 31, 33, 34, 42, 47, 97, 184
《에든버러 왕립학회 회보》 23, 42, 49
에어리, 조지Airy, George 135, 142, 164, 225
에테르ether 71, 194, 196, 199-202, 214-218, 221, 232, 233
엔트로피 16, 122, 268-271, 320-322, 337-339, 341
역제곱 법칙 72, 100, 103, 189, 330
연산 180, 250, 251, 255, 260, 287, 320-322
연산자 259, 260, 288
『열 이론』 175, 274, 325, 326
열기관 150 ▶ 증기기관 항목 참조
열소(칼로릭) 102, 121, 122, 150
열역학 15, 51, 115, 120-122, 150, 174, 268, 274, 294, 328, 338-340, 343
　— 제1법칙 122
　— 제2법칙 15-17, 120-122, 170, 172, 177, 209, 211, 268
염료 88, 91, 95, 98, 186
영, 토머스Young, Thomas 43, 88
영국과학발전협회(BA) 160, 163, 240, 242, 263, 347
　BA과학축제 159, 160-162 164, 228, 246
영국과학협회 ▶ 영국과학발전협회(BA)

온도 57, 149, 150, 152, 154, 156, 171, 175,
176, 210, 211, 235, 237, 238, 247, 278,
279, 284, 310
옴 ohm 246
와트, 제임스 Watt, James 284, 285
완화 시간 279
왕립연구소 Royal Institution 34, 63, 64, 66,
70, 104, 105, 133, 155, 160, 162, 183, 188,
228, 249, 263, 293
맥스웰의 컬러 이미지 시연 184-187
왕립학회 Royal Society 66, 160, 164, 183,
187, 206, 237, 255, 263
외르스테드, 한스 크리스티안 Ørsted, Hans
Christian 62, 63
원거리 작용 72, 73, 103, 104, 220
원소 element 115-119
원심력 191, 199
원자 57, 58, 102, 115-120, 122, 149, 280,
281, 305, 332, 340, 341
위너, 노버트 Wiener, Norbert 286
위상기하학 topology 241
윌버포스, 새뮤얼 Wilberforce, Samuel 164
유도 전류 193, 194
유도 induction 52, 56, 58, 59, 66, 68, 193,
194, 245, 261
유머 humour 23, 48, 167, 310, 331
유연한 셀 cell 214-216
유전율 electric permittivity 282, 283
유전체 dielectric 216
유전학 genetics 332
응력 internal stress 44-46, 48
이론물리학(자) 132, 219, 303, 344

인력 61, 136, 189-191, 196, 215, 216, 234,
245, 282
일률 247
입자설 233
입체경 stereoscope 239-240

ㅈ
자극 magnetic pole 69, 71, 189, 261
자기 홀극 189, 261
자기장 55, 60, 99-104, 189, 191-196, 199,
200, 216, 220, 221, 224, 244, 258, 261,
262
자석 58, 60-62, 64, 66-71, 99, 239, 245,
246, 261
자속 밀도 101
자유 에너지 free energy 340, 341
장 field 71-73, 99-104, 220
저항의 표준 241-247, 284
표준저항기 247
전기 모터 66, 72, 104, 188, 224
전기 전하 ▶ 전하
『전기자기론』 274, 286, 299, 325, 326, 328
전기장 99-102, 104, 199, 202, 214, 216,
221, 261, 262
전도체 41, 57, 58, 193
전신 telegraphy 144, 145, 162, 241, 242,
245
전자 electron 51, 52, 55, 57
전자기 모형 188, 213, 229
ㅡ 기계모형 188-203
ㅡ 수학적모형 254
전자기장 103, 147, 254,

전자기파 220, 224, 229, 248, 257, 258, 271,
326, 327
－의 속도 222, 223, 281-283
전하charge 52, 55, 56, 58, 59, 71-73, 101,
189, 196, 215, 216, 220, 222, 244, 254,
282, 341
전하 밀도 261
절연체 57, 58, 193, 214, 218, 220,
점도(점성) 154, 235-238, 278, 279, 281
점성 실험장치 235-237
정보 삭제(망각) 320-323
정보 이론 268, 271, 320, 322
정전기 52, 59, 62, 215, 216, 222, 331
제어 시스템 이론 286
젠킨, 헨리 플리밍Jenkin, Henry Fleeming
241, 243, 246, 284
조절기governor 284-286
종교 35, 48, 108, 118, 126, 127, 210, 345
『종의 기원』 311
종탑 (비유) 251-253
줄, 제임스Joule, James 121
중력 137, 139, 140, 143, 188-190,
232-234, 328
증기기관 120, 121, 268, 284
진공 117, 218, 222, 229, 258, 282, 311, 334
진스, 제임스Jeans, James 211, 345
질량 71, 138, 175, 177, 190, 221, 233

ㅊ
차분기관 198
《철학 매거진》 203
측정 269, 270, 271

ㅋ
카르노, 사디Carnot, Sadi 121
카시니, 조반니Cassini, Giovanni 137
칸트, 이마누엘Kant, Immanuel 38, 249,
250, 252
캐번디시 교수 294, 295-298, 302, 317,
318
캐번디시 연구소 294, 297, 298, 306-313,
316-318, 325, 326, 328, 329
캐번디시, 윌리엄Cavendish, William(데번
셔 공작) 294, 295, 308, 329, 330
캐번디시, 헨리Cavendish, Henry 294, 312,
329-332
캠벨, 루이스Campbell, Lewis 22, 25, 30,
31, 44, 44, 76, 80, 82, 159, 304
캠벨에게 쓴 편지 37, 39, 40, 49, 111, 129,
138, 144, 239, 260, 290, 308, 332
맥스웰 '전기' 22, 23, 25, 26, 38, 42, 181,
182, 238, 275, 304
커패시터 215
컬curl 260, 287, 288, 289
케이, 제인Cay, Jane 26, 87, 158
케이, 존Cay, John 42, 44
케이, 프랜시스 ▶ 맥스웰, 프랜시스
케일리, 아서Cayley, Arthur 288
케임브리지의 교육, 분위기 86, 100, 110,
128, 167, 257, 264, 277, 293-297,
301-307, 312-318
케임브리지 실험물리 연구소 ▶ 캐번디시
연구소
케플러, 요하네스Kepler, Johannes 231, 232
켈런드, 필립Kelland, Philip 33, 37, 47, 48

켈빈 경Kelvin, Lord ▸ 톰슨, 윌리엄
켈빈 척도(절대온도) 235
콘덴서 215
쿨롱, 샤를 오귀스탱 드Coulomb, Charles-
　Augustin de 300
쿨롱Coulomb 244
크룩스 복사계 333-336
클라우지우스, 루돌프Clausius, Rudolf
　122, 149, 150-152, 155, 280
키르히호프, 구스타프Kirchhoff, Gustav
　155
킹스 칼리지 ▸ 런던 킹스 칼리지
　　　　　 ▸ 애버딘 킹스 칼리지

ㅌ
탄성 149, 201, 202, 214-218, 221, 222,
　261, 282
태양 43, 57, 177, 217, 231, 232, 234, 311,
　327, 328
테이트, 피터Tait, Peter 31, 35, 49, 76, 78,
　111, 120, 130, 162-164, 167, 174, 209,
　243, 259, 260, 273, 274, 288, 304, 331,
　334, 344
　『자연철학론』 273
토성 고리 113, 135-144, 161, 164, 188,
　198, 231, 285
　맥스웰 간극Maxwell gap 143

톰슨, 윌리엄Thomson, William 15, 48, 85,
　97, 101, 111, 120-122, 144, 150, 162, 167,
　169, 170, 176, 178, 198, 200, 209, 210,
　235, 241-243, 245, 246, 254, 255, 273,
　274, 290, 291, 294, 295, 297, 304, 309,
　343, 344
톰슨, 조지프 존Thomson, J. J. 306, 318
통계 148, 149, 150, 152, 171-173, 206,
　209, 211, 268, 271, 280, 320, 339
통계(열)역학 51, 271, 344
트라이포스Tripos 85
　수학 ― 86, 277, 297, 299, 305, 306, 315
　자연과학 ― 305, 306, 315, 317
트리니티 칼리지 76-79, 83-86, 88, 99, 108,
　111, 225, 295, 311, 314, 336
티토툼teetotum 92-93
틴들, 존Tyndall, John 210

ㅍ
파동 42, 43, 69, 71, 72, 139-142, 198, 199,
　201, 217-224, 232, 258, 262, 270, 282,
　283, 287
　횡파 43, 218-220
파인먼, 리처드Feynman, Richard 205, 206,
　211, 273
파튼Parton (장로)교회 35, 336
패러데이, 마이클Faraday, Michael 34, 35,
　48, 63-73, 81, 99-101, 102, 104, 105, 146,
　155, 164, 184, 186, 188, 191, 193, 202,
　203, 220, 221, 224, 242, 246, 255-258,
　261, 320

페레그리누스, 피터Peregrinus, Peter 60-61
편광 42-45, 86, 224
평균 자유 거리 151, 278
포브스, 제임스Forbes, James 32, 33, 37-39,
　47, 48, 76, 77, 91, 109, 110, 153, 163, 164,
　208, 243
포셋, 필리파Fawcett, Philippa 316
푸리에 해석Fourier analysis 139
푸리에, 조제프Fourier, Joseph 139
푸앵카레, 앙리Poincaré, Henri 197, 223,
　229
푸코, 레옹Foucault, Léon 283
프랭클린, 벤저민Franklin, Benjamin 56, 58
프레넬, 오귀스탱Fresnel, Augustin 43
프리즘 44, 88, 89
플랑크, 막스Planck, Max 255, 300
피드백 메커니즘 284, 285
피뢰침 58, 59
피조, 아르망Fizeau, Armand 222, 223, 283
피터하우스 칼리지 49, 75-77

ㅎ
하위헌스, 크리스티안Huygens, Christiaan
　137
함수 139, 250-251
　벡터 − 288, 289
해밀턴, 윌리엄(수학자)Hamilton, William
　286, 287
해밀턴, 윌리엄(철학자)Hamilton, William
　37, 38
행성계 형성 이론 142, 143
헉슬리, 토머스Huxley, Thomas 165

헤르츠, 하인리히Hertz, Heinrich 258
헤비사이드, 올리버Heaviside, Oliver 258,
　286, 288
헤이, 데이비드 램지Hay, David Ramsey
　31, 32, 92
헬름홀츠, 헤르만 폰Helmholtz, Hermann
　von 90, 98, 257, 294, 295
현대 물리학 133, 143, 252, 299, 307, 319,
　344
혜성 53, 231, 232, 234, 327
호킨, 찰스Hockin, Charles 282
호킹, 스티븐Hawking, Stephen 153, 303,
　305
혼돈계chaotic system 149, 177
확률 148, 152, 153, 172, 211, 268, 271
휘트스톤 브리지 247
휘트스톤, 찰스Wheatstone, Charles 69, 70,
　220, 239, 258
힘선line of force 67-73, 99, 100, 101, 104,
　146, 191, 221
　「물리적 힘선에 관하여」 202, 203, 224
　「패러데이의 힘선에 관하여」 103, 104,
　146, 202

【조금 다른 과학자 이야기】

대한민국 과학자의 탄생

한국 과학기술 인물열전: 자연과학 편   김근배·이은경·선유정 편저

"한국 현대사는 산업화, 민주화와 함께 치열한 과학화의 과정이었다."
우리 역사의 잃어버린 고리, 근현대 한국 과학자 이야기.
★ 케임브리지대 장하석 석좌교수, '안될과학' 크리에이터 강성주 박사,
서울대 국제대학원 박태균 교수, 한국과학기술한림원 유욱준 원장 추천!

· 국민일보, 한국일보, 한겨레, 문화일보, 조선일보, 부산일보, 세계일보 등 언론 추천
· 교보문고 MD의 선택   · 알라딘 MD's Choice   · 예스24의 선택

그렇게 물리학자가 되었다

김영기·김현철·오정근·정명화·최무영 지음

"뭔가 해야 한다면, 그게 뭘까?" 각자의 인생 궤도 속에서 과학자의 길을
발견하고 물리학이라는 향연을 즐긴 K과학자의 5인 5색 나의 길 찾기!
★ 성균관대 물리학과 한정훈 교수 추천!

· 마산도서관 '진로와 디딤' 추천도서   · 서울 도봉도서관 사서추천도서   · 의정부 과학도서관 사서컬렉션

어나더★ 사이언티스트

어나더 사이언티스트는 과학자의 삶을 일상생활에서 오려 내 업적 중심으로
매끈하게 다듬어 보여 주기보다 구체적이고 생생한 삶을 살았던 한 인간으로서
과학자의 모습을 담아냅니다. 또한 과학사에 커다란 족적을 남겼음에도 불구하고 아직
국내에 제대로 알려지지 않은 과학자들, 과학 문화 및 제도 등 다양한 측면에서 과학
발전에 기여한 인물들, 그리고 자신만의 방식으로 과학자의 길을 걷고 있는 지금 여기의
과학자들을 소개합니다. 그렇게 과학자를 일상의 존재로 데려오는 일은, 과학을 우리
삶과 더 가까이 살아 있게 하고 과학 문화를 더욱 풍성하게 만들 것입니다.

에미 뇌터 그녀의 좌표

에두아르도 사엔스 데 카베손 지음 | 김유경 옮김 | 김찬주·박부성 감수

"뭔가를 포기했다고 해서 그것이 다 좌절의 이야기는 아니다."
현대 대수학의 개척자, '뇌터 정리'를 증명한 이론물리학의 선구자!
학문적 엄격함을 견지하면서도 섬세하고 문학적인 필치로 되살린
에미 뇌터의 삶.

· 과학책방 '갈다' 주목 신간   · 예스24 과학MD 추천도서   · 한겨레신문 '정인경의 과학 읽기' 추천도서

【지금의 교양, 세로북스 과학】

단위를 알면 과학이 보인다
_과학의 핵심 단위와 일곱 가지 정의 상수   곽영직 지음

전면 개정된 새로운 국제단위계를 반영한 최신 단위 사전!
★ 서울대 물리천문학부 최무영 명예교수 추천!

· 학교도서관저널 '이달의 새 책'   · 과학책방 '갈다' 주목 신간

나의 시간은 너의 시간과 같지 않다
_김찬주 교수의 고독한 물리학: 특수 상대성 이론   김찬주 지음

특수 상대성 이론, 물리학자처럼 이해하기!
특수상대론을 정말로 이해하고 나면 다시는 무지몽매했던
과거로 돌아갈 수 없다!
★ 한국출판진흥원 출판콘텐츠 창작 지원사업 선정작
★ 이화여대 물리학과 이공주복 명예교수 추천!

· 윤고은의 EBS 북카페 추천   · SBS뉴스 이번 주 읽어볼 만한 신간
· 출판문화원 K-BOOK Trends 선정   · 과학책방 '갈다' 주목 신간

이제라도! 전기 문명
                                                           곽영직 지음

전기 없인 못 살지만 전기는 모르고, 스마트폰은 늘 쓰지만
전자기파는 모른다? AI를 만나기 전에, 4차 산업혁명을
논하기 전에 이제라도! 전기 문명 탈출!
★ 한국기술교육대 전기전자통신공학부 정종대 교수 추천!

· 책씨앗 청소년 추천도서   · 과학책방 '갈다' 주목 신간

태양계가 200쪽의 책이라면
                                                           김항배 지음

손과 마음으로 느끼는 텅 빈 우주, 한 톨의 지구!
★ 경희대 물리학과 김상욱 교수 추천!

· 제61회 한국출판문화상 편집 부문 본심   · 행복한 아침독서 '이달의 책'
· 경기중앙도서관 추천도서   · 책씨앗 '좋은책 고르기' 주목 도서
· 과학책방 '갈다' 주목 신간   · 고교독서평설 편집자 추천도서